现代蔬菜育苗与栽植技术及装备

金 鑫 著

机 械 工 业 出 版 社

本书主要包括现代工厂化育苗技术概述、常见作物的钵苗机械力学特性分析、移栽机关键部件分析与设计及钵苗与栽植器互作特性研究分析等内容。本书作者长期从事移栽机械，特别是蔬菜移栽机械化技术研究，结合自己近年在移栽领域的科研经历，对采用基于钵苗力学特性的研究新思路，以及全自动移栽技术所需的概念、思路和方法进行总结，以解决自动移栽成功率问题为核心，全面论述了智能移栽的关键技术和装备设计原理。本书可作为移栽机械科研和教学工作者的参考资料，也适合农业机械化专业、农业机械专业的学生和部分技术推广人员阅读。

图书在版编目（CIP）数据

现代蔬菜育苗与栽植技术及装备/金鑫著. —北京：机械工业出版社，2018.10

ISBN 978-7-111-60879-0

Ⅰ.①现… Ⅱ.①金… Ⅲ.①蔬菜园艺 Ⅳ.①S63

中国版本图书馆 CIP 数据核字（2018）第 209712 号

机械工业出版社（北京市百万庄大街 22 号 邮政编码 100037）

策划编辑：孙 鹏 责任编辑：孙 鹏
责任校对：郑 婕 王 延 封面设计：陈 沛
责任印制：张 博

三河市国英印务有限公司印刷

2018 年 10 月第 1 版第 1 次印刷

184mm×260mm·16.5 印张·404 千字

0 001—2 000 册

标准书号：ISBN 978-7-111-60879-0

定价：59.80 元

前　　言

　　我国是世界上最大的蔬菜生产和消费国，约有60%的蔬菜采用育苗移栽方式种植。蔬菜钵苗移栽技术是提高蔬菜产量、降低蔬菜成本的关键技术。但目前，蔬菜育苗移栽主要依靠人工进行，研制的移栽机多为半自动移栽机，栽植效率低下；而对于自动移栽机的研究还处于探索阶段，未有成型的机型应用。此种情况严重制约了我国蔬菜产业的发展。因此对蔬菜移栽技术进行理论及应用研究，设计出高效、运行可靠、成本低、适合我国国情的自动移栽机具有十分重要的意义。当前，我国的农机装备在自主研发设计中仍然普遍停留在粗放式设计和经验式设计阶段，严重缺乏自主核心技术和针对我国农业生产特点开展的基础理论研究。同时，蔬菜移栽机械领域的著作还比较少，大多数能查阅到的手册也较为陈旧，这就是作者写作本书的总体背景和原因所在。作者真诚地希望，本书能给蔬菜移栽机械研究及开发的工作者提供参考和启发。

　　本书是在课题组的共同努力下，将本团队在过去十年中围绕蔬菜移栽开展的大量研究工作进行系统梳理后写作而成。全书在内容设置上考虑蔬菜移栽科研、生产应用的急需，反映了作者近几年来在该研究中所获得的理论方面的成果，并对相关技术的原理、概念以及设计计算做了充分阐述。在章节的安排上，第1~2章对国内外移栽机研究概况及蔬菜工厂化育苗技术及装备进行了分析整理，第3章对钵苗移栽基本特性展开试验研究，第4~6章则重点阐述了课题组近年来在全自动蔬菜移栽机钵苗输送机构、取苗机构和栽植机构设计的研究过程及结论。第7章专门对钵苗与栽植器互作特性开展了研究分析。

　　本书理论分析、基本原理和方法具有鲜明特色，密切联系科研和生产实际，内容丰富，实例涉及面广，可作为从事蔬菜移栽机研究人员的参考书，也可作为相关专业的本科生选修课和研究生专业课教材，有助于读者利用学过的基础知识，结合专业，掌握蔬菜移栽机械问题的分析建模和综合能力，在方法上有利于培养读者的自学能力和创造性。

　　本书的研究工作得到了国家重点研发计划项目"高速栽植技术装备研发"（编号：2017YFD0700800）、国家自然科学基金项目"高速移栽苗－机互作机理及钵苗状态检测方法研究"（编号：51875175）、河南省高校科技创新人才计划"蔬菜移栽装备智能栽插技术研究"（编号：19HASTIT021）的资助，特此表示感谢。

　　作者还要特别感谢团队的研究生刘卫想、陈凯康等，他们为本书的出版做了大量的工作，在编写过程中还得到了项目团队专家们的指导与帮助，在此一并表示感谢。

　　由于作者水平与经验有限，书中难免有疏漏及不当之处，恳请广大读者和同仁提出批评指正，不胜感谢。

目　录

第1章 概　　论

1.1　本书简介

本书在内容设置上考虑蔬菜移栽机械科研、生产应用的急需，反映了作者近几年来在蔬菜移栽机械研究中获得的理论成果，并对相关技术的原理、概念以及设计计算做了充分阐述；在内容设置上，本书融入了现代移栽机械设计的新方法、新理念，理论联系实际，重点论述了研究的手段和方法，对移栽过程中所用到的机械进行了介绍，并针对其中的一些机械进行了详细的分析研究。

书中对国内外移栽机械研究现状进行整理，并结合目前发展现状和研究动态，提出了我国移栽机械发展中存在的突出问题和今后蔬菜机械化移栽的发展趋势；根据移栽农艺技术的要求，按照农机与农艺相结合的原则，总结了现代工厂化育苗技术方案及所需关键装备，为蔬菜移栽的发展提供技术储备和装备支撑；通过对蔬菜穴盘苗的抗压特性、物理力学特性及蔬菜钵苗与栽植嘴壁面摩擦系数试验研究，获得了穴盘取苗力的影响因素和较佳的取苗作业条件；采用运动学和动力学优化分析、结构设计计算、虚拟模型装配及三维仿真验证等方法对自动移栽输送机构和取苗机构进行设计研究，完整呈现了蔬菜移栽机钵苗输送机构和取苗机构设计全过程；栽植机构作为将钵苗植入田间的最终工作部件，其性能的好坏对钵苗的栽植质量起到了至关重要的作用，因此书中对移栽机的栽植机构进行分析，采用运动学和动力学优化分析、凸轮机构仿真优化、移栽机构单因素运动分析和正交分析的方法对栽植机构关键部件参数进行优化设计，达到了较好的栽植效果；最后，基于高速摄影栽植过程中钵苗下落试验，将钵苗在栽植器内的运动过程分为六个运动阶段，并对各阶段鸭嘴－钵苗互作过程进行动力学和运动学分析，最终试验验证栽植机构作业性能可靠。

本书理论分析、基本原理和方法具有鲜明特色，密切联系科研和生产实际，内容丰富，可作为从事蔬菜移栽机械研究人员的参考书，也可作为相关专业的本科生选修课和研究生专业课教材，有助于读者利用学过的基础知识，结合专业，掌握农机问题的分析建模和综合能力，在方法上有利于培养读者的自学能力和创造性。

1.2　国外移栽机研究概况

国外移栽机的发展起步相对较早，20 世纪 80 年代，半自动的移栽机械就已在农业生产中得到了广泛的使用，并且国外许多国家已经开始了对取苗系统的自动化研究，近 20年，一些国家已经研制出了全自动移栽机，目前为止，欧美一些较发达国家，大部分的蔬菜和几乎全部的花卉生产都实现了机械化的育苗和移栽。

其中，无论是半自动还是全自动的移栽机均有一套栽植机构，其作为将秧苗植入田间的最终机构，对栽植质量有直接的影响，是移栽机设计的重中之重。

1.2.1 半自动移栽机研究现状

按照栽植机构的结构形式，移栽机主要类型有钳夹式、挠性圆盘式、导苗管式、平行四杆圆盘式、多连杆式和齿轮行星轮系等几种。

1. 钳夹式移栽机

钳夹式移栽机如图1-1所示，其中包括圆盘夹式（图1-1a）和链夹式（图1-1b）两种机型，主要工作部件有圆盘夹式或链夹式栽植器、开沟器和覆土镇压轮等。该类移栽机进行移栽作业时，一般通过人工投苗的方式将秧苗放置在随栽植盘或环形链转动的秧夹上，在秧苗随秧夹转动至由开沟器开好的穴沟时，秧苗根部恰好进入穴沟内，秧夹此时受到回位弹簧的作用力而被打开，秧苗落入穴沟，然后在开沟器回流土壤和覆土镇压装置的共同作用下将秧苗定植。

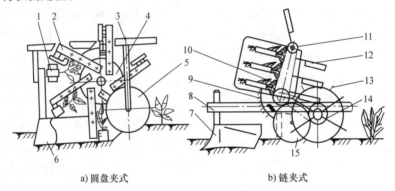

a) 圆盘夹式　　　　　　　　　　b) 链夹式

图1-1　钳夹式移栽机

1—横向输送链　2、10—秧夹　3、8—机架　4—栽植盘　5、15—镇压轮　6、7—开沟器
9—滑道　11—环形链　12—钳夹　13—地轮　14—传动链

特点：该类移栽机结构简单，适合裸苗的移栽；栽植轨迹为类摆线，理论上能保证较好的直立度；移栽株距和栽植深度稳定，但是对株距的调整一般通过改变秧夹的数量来达到，因此调整起来相对比较困难；进行移栽作业时，秧夹需夹住秧苗的茎部进行移栽作业，在此过程中极易对秧苗造成损伤；作业时需采用人工的方式将秧苗放置在秧夹上，栽植速度一般为30~45株/min，且在加快栽植效率时极易出现漏苗的现象，效率低，劳动强度大。

2. 挠性圆盘式移栽机

挠性圆盘式移栽机如图1-2所示，通过能够产生弹性变形的两片挠性圆盘来实现秧苗的夹持与输送。进行移栽作业时，通过手工将秧苗放置在输送带上，然后通过输送带的传动功能将秧苗送入到挠性圆盘张开处，之后随圆盘转动，当带有秧苗的挠性圆盘转动至开好的穴沟时随即将苗放开，完成秧苗的栽植。

特点：该种类型的移栽机不受苗夹数量的限制，对秧苗株距有较好的适应性，但是株距和栽植深度无法得到保证，差异较大，容易出现倒伏及埋苗的问题，适用于裸苗及纸筒移栽，具有结构简单、成本低的优点。

3. 导苗管式移栽机

导苗管式移栽机结构如图1-3所示，主要由投苗筒、导苗管、开沟器、平土器、镇压轮等组成。工作时，通过人工或机械方式将秧苗放置到投苗筒内，随投苗筒旋转至落苗位置时，投苗筒打开，秧苗在自身重力的作用下落入导苗管内，然后沿导苗管落入开好的穴沟内，在镇压轮的作用下完成秧苗的栽植。

图1-2 挠性圆盘式移栽机
1—送秧传送带 2—挠性圆盘

特点：秧苗在整个运动过程中较为自由，对秧苗的损伤较小；适应性较广、效率较高，一般能达到60~70株/min。但该类型的移栽机无法实现膜上移栽，并且在移栽过程中易产生倒伏和埋苗等现象。

4. 平行四杆圆盘式移栽机

平行四杆圆盘式移栽机如图1-4所示，该类移栽机适合地膜覆盖后的膜上打孔栽植作业，适合对钵体苗、纸筒苗的移栽，一般由偏心圆盘、栽植器、镇压轮等部件组成。移栽作业时通过人工将苗放至投苗筒内，待置有钵苗的投苗筒转至落苗处时，钵苗在自身重力的作用下落入栽植器内，当栽植器运行到最低处时，栽植器打开，钵苗落入被栽植器打好的穴孔内，最后通过镇压轮的作用完成对钵苗的覆土镇压，由此完成整个栽植过程。

图1-3 导苗管式移栽机
1—镇压轮 2—导苗管 3—开沟器
4—平土器 5—投苗筒

图1-4 平行四杆圆盘式移栽机
1—投苗筒 2—栽植器
3—偏心圆盘 4—镇压轮

特点：栽植器的动轨迹为类摆线，导致栽植器回程时过于前倾，与完成定植的钵苗产生干涉，甚至将苗带回，造成钵苗的倒伏及损伤。作业速度过高时，还会增加钵苗的漏栽率，影响栽植质量。

5. 多连杆式移栽机

多连杆式移栽机如图1-5所示。移栽机工作时采用人工将钵苗放入到投苗筒内，当投苗筒转至苗盘托架的空档时，钵苗在自身重力的作用下开始下落至鸭嘴式栽植器内，鸭嘴栽植器在多连杆式栽植机构的带动下做上下的往复运动，待栽植器运动至最低点时，被强行打开，钵苗则落入栽植器插入土壤形成的栽植孔内，然后在回流土壤及镇压轮的作用下完成对钵苗的移栽。

特点：钵苗在鸭嘴栽植器内的运动是自由的，因此对钵苗的损伤较小，但对连杆的初始相位角进行调节时相对较为困难，栽植过程中栽植机构的转动惯性力相对较大，作业时振动较大，高速作业条件下钵苗的倒伏现象严重。

6. 齿轮行星轮系移栽机

齿轮行星轮系移栽机如图 1-6 所示，其栽植作业过程与多连杆式栽植机构的作业过程类似。

图 1-5 多连杆式移栽机　　　　　　　　图 1-6 齿轮行星轮系移栽机

1—多连杆式栽植机构 2—鸭嘴栽植器 3—投苗筒　　　1—投苗筒 2—鸭嘴栽植器 3—齿轮行星轮系栽植机构

特点：钵苗在栽植器内的运动是自由的，因此，栽植过程中对钵苗的损伤相对较小；采用齿轮传动，栽植机构作业时速度和加速度的波动相对较小，运转平稳，栽植机构回转一周可以完成多次栽植动作，更易实现高速移栽。

1.2.2 全自动移栽机研究现状

（1）日本自动移栽机

日本由于劳动力较为短缺、土地地块较小、蔬菜需求量巨大和生产成本较高等客观因素制约，其自动移栽机的研发以小型化、精密化和专用性为主要方向，因此需要劳动力少、劳动强度低、生产效率高的全自动移栽机在日本发展较为迅速。我国近几年从日本也引进了一些自动化程度较高的蔬菜移栽机，其中较为典型的机型是洋马（YANMAR）公司生产的蔬菜自动移栽机，如图 1-7 所示。

该机主要由苗盘托架、动力总成、供苗装置、取苗机构、栽植机构、动力传动机构和行走系统组成。移栽作业时，人工将苗盘放入供苗装置内，苗盘随供苗装置可实现纵向进给（两平行放置的同步链传动带动）和横向进给（双螺旋轴滑槽机构带动），取苗机构一直做回转式运动，带动尖部的取苗针以一定轨迹做往复运动，当到达取苗位置时取苗针插入盘穴将苗体夹取出并向下运动，与此同时，栽植机构也以一定轨迹做往复运动，当取苗针夹带着钵苗运动到最低点时，栽植器正好到达最高点与之相匹配，将苗推入栽植器，而

a) 整机　　　　　　　　　　　　b) 取苗、栽植机构

图 1-7　洋马蔬菜自动移栽机

后植入大田，完成一个栽植过程，如此循环可实现蔬菜穴盘苗的自动移栽。目前，该类型移栽机在日本已推广使用，移栽成功率在 80% 以上，但由于机器结构较为复杂、成本高，工作部件易磨损，移栽效率提升空间有限等原因，并未在我国大量推广使用。

　　除此之外，日本的井关（ISEKI）、久保田（Kubota）等几大主要农机企业都进行了自动移栽机的研发，研制出了多款穴盘苗自动移栽机，可用于豆角、大蒜、卷心菜、大白菜等蔬菜的移栽。主要机型有：久保田（Kubota）的 A - 500 型自动移栽机和鸭嘴式全自动膜上移栽机，井关（ISEKI）的 PR2 和 PVR - 200 型自动移栽机，关东的 KTII - 70 型自动移栽机，豆虎 TP - 1 型自动移栽机。此类移栽机主要由秧箱机构、取苗机构、栽植机构以及部分控制系统组成，设计小型化，自动化程度和作业效率较高，但由于整体结构复杂、价格较贵、维护成本高，并且对育苗和整地要求也较高，并未在我国引进和推广使用。

　　（2）欧美自动移栽机

　　欧美等国由于农业从业人口较少，农业人口的人均耕地面积较大，且农业土地较为集中、地块较大等因素，旱地栽植机械的研究和应用更为普遍，其自动移栽机的研发以大型化、自动化和联合作业为主要方向，多采用机电液一体化系统，可同时进行多行作业，适用于大型农场。其中较为典型的机器有：

　　美国 Renaldo 公司研发的基于空气整根育苗盘的 SK20 蔬菜自动移栽机如图 1-8 所示。它针对特制的倒锥形硬质组合穴盘所育的小秧苗，采用负压取苗方式将苗自上向下吸出，然后沿着送苗管道导入栽植器。其缺点是苗盘价格过高，构造复杂，取苗时易致基质松散脱落，而且只能适合幼小秧苗移栽。与它类似的还有以色列研制的履带式全自动移栽机，先采用负压将

图 1-8　美国 Renaldo 自动移栽机

整盘苗吸出，而后转移至同等空格的随动投苗器，进行二次投苗，该机可靠性差，且整机机构庞大，未能推广使用。

美国 RAPID 公司生产的 RTW 系列穴盘苗移栽机，其已在特定设施环境下实现产品化应用；澳大利亚威廉姆斯（Williames）公司生产的大型全自动蔬菜移栽机（图 1-9），只需要一人操作可同时进行 16 行移栽作业，自动化程度高。

澳大利亚 Transplant Systems 公司研发的 HD144 型自动移栽机（图 1-10），采用较为先进的滑针式取苗机械手，可在竖直放置的穴盘中一次取出 4~6 株钵苗，随后将钵苗转至输送杯中，由钵苗输送杯进行二次投苗，其特点是自动化程度高，作业速度较快，一次移栽可同时完成 4~8 行作业，但整机系统较为复杂，成本较高，对育苗和苗盘的要求苛刻；与此类似的还有英国皮尔逊（Pearson）公司生产的全自动移栽机（图 1-11），它采用穴盘水平放置、整行取苗方式来完成多行栽植。

意大利法拉利（Ferrari）公司生产的 FUTURA 系列全自动移栽机（图 1-12），其采用推杆从苗盘底部的透水孔将穴盘苗顶出，同时由一对 C 形的苗夹夹持住整个钵苗，然后送入旋转输送杯中，它的特点是自动化程度高，工作效率高，但整机成本较高，且必须采用硬质专用盘；与其类似的还有美国生产的 FMC 全自动移栽机，也采用推杆顶苗的方式取苗，不同之处是 FMC 自动移栽机将苗盘平置，二次投苗方式采用传送带输送。

图 1-9　澳大利亚威廉姆斯移栽机

图 1-10　澳大利亚 HD144 移栽机

图 1-11　英国皮尔逊自动移栽机

图 1-12　意大利法拉利 FUTURA 移栽机

综上所述可以看出，国外移栽机的发展特点是：完善普及半自动移栽机，逐步研发推广全自动移栽机；注重将移栽作业作为一个系统工程来研究，从育苗到移栽全程跟踪，着力实现育苗和移栽的全程机械化；依据各国不同国情研制符合本国需求的移栽机，日本的移栽机灵活性、专用性和针对性强，而欧美等国的移栽机通用性和适应性强；另外移栽机械的发展和育苗技术紧密结合，具有标准化、通用化和系列化等特点。

通过国外移栽机的丰富实践可以得出：机械化移栽不仅能保证移栽秧苗的株距、行距和栽植深度均匀一致，而且能在一定范围内调整；基本上消除了作业过程中的伤苗现象，秧苗栽后的直立度、覆土压实程度等都可以得到良好的控制，移栽效率较人工有了大幅提高，另外还有利于后续机械化收获作业。

1.3 国内移栽机研究概况

我国旱地移栽机械的研究起步较晚，是从 20 世纪 50 年代末期开始，比国外晚了近 40 年，初期的移栽机主要用来移栽棉花和玉米等作物；20 世纪 70 年代开始研制裸根苗半自动移栽机械，其中包括油菜钳夹式半自动移栽机；20 世纪 80 年代开始研制蔬菜半自动移栽机；进入 20 世纪 90 年代，随着国民经济的发展和育苗技术的革新，研发了多种半自动钵苗移栽机和蔬菜裸根苗移栽机；近年来，国家有关部门对农业高新技术的推广应用更加重视，育苗移栽成为科研和生产部门关注的问题之一，育苗移栽机械的研究已逐渐成为热点。截至目前，国内已有多家单位成功研制出了不同类型的半自动移栽机，其中部分机型已经小批量投产，较为典型的有：

中国农业机械化科学研究院下属现代农装科技股份有限公司生产的 2ZY – 2A 型吊杯式半自动移栽机（图 1-13）和 2ZB – 2 型行星轮系鸭嘴式半自动移栽机（图 1-14）；青州华龙机械科技有限公司生产的 2ZY – 2 型半自动移栽机（图 1-15）；新疆农垦科学院机械装备研究所研制的 2ZML – 6 膜上移栽机（图 1-16）。

图 1-13 中国农机院 2ZY – 2A 移栽机　　　　　图 1-14 中国农机院 2ZB – 2 移栽机

20 世纪 80 年代至 21 世纪初，我国移栽机械的发展迎来了一个小的高潮，大批科研院所加入研究行列并取得了进展，尤其是在玉米、油菜、棉花、蔬菜等作物的移栽领域。其中，具有代表性的研究成果有：

山东泰安国泰拖拉机总厂生产的 2ZM – 2 和 2ZM – AI 型棉花移栽机，该系列棉花移栽机吸收了国外同类产品的先进技术，总体设计合理，具有结构简单、性能先进、使用维修方便、作业成本低和栽植质量好等优点。其中，2ZM – 2 型移栽机为塑料软盘育苗的半自动棉花移栽机，主要适合棉花栽植密度高、苗龄小的地区使用；2ZM – AI 型移栽机为普通型土钵育苗的半自动棉花移栽机，国内大部分棉区均可适用。该机单体生产率高，进行移栽作业时，采用人工喂苗，开沟、栽苗、覆土、压实、施肥和浇水均为自动化作业，可一次完成，实现了中国棉花机械化移栽零的突破。

图 1-15 青州华龙 2ZY－2 移栽机　　　　图 1-16 新疆农垦科学院 2ZML－6 移栽机

黑龙江农垦科学院研发的 2Z－2 型钵苗移栽机，主要用于玉米营养钵苗的移栽作业，也可通过更换栽植器实现蔬菜、棉花等营养钵苗和甜菜纸筒苗的移栽。该机能够适应平作和垄作，一次作业可完成整地、开沟、栽植、扶直和覆土镇压等工序。该机的主要特点是通用性强、作业效率较高、栽后钵苗直立度较高、成本低和作业质量好。

安徽滁州农机研究所研发的 2ZY－2 型油菜移栽机，它在结构上可以保证油菜移栽所需的株距和行距，夹持机构可靠且不易伤苗，栽后直立度较高，栽植质量满足农艺要求。机组转弯半径小，适合小田块作业。通过对不同土壤的性能试验，机器工作稳定，对不同土壤有较好的适应性。

黑龙江八五二耕作机械厂研制的 2YZ 型秧苗移栽机，采用人工喂苗，田间试验数据显示，移栽无空穴和伤苗现象；栽后秧苗直立率 85%；倾斜角在 30°左右的占 5%；栽后植株成活率 95% 以上。通过更改栽植机构也可移栽烟草、甜菜等经济作物。根据农艺要求，更改传动系统的传动比即可实现株距的调整。而栽植深度的改变是通过调整开沟器纵向位置来实现的。

唐山农机研究所研制的 2ZB－2 型移栽机，在吸收国外玉米移栽机优点的基础上，优化结构，降低成本，可适应软盘育秧移栽，一次作业可完成开沟、栽植、覆土、压实等工序，经田间试验，可以满足玉米移栽的农艺要求，并根据市场需要，现已经小批量生产。

吉林工业大学研制的 2ZT 型移栽机，其结构合理，可靠性高，苗损伤率低，调整较方便，除完成基本栽植工序外还兼具施肥和浇水功能。对秧苗适应性好，既可以对裸根苗进行移栽，又能够实现钵苗移栽。

新疆农科院农机化研究所研制的 2ZT－2 型移栽机，主要由地轮、旋转苗台、横向输送带、立式输送带、栽植盘、靴式开沟器和镇压轮组成；施肥机构由肥料箱和链传动机构组成。工作时地轮将动力传给送苗装置和栽植部件。机具前进，开沟器在待栽地上开出苗沟，用手工将苗箱内钵苗取出依次水平铺放在横向输送带上，横向输送带把苗送到立式输送带聚合处，由其夹持并向下输送，再由栽植盘夹住秧苗一端，转动落入开好的苗沟中，镇压轮覆土并压实，完成移栽过程。与 40kW 拖拉机配套，全悬挂联结。地头转弯灵活，留地较少。送苗装置和栽植部件传动速度与机组前进速度同步，株距一致性好。

中国农业大学研制的 2ZDF 型导苗管式移栽机，采用单组组合式结构，能与各种功率的轮式拖拉机配套使用，可方便地配置为 2 行、4 行、6 行等栽植机机型；栽植质量较好，栽植合格率达到 93% 以上，不易伤苗；栽植速度较快，长时间作业平均频率为 50 株/min 左右；株距、行距和栽植深度调节方便，调节范围广，通用性好。

吉林工业大学研发的 2ZY-2 型玉米钵苗移栽机，该机具有结构简单、操作简便、功能齐全、对制造材料和工艺无特殊要求和造价低廉等优点。移栽部件运动由覆土镇压轮驱动；扶苗机构采用急回机构；带定量浇水装置。实现了开沟、移栽、覆土镇压、施肥、浇水等作业一次完成。适用于玉米、棉花移栽，也可移栽蔬菜、烟草等作物。

山东工程学院研制的 ZZG-2 型带式喂入导苗管式移栽机，可满足各项农艺技术要求指标，而且具有结构简单、工作可靠、栽植效率高、株距均匀、作业速度快等特点。

黑龙江八五零农场研制的 2ZB-6 型钵苗移栽机，可移栽玉米、蔬菜、甜菜、烟草、棉花等作物。经鉴定测试，班次作业量可达 $2.3 \sim 4.7 hm^2$，钵苗直立率达 96%。

内蒙古农业大学农业工程成套设备研究所研发改进的 2ZT-2 型甜菜移栽机，该机属偏心圆盘吊杯式移栽机，突出优点是既可移栽裸根苗也可移栽钵苗，亦可实现膜上打孔移栽。与 14.7~22kW 拖拉机配套使用，可一次完成开沟、施肥、移栽、覆土、镇压等多项工序。移栽株距为 26~33cm（可调），移栽行距为 45~60cm（可调），漏苗率小于 3%，作业速度 1~2km/h。

白城农牧机械化研究所研制的 2Z-1 甜菜移栽机，与 8.8kW 的四轮拖拉机匹配，栽植部件由 4 个吊杯式栽植器组成，4 个栽植器绕中心轴转动，工作时由于栽植器、转动圆盘和支架组成了平行四杆机构，旋转至任何位置时，其轴线和地面均保持垂直，栽植器栽植嘴的开合靠凸轮和滚轮控制，采用人工投苗，在落苗点栽植嘴张开，纸筒秧苗植入土壤，达到栽植的目的。经田间试验，该机生产率为 $0.1 hm^2/h$，伤苗率为零，漏栽率为 0.8%。

但令人遗憾的是，上述半自动移栽机多数为研究样机，由于种种原因一直不能得到推广应用，只有极少数投入小批量生产。而目前，对于自动移栽机的研究，我国正处于探索阶段，自动移栽技术和装备的研发较少，主要是针对国外的自动移栽机技术进行改进研究，未有成型的机型应用。主要的研究成果有：

浙江理工大学研制的两种蔬菜自动移栽装置：一种是采用顶杆顶出式取苗，此移栽装置由穴盘苗输送机构、顶苗机构、分苗机构和栽植部件等组成，作业时顶苗机构一次将穴盘中的秧苗顶出，落入分苗机构，然后喂入导苗管并落入苗沟，完成蔬菜穴盘苗移栽；另一种移栽装置是采用椭圆行星轮系机构，完成从穴盘中取苗和放苗动作。两套机构需要同开沟器和覆土镇压轮配合完成移栽作业，实用性有待论证。

新疆农业大学韩长杰研制的旱地自动移栽，由移盘装置、取苗装置、方形杯送苗机构、投苗机构组成。取苗装置由一排取苗指组成，通过夹取钵苗茎秆的方式取苗，采用气动控制。投苗机构使用吊杯式栽植器。该机整体结构紧凑，是在吊杯式半自动移栽机的基础上进行改进而成的，但由于采用夹取苗茎的方式取苗，对苗茎的粗壮程度和韧性要求较高。

江苏大学毛罕平、胡建平等在引进日本全自动蔬菜移栽机的基础上，研制出了两行棉花穴盘苗自动移栽机，设计出了一种由连杆机构、行星齿轮机构和凸轮机构组合而成的取苗机构，通过供苗装置和栽植机构的配合，可实现两行移栽，但是整体结构比较复杂、槽型凸轮的轨迹设计难度较大、行星齿轮和槽型凸轮的配合要求比较高、凸轮槽易磨损，整机的工作可靠性有待进一步研究。

吉林工业大学孙廷踪详细介绍了空气整根营养钵育苗秧盘、压缩草炭饼、机械式秧盘精密播种装置和全自动移栽机，研究了空气整根营养钵育苗技术，开发了空气整根育苗移栽系统，并以此为基础研制了空气整根营养钵育苗全自动移栽机，其基本工作原理与美国SK20移栽机相同，但布局结构不同，能够实现根系较发达作物的小苗移栽，但用于蔬菜移栽时，易使茎叶折断，且苗盘成本较高，多年来一直没有被推广使用。

　　浙江大学任烨、蒋焕煌等研究了基于机器视觉的设施农业移栽机器人，它包括视觉系统、控制系统、取苗机械手等，机械手由步进电动机驱动，气缸驱动机械手的末端执行器，对针式、铲式和锥形三种手指的取苗效果进行了对比试验，认为铲式效果最好。进行类似研究的还有沈阳农业大学的张诗、田素博等。

　　石河子大学陈风、王维新等，对钵苗移栽机的输送、分苗系统进行了建模与仿真研究。采用输送带结合导向轮对钵苗进行排队，凸轮盘驱动具有双挡销的分钵装置和带触发式托盘的落苗装置。但研究中没有涉及如何将钵苗从穴盘中取出并放至输送带。

参 考 文 献

[1] 陈风，陈永成，王维新，等．旱地移栽机现状和发展趋势［J］．农机化研究，2005（3）：24-26．

[2] Huang. B. K，W. E. Splinter. Development of an automatic transplanter［J］. Transaction of the ASAE，1986，11（2）：191-194.

[3] Brewer. H. L. Experimental Automatic Feeder for Seedling Transplanter［J］. Transactions of the ASAE，1988，4（1）：24-29.

[4] 王君玲，高玉芝，李成华，等．蔬菜移栽生产机械化现状与发展方向［J］．农机化研究，2004，（2）：42-43．

[5] Chen. B，Tojo. S，K. Watanabe. Detection Algorithm for Traveling Routes in Paddy Fields for Automatic Managing Machines［J］. Transaetions of the ASAE，2002，45（1）：239—246.

[6] 黄前泽．钵苗移栽机行星轮系植苗机构关键技术研究及试验［D］．杭州：浙江理工大学，2012．

[7] 贺智涛，郑治华，刘剑君，等．膜上移栽机的发展现状及存在的问题［J］．农机化研究，2014（9）：252-255．

[8] 王晓东，封俊．国内外膜上移栽机械化的发展状况［J］．中国农机化，2005（3）：25-28．

[9] 刘存祥，李晓虎，岳修满，等．我国旱地移栽机的现状与发展趋势［J］．农机化研究，2012，34（11）：249-252．

[10] 于向涛，胡良龙，胡志超，等．我国旱地移栽机械概况与发展趋势［J］．安徽农业科学，2012，40（1）：614-616．

[11] 宋玉洁，胡军．我国旱地移栽技术现状及发展趋势［J］．农业机械（上半月），2016（8）：102-104，106．

[12] 张祖立，王君玲，张为政，等．悬杯式蔬菜移栽机的运动分析与性能试验［J］．农业工程学报，2011，27（11）：21-25．

[13] 张冕，姬江涛，杜新武，等．国内外移栽机研究现状与展望［J］．农业工程，2012，02（2）：21-23．

[14] 王英．面向高立苗率要求的栽植机构参数优化与试验研究［D］．杭州：浙江理工大学，2014．

[15] 陈建能，黄前泽，王英，等．钵苗移栽机非圆齿轮行星轮系栽植机构参数分析与反求［J］．农业工程学报，2013（8）：18-26．

[16] 陈建能，黄前泽，王英，等．钵苗移栽机椭圆齿轮行星系植苗机构运动学建模与分析［J］．农业工程学报，2012，28（5）：6-12．

[17] 吴加伟．偏心非圆-巴斯噶齿轮行星轮系栽植机构的建模、优化及试验研究［D］．杭州：浙江理工大学，2015．

第 2 章　工厂化育苗技术及装备

工厂化育苗是以先进的育苗设施和设备装备种苗生产车间，将现代生物技术、环境调控技术、施肥灌溉技术、信息管理技术贯穿种苗生产过程，以现代化、企业化的模式组织种苗生产和经营，从而实现种苗的规模化生产。

工厂化育苗是随着现代农业的快速发展，农业规模化经营、专业化生产、机械化和自动化程度不断提高而出现的一项成熟的农业先进技术，是工厂化农业的重要组成部分。它是在人工创造的最佳环境条件下，采用科学化、机械化、自动化等技术措施和手段，进行批量生产优质秧苗的一种先进生产方式。工厂化育苗技术与传统的育苗方式相比具有用种量少，占地面积小；能够缩短苗龄，节省育苗时间；能够尽可能减少病虫害发生；提高育苗生产效率，降低成本；有利于统一管理，推广新技术等优点，可以做到周年连续生产。工厂化育苗技术的迅速发展，不仅推动了农业生产方式的变革，而且加速了农业产业结构的调整和升级，促进了农业现代化的进程。

蔬菜育苗的作用，在于为秧苗提供适宜其生长发育的环境，以培育出优质适龄壮苗；蔬菜通过育苗可以缩短在大田的生长时间，经济利用土地，增加土地的复种指数，以提高单位土地面积上的产量和经济效益；还可以提早成熟，延长生育期，增加蔬菜的总产量和延长上市供应时间；同时也便于管理，调节劳动力，节省种子，不误农时等。

2.1　工厂化育苗技术优势

工厂化育苗技术是我国 20 世纪 80 年代中期从美国引进的一项新的育苗新技术，它省工、省力、节能，效率高，成本低，便于规范化管理，适宜远距离运输，使育苗生产实现了专业化、机械化，供苗实现了商品化。而所谓的"工厂化育苗"其实是20 世纪 70 年代发展起来的一项新的育苗技术。即播种是一穴一粒，成苗时是一穴一株，并且成株苗的根系与基质能够相互缠绕在一起，根坨呈上大底小的塞子形，故美国把这种苗称为塞子苗，日本称其为框穴成型苗，我国引进后称其为机械化育苗或工厂化育苗（图2-1 和图2-2），目前多称为穴盘育苗。穴盘育苗和常规育苗相比的优越性表现为如下几项。

图 2-1　高效节能的育苗工厂

1. 省工、省力、机械化生产效率高

穴盘育苗采用精量播种，一次成苗，从基质混拌、装盘至播种、覆盖等一系列作业实现了自动化控制，苗龄比常规苗缩短 10 ~ 20 天，劳动效率提高了 5 ~ 7 倍。常规育苗人均管理 2.5 万株，穴盘育苗人均管理 20 万 ~ 40 万株，由于机械化作业管理程度高，减轻了作业强度，减少了工作量；常规育苗每个土坨平均为 0.5 ~ 0.75kg 重，每公顷定植蔬菜（平均按 60000 株）相当于搬走 30000 ~ 45000kg 土，而穴盘育苗采用轻基质，定植时每株苗只有 35 ~ 50g 重，定植 667m² 只相当于常规育苗工作量的 1/10。

图 2-2　工厂化育苗场地

育苗、移栽技术作为一种栽培技术，具有直播难以比拟的优越性。移栽可以将作物的生育期提前 15 天左右，可有效地避开作物受早春低温、倒春寒、霜冻、冰雹等灾害性气候的影响，提高幼苗的成活率，保证单位作物株数达到农艺要求，并能延长作物生育期，有效地提高单产和作物的品质，具有显著的节本、增产、增收效果。与传统的蔬菜育苗、移栽生产相比较，机械化育苗的优势主要体现为节水、省力、效率高、幼苗生长速度快、整齐度高、便于规范化管理、适宜远距离运输和机械化移栽、有利于实现规范化科学管理，增强了抵御自然灾害能力；机械化移栽的优势主要体现在降低劳动强度、提高作业效率、降低劳动成本，并且保证栽植质量。

机械化育苗主要设备是精量播种生产线。为提高育苗机械化水平，可以利用气吸式育苗精量播种流水线设备，对茄子、辣椒等果类菜以及圆白菜等进行机械化育苗。该设备是集自动化装填营养土、压穴、精量播种的机组，通过自动或者手动方式操作，实现自动添加基质、播种、二次覆土、浇水一体化操作，可以将包衣的种子和不包衣的番茄、茄子、辣椒等蔬菜裸籽精确地播在育苗盘内。采用机械化精量播种设备四个人分工作业，1h 可完成育苗近 114 盘，能极大地提高作业效率，满足批量化生产需要。

2. 节省能源、种子和育苗场地

穴盘育苗时干籽直播，一穴一粒并且集中育苗，每万株苗耗煤量是常规育苗的 25% ~ 50%，节省能源 2/3。单位面积上的育苗量比常规育苗高，根据穴盘孔数不同，每公顷地可育苗 315 万 ~ 1260 万株，采用穴盘育苗能有效地增加保护地生产面积。

3. 成本降低，提高收益

穴盘育苗和常规育苗相比，成本可降低 30% 左右。同等条件下，单苗成本以无土基质苗床苗的最低，第一次每株可控制在 0.06 ~ 0.07 元，第二次可控制在 0.05 元上下，成本中人工费约占 40%，并年年上涨。采用穴盘轻基质育苗，以西瓜苗为例，亩育 720

穴（10 盘）西瓜苗的成本为 40 元左右（其中 10 张 72 穴的穴盘每张 1.5 元左右，计 15 元，轻基质每亩 1 袋 50L 是 25 元），较营养钵育苗用工成本 60 元降低 20 元，成本下降 30% 以上。

4. 便于规范化管理

工厂化育苗在育苗技术不成熟的地区尤其适合。在新菜区，菜农自己育苗缺乏专业培训，育出的苗质量较差，直接影响到定植以后的栽培管理。尤其是在蔬菜种植当中，最为关键的是育苗技术。目前有不少热衷于投资农业的经营者，但是他们缺乏栽培管理技术，穴盘育苗的发展使他们可以通过集中育苗或购买商品苗来解决育苗技术难关。

5. 缓苗期短

采用穴盘方法育苗，由于幼苗的抗逆性增强，并且定植不伤根，缓苗期短。如果是裸根苗，成活率常常受到影响，而穴盘育苗属于带坨移栽，所以定植到田间后，缓苗快，成活率高。

6. 适宜远距离运输

穴盘育苗所用的基质具有密度小、保水能力强、根坨不易散等特点，适合远距离运输（图 2-3）。穴盘重量轻，每株重量仅为 30 ~ 50g，是常规苗的 6% ~ 10%，保水能力强，根坨不易散，可以保证运输当中不死苗。

图 2-3　穴盘育苗运输便捷

7. 穴盘育苗适合机械化移栽

穴盘育苗适合机械化移栽作业，移栽效率提高 4 ~ 5 倍，为蔬菜生产机械化开辟了广阔前景。育苗移栽机械化是一个系统工程，应加强从育苗到移栽整个系统的研究，进一步完善与移栽配套的育苗设施及相应的配套技术，使育苗过程实现机械化、工厂化和设施化，研究解决钵苗整钵、断根、装盘和运输等中间环节工作过程的机械化自动化问题，使育苗和移栽有机地结合（图 2-4）。

另外，穴盘育苗可以解除农民的后顾之忧，使农民从"小而全"的农业中解脱出来；采用穴盘育苗可以加快对"名、特、优、新"蔬菜的开发、利用和推广，缓解蔬菜淡季市场，生产出更多更好的无公害蔬菜产品，增加农民的收入，繁荣城市蔬菜市场；由于穴盘也要采用工厂化、专业化生产方式育苗，有利于推广优良品种，减少假冒伪劣种

图 2-4　工厂化育苗配合机械化移栽

子的泛滥危害，有利于规范化科学管理，提高商品苗质量。

目前，我国所采用的育苗方式主要有3种，它们分别是营养钵育苗、苗床育苗（图2-5）和穴盘育苗。

苗床育苗，这种育苗要求在精细耕作、平整地以及施肥的基础上，根据蔬菜育苗的需要将育苗地块当作苗床或垄，以便于种子萌发，并为蔬菜幼苗创造良好的生长环境。该种育苗方式一般适用于裸苗及营养块苗的移栽，但由于秧苗生长密度相对过大，苗与苗之间的根系及苗叶很容易缠在一起，在分苗过程中极易对秧苗造成

图 2-5　苗床育苗

损伤，为分苗作业过程带来一定的困难，使其难以实现机械化自动分苗，影响了栽植的效率和质量。

营养钵育苗（图 2-6）是将营养土压制成一定的形状，将种子播种到营养钵内并覆以营养土来对秧苗进行培育，其中单个营养钵体形状比较规则，且能够提供秧苗生长所需要的各种营养物质，但由于育苗过程中对秧苗长期的浇水及秧苗根部的发育，极易导致营养钵钵体发生变形及苗与苗之间发生串根。虽然国内外对于单体营养钵自动分苗有了很多的研究，但均未获得突破性的进展。

穴盘育苗是以草炭、蛭石、珍珠

图 2-6　营养钵育苗

岩等轻基质材料为育苗基质置于大小一致的固定穴孔内，将种子播于育苗基质中，待种子幼苗长到一定阶段后再将其连带营养基质取出移栽至农田中。穴盘育苗所用穴盘的每个钵穴大小相等、形状相同、排列整齐，并且穴盘材料为有一定弹塑性的塑料，能够减小钵苗在生长过程中的变形，由于穴孔空间的限制，钵苗根系将基质紧紧包裹，在一定程度上增强了钵苗土钵的强度，为机械化移栽作业提供了良好的作业条件。

综合以上几种育苗方式，为了更好地适应机械化的育苗、取苗、栽植等环节，本章针对穴盘育苗流程及育苗过程中所用到的相关的机械进行简单的介绍。

培育健壮的秧苗是蔬菜生产的重要环节，秧苗的质量会对蔬菜的产量与品质造成直接影响。传统的育苗方式不仅占用大量土地，而且浪费种子，需要大量生产力，以已经不能够满足现代农业的需要，所以需要用机械化育苗技术弥补上述不足，用新型农业技术提升

生产力，以获得更大的社会效益和经济效益。

育苗移栽具有对气候的补偿作用和使作物生育期提早的综合效应，可以充分利用光热资源，经济效益和社会效益均十分明显。在我国，蔬菜和经济作物的种植一直采用育苗移栽的种植方式。传统的育苗方式是用工多、劳动强度大的环节，主要依靠人工作业，从制钵工序开始一直到钵苗入土，所涉及的各个环节如从土壤筛选、运输、制钵成型到钵上播种、施肥、浇水到钵苗的搬运以及到移栽机上的分苗等，全部由手工完成，劳动强度大、费工费时、效率低下。对传统的育苗方式进行改革，实施工厂化育苗是提高我国蔬菜和经济作物产量的必然选择。

工厂化育苗是随着现代农业的发展，农业规模化经营、专业化生产、机械化和自动化程度不断提高而出现的一项先进农业技术，是现代化农业的重要组成部分。它是在人为创造的最佳环境条件下，采用科学化、机械化、自动化等技术措施和手段，进行批量生产优质秧苗的一种生产方式。工厂化育苗技术与传统的育苗方式相比具有用种量减少、育苗周期短、土地利用率高，采用有机营养基质，使用安全，减少土传病害，避免破坏土壤生态，适于机械化操作，省工省力，可规模生产，人为控制环境，不受外界条件干扰，病虫害轻，苗壮且成苗率高等优点。

2.2 穴盘苗生产流程

穴盘育苗是 20 世纪 70 年代由美国研发，并在欧美等一些农业发展较快的国家推广应用，并形成规模化生产与供应的一项新的育苗技术。目前该项育苗技术已成为我国多种旱地作物工厂化生产商品苗的主要方式。

2.2.1 穴盘规格的选择

穴盘作为穴盘育苗过程中的重要载体，其外形规格相一致，多个穴孔连为一体，并且相连的穴孔的尺寸大小一致。根据其制作材料将其分为塑料穴盘和聚苯泡沫穴盘，如图 2-7 所示。其中，塑料穴盘适用于浸吸式育苗，聚苯泡沫穴盘适用于漂浮式育苗，且前者相对轻便、无毒环保，应用更为广泛；根据穴盘的颜色将其分为黑色、灰色和白色穴盘；根据塑料穴盘中的育苗穴孔数将其分为 50 穴、72 穴、128 穴、200 穴和 288 穴等几种，如图 2-8 所示。

聚苯泡沫穴盘   塑料穴盘

图 2-7 不同材料类型穴盘

由于塑料穴盘具有较好的弹塑性及强度；黑色穴盘的吸光性能较好，有利于种苗根的

发育；一般塑料穴盘的规格为 54cm ×
28cm，穴格容积大时所装基质多，水
分和养分累积的量较大，能够提高苗
钵水分调节能力，通透性好，有利于
秧苗根系的发育，但其所育秧苗数量
减少，大批量育苗生产时，会加大生
产成本；而穴格容积小时，穴格中所
含基质相对较少，对水肥的保持差，
秧苗对基质中的水分、氧气、养分、
pH 值等的变化比较敏感，同时植株见
光面积小，使秧苗对光线和养分的竞
争更加激烈，育苗水平的要求相应也

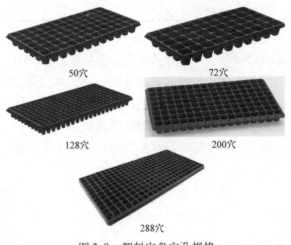

图 2-8　塑料穴盘穴孔规格

在逐渐提高，但基质的用量会相应减少，在进行大批量育苗时，生产成本也会有所降低。

　　因此，在播种之前，应当选择合适的穴盘，以采用最小的生产成本获取最大的经济效益。其中，对穴盘孔数的选用可以根据蔬菜作物的育苗特点来进行，一般瓜类如西瓜、冬瓜、南瓜、甜瓜等多采用 50 穴；黄瓜、茄子、西红柿多采用 72 或 128 穴，辣椒、茄类多采用 128 或 200 穴；叶类蔬菜如甘蓝、生菜、芹菜、油菜等多采用 200 或 288 穴。

2.2.2　基质选择

　　基质是秧苗根系赖以生存的物质基础，采用基质代替土壤，来为秧苗的生长提供所需要的营养物质。因此，育苗基质的好坏对秧苗的生长速度及质量有着直接的影响，其中能够作为基质的材料一般有泥炭、蛭石、珍珠岩、锯木屑、秸秆、细砂、浮石、椰糠、谷壳、碳化谷壳、甘蔗渣、树叶等。目前，主要是采用泥炭、蛭石、珍珠岩等轻基质的混合物来对秧苗进行培育，这些基质混合后具有如下一些优点：

　　1）透气、排水性能好，具有较强的持水能力。

　　2）富含有机质，具有较强的离子吸附性能，能够持续地为植株提供生长过程中所需要的各种元素。

　　3）在对基质进行选择时选用标准一致，不含病菌、毒物质、害虫及杂草种子，能够有效防止病虫害的产生，更好地培育出无病健壮的秧苗。

　　几种常用基质如下。

1. 泥炭

　　泥炭（图 2-9）是一种特殊的半分解的水生或沼泽植物，无菌、无毒、无污染，通气性能好，质轻、持水、保肥，能增强生物性能，营养丰富，含有很多的有机质、腐殖酸及营养成分。由于形成泥炭的植物、分解程度、化学物质含量及酸化程度不同，其物理化学性状也有很大的不同。根据形成植物的不同，泥炭一般分为两类，一类是草炭，另一类是泥炭藓。其中，优质泥炭的特性主要包括：

　　1）良好的保水、通气性能。

2）较强的储肥能力。

3）无毒、无菌，清洁、无杂草种子。

4）难于再分解，使其混于用土时，其物理性质比堆肥或腐叶土等具有更持久的保持能力。

5）呈强酸性。

图 2-9　泥炭

2. 蛭石

蛭石是一种天然、无机、无毒的矿物质，在高温作用下会膨胀。而园艺用蛭石则是经过特制加工的膨胀蛭石，如图 2-10 所示，其主要作用是增加育苗基质混合物的通气性和保水性。然因其易碎，随着使用时间的延长，极易使基质更加紧密而失去保水性和通气性，因此，粗的蛭石相对细蛭石的使用时间要长，并且效果要好。

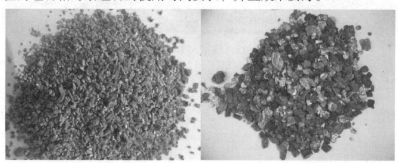

图 2-10　蛭石

3. 珍珠岩

珍珠岩是一种火山喷发的酸性熔岩，经急剧冷却而成的玻璃质岩石，因其具有珍珠裂隙结构而得名。通过采用机械法将矿石打碎并进行筛选，然后放入到火炉内加热到 1400℃，在该温度下矿石中原有的水分蒸发变成水蒸气，矿石则变成了多孔的小颗粒，其重量相比蛭石要轻得多，颜色为白色，如图 2-11 所示。珍珠岩较轻，通气性能良好，质地均一，不分解，无化学缓冲能力，pH 值为 7～7.5，对化学和蒸汽消毒都是比较稳定的，被用为育苗基质的必备成分，来进一步增强育苗基质的透气性和吸水性。

2.2.3　播种环节

播种前准备过程如下。

图 2-11　珍珠岩

（1）温室环境准备

清除温室内所有垃圾、杂草、杂物，疏通排水沟，必要时对棚膜进行清洗，拱棚开塑钢窗，最高位置对开，带防虫网。遮阴网及时遮盖、拉起，以防黄苗。并采用 1000 倍高锰酸钾溶液对全棚进行喷洒消毒（图 2-12）。如果前茬虫害严重，需用 800 倍辛硫酸溶液对全棚进行喷洒。

图 2-12　温室大棚消毒处理

（2）穴盘消毒

对于新穴盘可直接使用，旧穴盘则要先经过消毒处理，首先是将穴盘内的残留物清理干净，用清水洗干净晾干后，再使用 1000 倍的高锰酸钾溶液浸泡 10min，或 400 倍漂白粉溶液浸泡 15min，或 800 倍多菌灵溶液浸泡 20min，晾干后备用。

（3）基质配制与消毒

基质的选择与配比是培育出优质秧苗的基础，由于穴盘育苗根系生长空间与根系环境和传统育苗差别很大，适合穴盘苗根系生长的育苗基质应具有有机质丰富，质地疏松，保肥保水力强，营养物质如氮、磷、钾配比合理的特点。目前，常用的育苗基质为草炭、蛭石、珍珠岩等轻型基质的混合物，草炭的透气性和持水性好，富含有机质，并具有较强的离子吸附性能，在基质中主要起持水、透气、保肥的作用；蛭石的持水性特别好，可起到保水作用，珍珠岩吸水性差，主要起透气作用。将三种基质进行混合，并以适当的配比，来对秧苗进行培育，以培育出健壮的优质穴盘苗。

对育苗基质进行消毒的时候，每 $1m^3$ 基质可添加 50% 多菌灵可湿性粉剂 0.1kg，混合均匀后装入穴盘，防止病害的发生。装盘时，将育苗基质加水拌湿，以基质含水量在 50%～60% 为宜，对加湿后的基质进行检验的时候，以手握基质，没有水分挤出，松开后基质呈团状，当轻轻触碰时，基质散开。

（4）基质装盘

将配好的基质混合均匀，并经消毒加湿后装满穴盘中。装盘时，基质不能被压实，确保穴孔中的基质均匀、疏松，装满后用刮板刮去穴盘上多余的基质，然后再将穴盘叠起，并向下按压，压出深度为0.8～1.0cm的播种穴，便于点种。

（5）种子处理

为了防止出苗不齐，在播种前需要对种子进行预处理，即精选、温汤浸种、药剂浸（拌）种、搓洗、催芽等，种子经过处理后再进行播种。

对种子的选择一般选用包衣或丸粒化的种子，这种种子质量较好，出苗率有保证，可不经过种子预处理直接播种。然而，对于一般的种子则需要经过浸种催芽再进行播种，以使其形成整齐的种苗，将穴盘育苗的优势发挥到最大的程度。

播种前先将种子置于水温为病菌致死温度55℃条件下，水量为种子的5～6倍，将种子倒入之后立即对其进行搅拌，在对种子进行搅拌的过程中如果水温不足则需要酌量加入热水，使种子始终处于55℃的温水浴中浸泡15min，然后向其中加入凉水使水温降到30℃，并在此水温条件下的清水中浸泡7～8h；对种子进行浸泡后，采用药剂对种子进行浸泡处理，以减少秧苗生长期病虫害对其的影响，其中，常用的药剂处理方式，如番茄、辣椒种子，用10%的磷酸三钠浸种20min或采用1%的高锰酸钾溶液浸种20～30min以便纯化种子上所带病毒，减轻后期秧苗病虫害对秧苗的不利影响；1%的硫酸铜溶液浸种5min，可预防辣椒炭疽病、细菌性斑点病；茄子种子用福尔马林100倍液浸种15min，可杀死黄萎病毒；黄瓜种子用0.1%多菌灵浸种20～30min，可防治枯萎病；800倍春雷霉素浸种15min，可防治病毒病、猝倒病、立枯病、疫病、炭疽病。将种子用药剂浸好后，再采用清水将黏液冲洗干净，放入到25～30℃的温水中浸泡6～8h备用。种子浸泡处理如图2-13所示。

图2-13 种子浸泡处理

将浸种之后的种子采用纱布包好，尽可能去除多余的水分，以使种子松散透气，催芽过程中，每天要对种子采用清水清洗一次，清洗完之后将其置于恒温箱内进行催芽，或采用变温催芽法来使种子始终处于最佳发芽温度状态下进行催芽。

（6）播种

作坊式育苗方式一般采用的是人工播种法，工厂化育苗方式常采用的是机械播种法。人工播种法：对于催芽过的种子，种子表层附有黏液，种子间易粘在一起，一般将其与细沙拌匀，方便人工进行播种，播种时，每穴一粒，并尽量将种子播放在穴孔的正中央；机械播种：工厂化穴盘育苗，采用精量播种机进行播种，可大幅降低农民劳动强度，播种深度一致，出苗整齐度高。

（7）覆盖

播种后采用原基质对播种后的穴盘进行覆盖，并采用刮板将穴盘上方多余的基质刮除，使基质面与穴盘面相平。然后，将播种完成后的穴盘放置在由轻巧钢材制作的育苗床架上，育苗床面上铺设地布或无纺布。

2.2.4 苗期管理

穴盘苗播种完成后，将穴盘苗置于环境温度可调控的育苗温室内，运用现代化的数控智能育苗温室（图2-14），通过远程获取育苗温室内影响穴盘苗生长的空气温湿度、二氧化碳浓度、光照强度等相关育苗环境参数，通过模型分析来自动控制育苗温室内的温室湿帘风机、喷灌滴灌、内外遮阳、加温补光等相关设备来实现对温室内育苗环境的自动化智能调控，使穴苗始终处于最适宜生长环境下，保证所育穴苗的质量，为后期移栽作业提供良好的移栽条件。

图2-14　数控智能育苗温室

其中，对育苗温室环境的管理主要包括以下几个方面。

1. 温度管理

不同作物种类的秧苗对温度的要求有所差别，且同种类的秧苗在不同的生长阶段对温度的要求也会有所不同，由此秧苗生长期间对温度的管理应遵循"三高三低"：即白天、出苗、分苗定植后温度高；晚上、出苗后、定植前温度低，并且在各类蔬菜的许可温度范围内，尽量降低夜间温度，加大昼夜温差，以利于培养优质的秧苗。

秧苗生长期间，温度的高低对秧苗的生长影响较大。温度过低，会导致秧苗生长缓慢或停滞，产生僵苗现象；温度过高，秧苗生长过快，易造成徒长。

要求播种到出苗期间温度要高，尽量提高棚室温度，促进出苗，白天保持28～30℃，夜间保持18～20℃；种子出苗苗齐后，白天适当降温至20～25℃，并保证光照充足，夜间降至15～18℃；当秧苗长至两叶一心时，要进行适当升温，保证白天温度在25～30℃，夜间降至18～20℃，以促进秧苗快速生长；秧苗移栽前1周要适当降低温度，实现炼苗过程，床温可降低至15℃，并逐渐降低温度和揭膜通风炼苗，以提高适应性和抗逆性，使秧苗健壮，移栽缓苗时间短，恢复生长快。

2. 肥水管理

保持基质适宜的含水量和空气相对湿度对秧苗正常生长和减少病害发生有重要作用。基质水分过多，在光照不足及温度较高的条件下，秧苗易徒长，或造成通气性差、土温低，影响根系生长及降低吸收养分的能力而造成烂根等苗期病害。一般适于蔬菜育苗的含水量为基质持水量的60%～80%较为适宜。苗床浇水量和浇水次数应视育苗期间的天气和秧苗生长情况而定，在穴盘基质发白时补充水分，每次喷匀浇透。除采用上面浇水的方式外，还可采取"水上漂"的底层淹水的水分供应方式，其优点是水分能够重新回收再利用，植株发育较整齐。夏天早上温度低时浇水为宜，防止中午植株凋萎，傍晚浇水则容易造成植株拔高徒长；冬春育苗期间浇水一般宜干不宜湿，应尽量控制湿度，在中午温度高时浇同温水，以降低棚内湿度，防止幼苗徒长和病害发生，阴雨天、日照不足和湿度高时不宜浇水。畦床边缘的穴盘周边要用床土封实，防止穴盘边缘较快失水。

叶面追肥（图2-15）要视育苗基质的养分含量或苗情长势酌情而定。如果3叶期表现出缺肥症状，可用0.2%～0.3%尿素溶液和0.2%磷酸二氢钾溶液喷施一两次，并注意蹲苗，防止徒长，提高秧苗素质。苗期肥料如果以营养液方式供应，其浓度应在50～350mg/L。主要保证氮磷钾的供应，常用肥料配比如下：种苗早期氮磷钾比例20:10:20和14:0:14交替使用，浓度50mg/L，常用配比4000倍液；种苗后期氮磷钾比例20:10:20和14:0:14交替使用，浓度100～150mg/L，常用配比1500～2000倍液。

图2-15　育苗叶面追肥

如遇强冷空气影响时，除采取闭棚保暖，傍晚加盖小拱棚、覆盖遮阳网或无纺布等保温措施外，苗床应停止浇水，控制基质水分含量，低温来临前两天再喷1次0.2%磷酸二氢钾，以提高植株抗逆性。

3. 光照管理

冬春育苗时，光照弱，气温低，苗床内应尽量增加光照，如使用新农膜可增加透光率，提高温度，促进幼苗生长。在苗床温度许可情况下，小拱棚膜要尽量早揭晚盖，延长光照时间，降低苗床湿度，改善透光条件。即使遇到连续大雪、低温等恶劣天气，在保持苗床温度不低于16℃的情况下，也要利用中午温度相对较高时通风见光降低湿度，不能连续遮阴覆盖。瓜类、茄果类育苗根据光照强弱进行人工补光，简易补光方式一般每10m²

苗床用白炽灯泡300W左右，挂于小拱棚的横杆上，在10:00～14:00时间段进行补光。在久雨乍晴的天气下，苗床温度会急剧升高，秧苗会因失水过快而发生生理缺水，出现萎蔫现象，不宜马上揭膜见光通风，可适当遮阳"回帘"，让幼苗接受散射光，并用喷雾器在幼苗上喷水雾，补充幼苗散失水分，缓解萎蔫程度。夏秋育苗时，光照强度大，气温高，可覆盖遮阳网遮阴降温，减少土壤水分蒸发量，并勤盖勤揭，晴天上午覆盖遮阳网，15时后和阴雨天要揭去，以培育健壮秧苗。另外，蔬菜苗床上的日照时间长短对幼苗的生长发育有重要影响，特别是瓜类蔬菜。

4. 苗龄控制

壮苗表现为苗龄正常适当偏小，秧苗生长整齐，大小一致，茎秆节间粗短壮实，叶片大而肥厚，叶色正常，根系密集、色鲜白，根毛浓密，根系裹满育苗基质，形成结实根坨，无病虫害，无徒长。

适宜的苗龄，依蔬菜的种类、品种、生产要求、育苗条件而不同。一般耐移栽的蔬菜，宜采用大规格型号的穴盘育苗，可适当延长苗龄，进行大苗定植，如番茄等；不耐移栽的蔬菜，宜采用小规格的穴盘育苗，以适当缩短苗龄为宜，如夏秋季西瓜、甜瓜等。穴盘苗因秧苗生长空间有限，一般宜控制苗龄，以防秧苗老化、徒长。

2.3 穴盘育苗机械设备

在穴盘育苗技术迅速发展和普及的今天，传统的育苗方式已远远不能满足广大园艺种植者的需要，人们迫切需要一种精确、便捷、高效的现代化育苗机械来帮助完成育苗中的各项工作。为适应这一需求，我国各地农机化科研单位及生产企业研制开发出了以下几种技术先进的穴盘育苗播种机械，可满足用户的各种需要。

2.3.1 基质加工机械

1. 基质消毒机

育苗基质是作物育苗的基础，是决定幼苗根系生长环境的重要因素，也是作物育苗期病虫害传播的媒介和繁殖场所。基质中存在许多病菌、虫卵、害虫和杂草种子，如果不及时处理，会使育苗的产量和品质下降，甚至造成大面积病菌的传播，导致整个育苗过程失败。因此，作物育苗前必须对育苗基质进行消毒处理，从而达到防止病虫害和杀灭基质中杂草种子的目的。

欧美等发达国家对基质消毒装备的研究起步较早。英国在20世纪50年代就对蒸汽消毒设备进行了研究并统计了较详细的研究数据。美国、以色列、荷兰等国在基质消毒方面的研究基本已形成了完整的技术体系，VISSER型移动式高温蒸汽介质消毒机是荷兰较成熟的基质消毒设备。日韩等国也对基质消毒设备进行了大量的研究，其中日本研发的热水消毒设备，通过对基质灌注90℃以上的热水能够杀灭60cm土层内的大部分病原菌，消毒效果明显。

为防止育苗基质中带有致病微生物或线虫等，最好将基质消毒后再用。国外育苗基质的专业生产公司都是将基质消毒后装袋出售。国内还很少有基质专业生产厂家，使用的基质一般是自己配制，如果选用新挖出的草炭或刚刚烧制出炉的蛭石，可以不再消毒，直接混合使用。如果掺有其他有机肥或来源不卫生的基质，则需要消毒后使用。利用基质消毒机可以明显提高消毒效率，图 2-16 为较为常见的基质蒸汽消毒机。

图 2-16　基质蒸汽消毒机

基质蒸汽消毒机工作原理与使用方法：蒸汽消毒是将培养基质放入蒸汽箱中进行消毒。杀毒时把培养土放入蒸笼上锅，加热到 60 ~ 100℃，持续 30 ~ 60 min。杀灭细菌、害虫（虫卵）的温度一般在 40℃以上，当温度达到 50℃时，各发育期的害虫均可在 8h 之内杀死。若一些特殊的病毒需要更高的温度才能消灭掉，则消毒的时间越短越好，如可用 100℃以上的饱和蒸汽或过热蒸汽，迅速灭菌消毒。但这种过高温度的缺点是容易使培养基质脱黏、褪色、发脆、散裂等，加热时间不宜太长，否则会杀灭能够分解肥料的有益微生物，因而影响作物的正常发育。

基质消毒机（图 2-17）输送装置能保证基质平稳地输送，满足消毒生产率的要求，主要包括驱动装置、张紧装置和料斗装置等部分（图 2-18）。

（1）驱动装置

为实现消毒工作的连续作业，设计采用链板式水平输送方式。牵引链选择冲压链，底板选择平板式输送方式。由于链板式输送机的速度低，只靠减速器不易满足

图 2-17　土壤基质消毒机

大减速比的要求，一般均采用综合式传动机构。该设计中采用电动机、带轮、行星摆线针轮减速器、十字换块联轴器、头轮装置相配合的驱动装置。

（2）张紧装置

螺旋张紧装置是板式输送常用的张紧装置，优点是结构简单、尺寸紧凑。在尾轮轴上，一个链轮用键固定在轴上，另一个链轮则自由地装在轴上，这样可使链轮能随着链关节的位置而自动定位，并且可使两根链的受力趋于均衡。张紧链轮的齿数一般与头轮齿数相同。张紧装置装在滑轮上。

（3）料斗装置

在消毒机的一端安置进料斗，考虑到有时基质湿度过大，导致进料不畅，本设计在料斗中加入搅拌叶轮，由 0.75kW 的电动机带动，自动对物料进行搅拌、振动，使物料顺利进入输料槽托盘中，然后实现对物料的消毒。

基质蒸汽消毒机实际上就是一台小型蒸汽锅炉，可以买一台小型蒸汽锅炉，根据锅炉

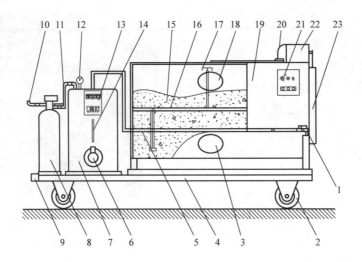

图 2-18　基质消毒机结构图

1—冷凝水排水管　2—万向轮充气轮胎　3—卸料口　4—小车平台　5—蒸汽输送管　6—燃烧器　7—燃油锅炉
8—软化水装置　9—牵引钩　10—入水管　11—软化水入水管　12—压力表　13—锅炉配电柜
14—液位器　15—基质　16—搅拌轴　17—搅拌轴叶片　18—上料口　19—消毒罐　20—泄压阀
21—消毒罐配电柜　22—搅拌轴驱动电动机　23—传动机构

的产汽压力及产汽量，筑制一定体积的基质消毒池，池内连通带有出汽孔洞的蒸汽管，设计好进、出基质方便的进、出料口，并使其密封。留有一小孔插入耐高温温度计，以观察基质内温度。

还可采用自制消毒柜的方法消毒，即先将一个大汽油桶或箱子等带盖容器改装成蒸汽消毒柜，从柜壁上通入带孔的管子，并与蒸汽炉（暖气锅炉等）接通，把培养基质放入柜（桶）内，打开进气管的阀门，让蒸汽进入基质的间隙，不要封盖太严，以防爆炸，30min后可杀灭大部分细菌、真菌、线虫和昆虫以及大部分草种子。

2. 基质搅拌机

随着我国现代农业建设的快速发展，机械化育苗和工厂化育苗技术也得到了快速发展。育苗基质（营养土）是影响容器苗生长质量的关键因素，只有经科学配比及搅拌均匀的育苗基质才能生产出苗壮优质的穴盘苗。对于家庭式小规模蔬菜苗生产，通常采用人工方式处理育苗基质；但对于现代化大规模工厂化育苗生产，靠人工处理育苗基质无法满足生产需求。因此选择一种合适的基质搅拌机能合理高效地生产出配比科学、适宜蔬菜生长发育的基质。

穴盘育苗的基质需要按照科学比例配比，下面介绍一种 SJDH 系列基质搅拌机（图 2-19），能将育苗基质进行充分混合，满足穴盘育苗所需要求。其特点是混合速度快、周期短、均匀度高，物料在短时间内搅拌均匀度变异系数 $C_v \leqslant 5\%$，缩短了混合时间，提高了生产效率。该机在工作过程中混合柔和，不产生偏析，由于混合过程柔和，保证了物料原有特性，加上独特的结构设计，保证了较少的残留量，从而保证高精度的混合。

购买的育苗基质或自配的育苗基质在被送往送料机、装盘机之前，一般要用搅拌机

图2-19 基质搅拌机

（图2-20）重新搅拌，一是避免原基质中各成分不均匀；二是防止基质在储运过程中结块，影响装盘的质量。此时如果基质过于干燥，还应加水进行调节。

3. 基质装盘机

基质装盘机是一种在人工创造的优良环境条件下，采用规范化技术措施和机械化、自动化手段，快速稳定地成批装填基质土壤至育苗穴盘的生产设备，它是育苗穴盘基质装填的重

图2-20 全自动基质搅拌机

要组成部分，且能满足工厂化育苗生产的发展要求，是促进种植现代化发展的重要基础。

目前，我国推出了各式各样的多功能漂浮育苗装盘播种机，如2008年石河子大学设计的半自动化穴盘育苗精量播种机，2012年云南农业大学宁旺云等设计的2B-P-10型漂浮育苗装盘播种机，2013年徐艳华等设计的一种烟草精量播种机，以及2013年许昌职业技术学院张传斌等设计开发的气吸式烟草精量装盘播种机。这些多功能精量播种机都配备了基质装盘功能，其功能形式包括一次装基和二次装基。

现在市场上推广的多功能播种机的装盘装置大多采用一次基质装盘装置（图2-21），该装置采用"宁多勿缺"的原则落下过量的基质，一次性完成装基作业。

其工作原理是：基质土壤供应机工作时，是将混配机搅拌好的基质送入供应机储料斗，由链传动输

图2-21 基质装盘机

送几个储料斗将基质不断地送到供应机上方出料口，基质经出料槽均匀下落。与此同时，操作人员不断地把育苗穴盘放置在具有一定速度的穴盘输送带上，当输送带上的育苗穴盘按照一定的速度经过出料槽下方时，自上而下散落的基质装满苗盘，经平土刮板和平土滚刷将多余的基质清除，而输送带洒落的基质经链传动输送机构被送回至储料斗。在此过程中，操作人员可通过调整链的输送速度，使基质下落的量达到适中；而光电感应器可以检

测前方有无育苗穴盘空位来控制苗盘传送的运行和暂停。

上海巨坚机械有限公司生产的SJTG – 360 基土自动装盘机（图 2-22）装盘量可达 600 ~ 900 盘/h，整机功率 1.87kW，外形尺寸 2000mm × 2400mm × 1800mm（长×宽×高），任何种类的基质土壤都可以放在盘子上，可均匀地将基质土壤供给播种穴盘中的各个孔穴，还可以任意取出来。能够高效地完成基质装填作业。

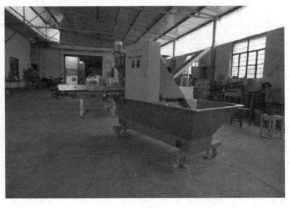

图 2-22　SJTG – 360 基土自动装盘机

2.3.2　精密播种机械

播种环节最重要的就是播种机的选取，通过播种机人们可以精确、便捷、高效地完成育苗中的各项工作，以提高育苗质量和生产效率。现在常用的有半自动播种机、全自动播种机等。半自动播种机必须人工操作，配合机器运转，这样可以节省 50% 以上的劳动力，有的甚至更高。全自动播种机，一切都按照流水线操作，播种效率可提高几十倍甚至几百倍，而且播种的深浅、压实程度、覆料的厚薄一致性较好。下文分别对国外、国内穴盘育苗精密播种机械进行介绍。

1. 国外穴盘育苗精密播种机械

国外穴盘育苗精密播种技术发展迅速，穴盘育苗精密播种机已经非常成熟，产品覆盖面广，并且朝着精准化、自动化和智能化的方向发展。目前，国外穴盘育苗精密播种机主要有英国的 Hamilton、意大利的 MOSA、美国的 Blackmore 和 SEEDERMAN、澳大利亚的 Williames、荷兰的 VISSER、韩国的大东机电等。

它们的特点如下：

1）产品成熟，系列全面。精密播种设备从小型到大型，再到播种生产线，不仅能满足小型农户播种的需求，而且能满足大规模蔬菜播种的需求。针对不同的用户，开发不同结构形式的穴盘育苗精密播种机，既有半自动穴盘育苗播种机，也有全自动穴盘育苗播种机。

2）作业效率高。目前，国外穴盘育苗精密播种机的播种效率普遍大于 300 盘/h，一些穴盘育苗播种机的播种效率甚至超过 1000 盘/h。美国 SEEDERMAN 公司生产的 GS 系列穴盘育苗精密播种机和英国 Hamilton 公司生产的 Natural 系列精密播种机使用单排针式排种结构，播种效率为 300 盘/h；荷兰 VISSER 公司开发出的 GRANETTE2000 双排针式全自动穴盘育苗精密播种机作业效率能达到 700 盘/h；美国 Blackmore 公司的 Cylinder 滚筒式穴盘育苗精密播种机作业效率为 1200 盘/h；意大利 MOSA 公司的 M – DSL1200 滚筒式和 M – SDS600/1200 电子流滚筒式穴盘育苗精密播种机的效率为 1200 盘/h。

3）智能化程度高。半自动和全自动穴盘育苗精密播种机融合气动技术和电控技术，通过精准的气压和电气控制，实现穴盘精密播种自动化和智能化。

4）发展多功能适应性精密播种机。在实现穴盘育苗精密播种机播种效率和精度提高的同时，对于穴盘育苗精密播种机多功能适应性的探索性工作也一直在进行中。

如图 2-23 所示，荷兰 VISSER 公司生产的 Eco－rou－line 滚筒式穴盘育苗精密播种机的滚筒为两用滚筒。该滚筒设置有 12 行吸嘴，可以实现滚筒的两种用途：一是 12 个吸嘴是同样规格的吸嘴尺寸和吸嘴间距，这种方式下每一种穴盘对应一种播种滚筒；二是只使用滚筒的 6 行吸嘴播种穴盘，其他 6 行吸嘴可以使用不同的吸嘴尺寸来播种不同的种子或者用同样的滚筒不同的吸嘴间距播种其他的穴盘。

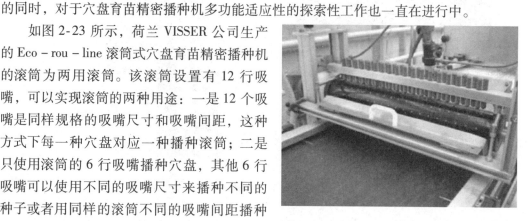

图 2-23　VISSER 生产的 Eco－rou－line 滚筒式
穴盘育苗精密播种机

如图 2-24 所示，美国 Blackmore 公司生产的 Cylinder 滚筒式精密播种机采用独特的四选项滚筒头，通过快速切换吸种口，实现不同规格穴盘、不同种子的精密播种，而无须更换滚筒。该精密播种机作业效率不低于 1200盘/h，可适应播种不同穴盘和不同规格的种子。

目前，滚筒式精密播种机是蔬菜精密播种机的发展趋势，播种速度普遍能够达到 1000 盘/h 以上；但是对于精密播种机的多功能适应性研究仍处在起步阶段，适应不同形态种子的播种机仍比较缺乏。

2. 国内穴盘育苗精密播种机械

我国对穴盘育苗精密播种机的研究始于 20 世纪 70 年代。为解决穴盘育苗存在的机械化水平低、播种精度

图 2-24　Cylinder 滚筒式穴盘育苗精密播种机

和效率低等问题，农业部和科技部先后将穴盘育苗技术研究列为重点科研项目，各地的农机化科研单位及生产企业同时跟进，通过借鉴国外的先进技术，结合我国穴盘育苗播种的具体要求，研制开发出了不同形式的穴盘育苗精密播种机。

（1）压穴翻转式精量穴盘播种机

压穴翻转式精量播种机（图 2-25）是常州风雷精机根据国内蔬菜花卉育苗生产现状研发的。它能满足大中型育苗生产企业、农业生产合作社、私营农庄、蔬菜花卉生产基地的播种育苗需要。它致力于提高穴盘育苗播种效率，大幅减少播种育苗生产中的劳动力成本，提高种苗生产质量。

穴盘播种机操作简便，用户只需提供 220V 的通用电源即可立即投入工作，不需要专业维护人员。该机体积小，重量轻，操作灵活，结构简单，压穴、取种、播种一次完成。该播种机采用 750W 进口旋蜗风机，吸力强劲；机身全部采用优质不锈钢材料制作，可以

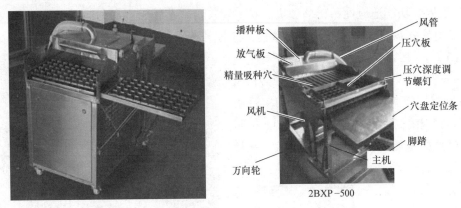

图 2-25　压穴翻转式精量穴盘播种机（2BXP－500）

根据不同的种子和播种要求，配置相应的播种板和吸种嘴；可配播种板 288 孔、200 孔、128 孔、105 孔、98 孔、72 孔、50 孔、32 孔。播种时一次一盘，播种速度 500 盘/h，播种率可达 95% 以上。该机使用高效方便，操作简单。

使用方法简介：

1）播种机头翻转 90°，安装对应规格的播种板。用螺栓固定（4 个），打开电源开关（220V）查看四周密封条周边是否漏气，确定不漏气后关闭电源开关。

2）换上对应规格的压穴板，用夹子固定，放上穴盘适量调整位置，使压穴位置正好在每个孔穴中间。

3）根据不同的种子找到最匹配的针头。

4）种子槽中（精量吸种穴）放入适量种子，振动让其均匀。接上 220V 电源，打开机器开关，机器开始工作。

（2）高效穴盘播种机

高效穴盘播种机 2BXP－1000（图 2-26）是常州风雷精机根据国内蔬菜花卉育苗生产现状研发的。它能满足大中型育苗生产企业、农业生产合作社、私营农庄、蔬菜花卉生产基地的播种育苗需要。它致力于提高穴盘育苗播种效率，大幅减少播种育苗生产中的劳动力成本，提高种苗生产质量。

图 2-26　高效穴盘播种机 2BXP－1000

该设备采用750W进口旋蜗风机，吸力强劲。整机机体全部采用优质不锈钢材料制作，外形美观大方，使用寿命长。可根据不同的种子和播种要求，配置相应的播种板和吸种嘴，种子最小需大于0.2mm，最大不超过黄豆大小，常规辣椒、番茄、草花种子皆适用。可配播种板288孔、200孔、128孔、98孔、72孔、50孔。播种板与穴盘配套，穴盘的规格必须为54cm×28cm。播种时一次一盘，播种速度在1000盘/h以上。该机使用高效方便，操作简单。

（3）2BQJP—120型工厂化育苗气吸式精密播种机

2BQJP—120型工厂化育苗气吸式精密播种机由北京海淀区农机研究所研制。它采用压缩空气为动力源，将空气流动特性技术、电器控制技术和机械技术结合为一体，通过自动控制系统，按穴盘育苗精密播种工序，完成穴盘定时、定位输送，底土填充，压穴，精密播种，覆土和刮平等项作业，适用于直接对蔬菜、花卉等作物（包括微粒裸种）的精密播种。

主要技术参数：配套动力3.6kW（压缩机），电压380V，主机工作压力0.3～0.45MPa。每穴播种数1～6粒，播种合格率＞95%。生产效率≥150盘/h。

（4）2BS-QJ气吸式穴盘播种机

2BS-QJ气吸式穴盘播种机（图2-27）采用220V工作电压工作，由空压机运转产生压力来进行气吸式播种，1穴1粒。播种行数可根据穴盘的孔数进行调整，播种宽度26.5cm，机械质量仅为30kg，播种效率为250盘/h，具有操作简单、高效、省工、节种的特点，是蔬菜生产机械化所必需的机具。

使用方法简介：

1）工作前检查，接通电源，起动空压机，空压机运转应正常。接通电源，起动穴盘播种机，起动机器各开关按钮，均能正常运转，播种盒里不能

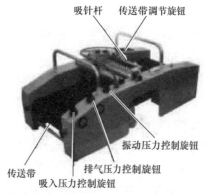

图2-27　2BS-QJ气吸式穴盘播种机

有土、灰尘等异物。种子检查：严格挑选所要播种的种子，种子里不能含有异物。

2）调试机器，按要求连接好机器的管线。落种导轨和吸针杆的选择：根据穴播盘1列的穴数选择对应的吸针杆及落种导轨。更换导轨时，将需替换的导轨从机器上面取出，把所需的导轨放到机器上面，并注意安装方向；更换时，松开吸针杆中央上部用于固定的圆形扣，一手轻抓播种台，另一手拿出吸针杆，重新安装所需要的吸针杆，固定圆形扣。根据种子的类型选择安装吸针型号。将适量的种子放在播种盘上，慢慢旋转振动调节旋钮和机器的水平，直到种子在播种盘内均匀跳动。准确调整吸针尖与振动种子间的距离后，根据种子的大小和质量，适当调节针头的吸入和排气压力。

3）开始工作，工作时要观察机器情况，根据种子消耗程度补种或调节压力。传送带和穴盘周边附着的基质应及时清扫干净。出现某行不能连续播种时，应及时停机，取出被堵的吸针，用穴播机上的空气枪的枪尖部对着吸针上部，瞬间连续发射空气，清扫吸针。

（5）磁吸滚筒式精密播种机

江苏大学设计了磁吸滚筒式精密播种机，如图 2-28 所示，排种器采用电磁铁磁吸头沿周向阵列、沿滚筒轴周向按穴盘孔距均匀分布的结构形式。经优化后的磁吸滚筒式播种机播种效率为 300 盘/h，能够满足精密播种的精度和效率要求；但磁吸式排种器对种子要求较高，待播种子需预先在外表面均匀裹上一层磁粉。

图 2-28　磁吸滚筒式穴盘育苗精密播种机

（6）气吸针式穴盘育苗精密播种机

台州一鸣机械设备有限公司研发生产的气吸针式穴盘育苗精密播种机（图 2-29）借鉴国外针式穴盘育苗精密播种机的结构原理，采用单排针式播种结构，通过针式吸嘴杆的往复运动实现蔬菜种子的负压吸种与正压吹种，该播种机播种效率可达 360 盘/h。

（7）气吸滚筒式穴盘育苗精密播种机

浙江博仁工贸有限公司生产的气吸滚筒式穴盘育苗精密播种机（图 2-30）借鉴国外滚筒式穴盘育苗精密播种机原理，采用负压吸种和正压吹种的原理，通过正负压转换板和旋转滚筒的相位变化实现滚筒的吸种、卸种与清孔，播种效率为 900～1200 盘/h。上述气吸式穴盘育苗精密播种机存在气压调节困难、播种精度低及对气路系统要求严格等问题。

图 2-29　台州一鸣的针式穴盘育苗精密播种机

在通用的结构原理上，国内的穴盘育苗精密播种机与国外已相差无几，但是作业性能与国外还有很大差距，限制了穴盘育苗精密播种机的研究开发与推广。

（8）磁吸式穴盘精密播种机

江苏大学胡建平等设计了一种磁吸式穴盘精密播种机，该机依靠电磁吸头精确吸取经磁粉包衣处理的种子，通过调节磁吸力的大小来控制播种量和播种精度，整机由步进电动机驱动，并由单片机协调控制来自动作业。通过对小白菜、西红柿、黄瓜等作物种子的初步试验，其单粒精播率达 90%，漏播率低于 5%，说明该机具有较高的播种精度和对不同类型种子

图 2-30　浙江博仁工贸的滚筒式
穴盘育苗精密播种机

良好的适应性，而且整机结构简单，自动化程度高。

1）工作原理。该磁吸式穴盘精密播种机结构如图 2-31 所示，主要由排种机构 5，步进电动机 8，输送带 1，磁吸头 4，种箱 6，传感器 9、11、12 等组成。排种机构为平行四边形机构，磁吸头由电磁铁制成，一排或者是多排磁吸头按照特定排布方式安装在平动横梁 3 上，待播种子需要预先在其外表面均匀地裹上一层磁粉，磁粉由铁粉与种子包衣用粉剂按一定比例混合而成。

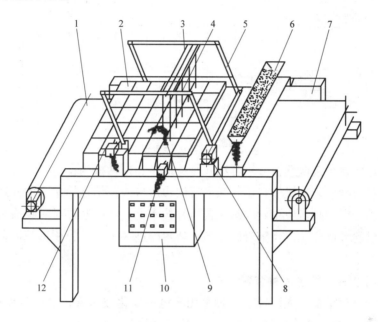

图 2-31　磁吸式穴盘精密播种机结构简图

1—输送带　2—穴盘　3—平动横梁　4—磁吸头　5—排种机构　6—种箱　7—机架

8—步进电动机　9—接近式传感器　10—控制器　11—光电传感器Ⅰ　12—光电传感器Ⅱ

工作时，穴盘随输送带前进，由光电传感器Ⅰ通过检测穴盘每一排穴孔的前沿来确定穴盘到达播种位置，从而停止穴盘输送，等待这排穴孔播种；与此同时，排种机构带动磁吸头向右平行摆动。由接近式传感器检测到磁吸头已接近种箱内的种子面，排种机构停止运动，让已预先通电的磁吸头吸上一粒种子，然后排种机构带动磁吸头向左平行摆动至穴孔的上方，通过光电传感器Ⅱ检测磁吸头已到达播种位置，排种机构立即停止运动，并切断磁吸头电源，磁粉包衣种子失去电磁吸力，在其自身重力的作用下落入穴孔中；重复上述动作，可连续进行穴盘的精密播种。

2）系统硬件设计。控制系统主要由传感器、控制器和执行机构组成，如图 2-32 所示。由光电传感器Ⅰ检测穴盘的运动情况，光电传感器Ⅱ检测排种机构的播种位，接近式传感器检测种子面。控制器由单片机组成，采用 AT89C52 单片机完成控制系统的运算和指令。执行机构为两台步进电动机：一台驱动排种机构，另一台驱动穴盘的进给。播种机工作时，通过控制面板人工设定播种的种子类型，电磁线圈中所需电流根据人工设定的种子类型进行调节。

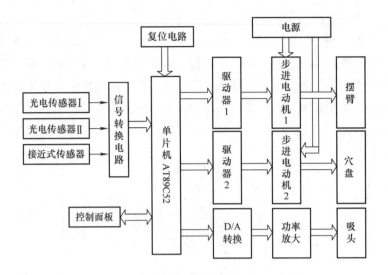

图 2-32　系统硬件逻辑图

该设计采用两台步进电动机分别驱动穴盘输送带和排种机构，便于协调控制，能适应不同孔距的穴盘播种；排种机构采用并联平行四边形机构，结构简单、播种速度快。该机首次将磁吸式精密播种技术应用到穴盘育苗播种技术上，今后通过对磁吸头及播种机性能参数的进一步试验和优化，以及随着磁粉包衣技术的进一步完善，相信其播种精度将会进一步提高。

（9）光电控制穴盘精密播种装置

西南农业大学何培祥等人设计了一种采用光电一体化技术来控制的电磁振动排种器。该装置以 PIC16C57 为核心，采用光电一体化技术来控制电磁振动排种器，使其每次只排出一粒种子，提高了播种精度，降低了漏播率。试验表明，该播种装置的单粒率达98%以上，重播率小于2%，漏播率为零。

光电一体化技术是由机械技术与激光-微电子等技术糅合融会在一起的新兴技术。它与传统的机械产品比较，有很大的不同。光机电一体化是一门跨学科的边缘科学，是激光技术、微电子技术、计算机技术、信息技术与机械技术结合而成的综合性高技术。其各个组成部分如机械技术、微电子技术、自动控制技术、信息技术、传感技术、电力电子技术、接口技术、模拟量与数字量交换技术以及软件技术等对综合成一个完整的系统中相互配合有严格的要求，这就需要取长补短，不断向理想化方向发展。

传统的机械装置的运动部分，一般都伴随着磨损及运动部件配合间隙所引起的动作误差，而发出由于可动摩擦、撞击、振动等引起的声响（噪声），这显然影响装置的寿命、稳定性和可靠性。而光机电一体化技术的应用，使装置的可动部件减少，磨损也大为减轻，像集成化接近开关甚至无可动部件、无机械磨损。因此，装置的寿命提高，故障率降低，从而提高了产品的可靠性和稳定性。有些光机电一体化产品甚至做到不需维修或者具有自诊断功能。

该精密播种装置由光电传感器、电磁振动排种器、横向移动机构、机架、输送带传送机构和单片微机控制器等组成，如图 2-33 所示。

电磁振动排种器将稻种呈单列状态依次排列在排种器的螺旋输送轨道上，并使稻种均匀向前输送，从而使稻种从排种口逐一排出，其结构如图2-34所示。在排种盘6的排种口5处安装有光电传感器2，振动弹簧片1（共3片，周向排列）的两端分别固定在排种盘6的底面和机架3上，铁心线圈7固定在机架3上，其上端与排种盘6的底面留有1mm的间隙。将50Hz的交流电经半波整流后通过单片

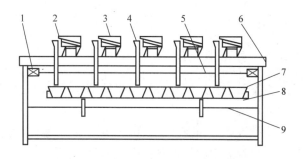

图2-33　播种装置整体结构示意图
1—电磁铁　2—光电传感器　3—电磁振动排种器
4—导种软管　5—横向移动机构　6—机架
7—塑料穴盘　8—托盘　9—传送机构

机的控制加在铁心线圈7的两端，铁心线圈产生脉动电磁吸力使排种盘振动，从而使排种盘内的稻种4在重力、摩擦力和惯性力的共同作用下沿盘内螺旋输送轨道顺序、均匀向上输送，并从排种口排出。当电磁振动排种器排出一粒稻种后，光电传感器便产生一个信号，经放大整形后送给单片机，单片机检测到该信号后，就使其停止振动，从而保证每穴只有一粒稻种。若单片机未检测到有稻种排出，则使其继续振动，直到其排出一粒稻种为止。电磁振动排种器具有结构简单、控制方便、不伤种等特点，适于稻种精播。

5个排种器结构完全相同。当单片微机控制器检测到正确的秧盘信号和横向移动机构位置信号后，5个电磁振动排种器同时排种。如图2-33所示，排出后的稻种由导种软管4导入塑料穴盘7的穴孔内。试验用塑料穴盘为434型，每排10个穴孔，而整机只用了5个电磁振动排种器，一次只能排出5粒稻种（每穴一粒），要播完一排的10个穴孔，需要电磁振动排种器排种两次，因而需要由电磁铁1驱动横向移动机构5左右移动。塑料穴盘7放在托盘8上，由传送机构9带动向前移动。当播完塑料穴盘一排的10个穴孔后，传送机构9带动托盘8及塑料穴盘7向前移动一个穴孔的位置，开始播下一排穴孔。为消除5个排种器由于振动而产生的相互影响，要求机架6的底面（排种器3的振动弹簧片固定在此底面上）用厚度为8mm以上的钢板制造。

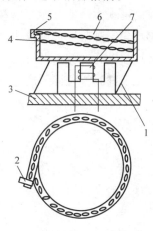

图2-34　电磁振动排种器结构示意图
1—振动弹簧片　2—光电传感器
3—机架　4—稻种　5—排种口
6—排种盘　7—铁心线圈

该团队随后对设计产品进行了实验分析，结果表明：该播种装置的各个工作部件能够相互协调动作，完成精密播种过程，达到了很高的播种精度：单粒率98.6%（样本标准差为0.426，变异系数为0.432%），重播率（1.4±0.4）%（样本标准差为0.426，变异系数30.429%），漏播率0。该播种装置完全满足农艺提出的严格要求，解决了工厂化育

秧播种精度不高、合格率低的问题。其生产率为 90 盘/h。

2.3.3 育苗温室设备

温室是一种比较完善的世界性的保护地设施。在育苗生产中，温室已经成为不可或缺的重要设施。

在欧洲国家如荷兰、法国、英国等，蔬菜及花卉工厂化育苗多采用双屋面连接式现代温室。这种温室的特点是：占地面积小，土地利用经济；室内面积大，便于机械化操作及环境自动化调控；温室内温度及光照比较均匀，容易培育出整齐一致的秧苗。其不足之处是一次性投入较大；冬季保温性较差，加温耗能大，育苗成本较高；夏季自然通风降温较困难，需要有机械通风及人工降温措施。总的来看，这种类型的温室适用于大规模工厂化育苗，特别是冬季气候比较温和、夏季气候比较凉爽的地区应用。在冬季气候严寒的高纬度地区，采用这种温室，尽管具有上述的不少优点，但冬春季加温的耗能过大，育苗费用过高。如果采用小型连栋温室并加上外覆盖及室内多层覆盖保温等措施，也不失为一种比较理想的工厂化育苗温室。

目前，我国北方地区普遍推广的节能型日光温室是一种采光保温性能很好的温室，在温室结构优化及强化保温措施条件下，冬季寒冷季节夜间达到最低温度时，不加温可以保持室内外温差在30℃左右。显然，在冬春严寒地区采用这种温室进行工厂化育苗，能耗及生产费用可大大降低，能够培育出成本低、质量较好的秧苗。但这种温室内部的温度、光照不够均匀，秧苗生长有较明显的趋光性，单栋温室的面积及空间较小，不便于机械化操作及环境自动化调控。但是，如果适当加大温室跨度及高度，或者吸取日光温室结构、保温的优点及建筑方位而形成适度规模的连栋，将可望成为我国北方冬春严寒地区工厂化育苗的首选温室类型。

塑料大棚也是一种日光温室，只不过结构简单，保温性能差一些，但却具有造价低，温、光比较均匀，室内面积及空间较大等优点，如果在冬春气候比较温和的长江流域以南地区，也是工厂化育苗的一种优选类型。

在现代育苗温室内应装配以下的主要设备：

（1）自动或半自动增温控温设备

大型双屋面连栋温室可设暖气加温设备；一般温室可用小锅炉热水加温（图 2-35）或暖风炉加温；采光保温性能好的日光温室也应配有临时加温的小型热风炉（图 2-36）。温室的通风系统应该完善，依据温室类型及面积大小选用排风扇、屋顶自动开窗放风、手动揭膜放风等设备。在无法进行自动控制的条件下，室内应备有高温、低温警报器。夏季应有湿帘、遮阳网或喷水降温等设备，防止高温危害。

育苗温室内的温度控制要求冬季白天温度晴天达25℃，阴雪天达20℃，夜间温度能保持在14～16℃。育苗床架内埋设电加热线可以保证秧苗根部温度在10～30℃范围内任意调控，以便满足在同一温室内培育不同园艺作物秧苗的需要。

温室内设有遮阴保温帘，四周有侧卷帘，入冬前四周加装薄膜保温。育苗温室上部可设置外遮阳网，在夏季有效地阻挡部分直射光的照射，在基本满足秧苗光合作用的前提下，通过遮光降低温室内部的温度。

图 2-35　小锅炉热水加温设备　　　　　　图 2-36　全自动燃油热风炉

购买风机建议选用不锈钢扇叶片（图 2-37），它采用一次冲压成形工艺，不变形，不断裂，美观耐用。排风扇集风器设有加强筋，整体强度高、变形小，不易损坏，节省维护费用；实际转速快，抽风量大；采用独特的推开百叶机构装置能自动打开和关闭百叶窗片；高精度动平衡监测校正，保证风机运转平稳无振动，可降低噪声，有效提高使用寿命。

温室侧面配置有大功率排风扇，高温季节育苗时可显著降低温室内的温度及湿度。通过温室天窗和侧窗的开启或关闭，也能实现对温湿度的有效调节。在夏季高温干燥地区，还可以通过湿帘风机设备来降温加湿。

图 2-37　悬挂式负压排风扇

（2）空气湿度控制设备

由于作物生长的不确定性和温室环境的可变性，传统的自动化控制手段已不能满足农业现代化发展的需要。随着大棚技术的普及，温室大棚数量不断增多，温室环境内要求有适合于温室植物生长的湿度，保证植物生长所需的水分，当湿度偏高或偏低时有调节的能力。水分是植物光合作用的原料之一，空气相对湿度可直接影响叶片气孔的开合程度。相对湿度越大，气孔打开的程度越高。

如果不是极端干燥或过湿，作物的生育不受湿度的影响，叶片气孔能自由开闭调节蒸腾量。如果是晴天，早上在开窗和打开风机之前，开启喷雾设施（图2-38），使相对湿度上升到90%以上，叶片的气孔张开到最大程度，有利于CO_2的吸收，在光照和其他条件具备的情况下，光合速率会很快升到相当高的水平，有利于钵苗生长。

但在持续干燥或水分缺乏的条件下，叶片气孔关闭，植物就会枯萎，降低光合作用速率，并使生长迟缓，正在发育的细胞生长减慢，叶子变小，节间变短，出现胁迫症状，如果再严重一点，叶边可能会发焦，并向内部延伸，影响到整片叶子，达到一定程度叶片会脱落。而水分过多时，植物生长快，表现为植株高但柔弱，一旦光照强烈或者干旱，植物易萎蔫。如

图2-38　室内喷雾加湿设备

果土壤中水分持续过多，水分长期占据毛孔，可能会造成对根的危害，根系就难以吸收水或营养，导致植物萎蔫，出现营养缺乏症状。所以要将湿度始终控制在适合蔬菜幼苗生长的范围内。在空气湿度过高时，应打开顶窗或排湿风扇排湿；空气湿度过低时，可通过微喷或喷雾设备增高空气湿度。

（3）应设有CO_2发生及施放装置，依据秧苗生长的要求定时定量施放CO_2

在农业种植中，CO_2浓度与绿色植物的生长、发育、能量交换密切相关，合理地控制CO_2浓度，绿色植物的光合作用将发挥很大的潜力，使农作物达到优质、高产、高效的栽培目的。因此，为了实现高效农业生产的科学化并提高农业研究的准确性，推动我国农业的发展，必须大力发展设施农业。对大棚中CO_2浓度的科学管理是多种环境因素中极为重要的一部分，是高效农业必不可少的环节。

二氧化碳发生器（图2-39）、控制器为设施农业量身定制，如温室，食物及蔬菜储藏室，可实时监测CO_2浓度并实现可编程逻辑控制。其一般具有如下特点：多功能一体化设计，

图2-39　温室大棚用CO_2发生器

外观优雅，安装方便；内置 CO_2 传感器，可对参数设置加以控制；非色散 CO_2 红外传感器（NDIR）使用寿命长达 15 年，CO_2 监测范围可选（$0 \sim 9999 \times 10^{-6}$）；继电器输出，直接连接并控制 CO_2 发生器及通风设备；强大的现场编程功能，对 CO_2 的控制更加准确方便，并使应用更加广泛。CO_2 发生器功能强，性能优，价格低，是设施农业控制的绝好配套产品。

（4）在可能条件下安装补光设备，防止冬季光照不足、阴雪天光照过弱或日照时数不够而出现的弱光反应

光照是影响作物生长发育最重要的环境因子之一，根据荷兰温室种植者的经验，1% 的光照带来 1% 的增产，可见光照在作物生产中的重要程度。由于各种影响因素，温室内的光照不足会影响到温室作物的生长、发育及其产量和品质，此时，光照已成为作物生产的限制性因素，温室人工补光将是必然的选择。

温室人工补光是通过温室内安装补光系统，提高温室内光照强度或延长光照时间来实现植物对光的需求。一般来说，温室补光系统包括补光设备、电路及其控制系统，本文的重点在于介绍温室补光设备的基本知识。

温室补光设备的核心部分包括人工光源、镇流器、反光器（也叫反射器、反光板、反射罩）。镇流器的主要功能是驱动补光灯，目前常用的镇流器有电感镇流器和电子镇流器两种。反光器的功能是将光源发出的光尽可能地反射到植物生长区域并保持光照的均匀度，反光器的反光效率越高，反射的光线越多，提供的光照均匀度越高，对植物的生长越有利。

温室补光中使用的人工光源类别较多，常用的主要有白炽灯、荧光灯、高压钠灯、金属卤素灯以及新型光源 LED。本书就几种常用温室补光人工光源的性能特点及其不足分别做一简要介绍，以供温室生产者增强对人工光源的了解，同时为选用温室人工光源提供参考。

1）白炽灯。白炽灯俗称电灯泡，依靠真空灯泡中的灯丝（钨丝）通电发热至白炽化而发光，其发光原理是先发热，热到一定程度后发光。高温钨丝发射连续光谱，辐射光谱大部分是红外线，红外线能量可达总能量的 80% ～90%，而红、橙光部分约占总能量的 10% ～20%，蓝、紫光部分所占比例很少，几乎不含紫外线。我们把对植物生长发育有效的红橙光、蓝紫光称为生理辐射，因此，白炽灯的生理辐射量所占比例很小，能被植物吸收用于进行光合作用的光能则更少，仅占全部辐射光能的 10% 左右。

白炽灯可用于温室花卉生产的光合补光及光周期调控，通过调节白炽灯的悬挂高度和安装密度达到调节光照强度的目的。白炽灯平均寿命较短，不到 1000h，其发光原理也决定了白炽灯发光效率较低，所辐射的大量红外线转化为热能，也会使温室内的温度和植物的体温升高。温室生产中正逐渐淘汰白炽灯。

2）荧光灯。我们俗称的日光灯即是荧光灯的一种，是利用低压气体放电的原理制成的，灯管内壁覆盖了一层荧光粉，管内充有一些汞蒸气（水银蒸气）和惰性气体，由紫外线激发荧光粉而发光。发光的颜色根据荧光物质的不同而异，有蓝光荧光灯、绿光荧光灯、红光荧光灯、白光荧光灯、日光荧光灯以及卤素粉荧光灯和稀土元素粉荧光灯等。

温室补光或者园艺组培中使用较多的是白色荧光灯，发光光谱主要集中在可见光区域，光谱成分中无红外线，其光谱能量分布如下：红橙光占 44% ～45%，黄绿光占 39%，

蓝紫光占16%，比较接近日光。其生理辐射所占比例比白炽灯高，能被植物吸收的光能约占辐射光能的75%~80%，是较适于植物补充光照的人工补光光源，目前使用较为普遍，平均寿命约1000h以上。

目前用于温室生产的多为T5和T8两种类型，其发光效率较白炽灯高，但其功率小，功率因数低，附件较多（辉光启动器、镇流器、灯架、反光板），故障环节多，维护费用高，且含有对环境和人体有害的成分"汞"。

3）气体放电灯。气体放电灯是由气体、金属蒸气或几种气体与金属蒸气的混合放电而发光的灯。温室生产中常用的气体放电灯有高压水银灯（高压汞灯）、金卤灯和高压钠灯。严格来讲，荧光灯也属于低压气体放电灯的一种。

① 高压水银灯。又称"高压汞灯"、UV灯。它类似于荧光灯，是利用高压水银蒸气放电发光的一种气体放电灯。它产生的生理辐射量占总辐射能的85%左右，主要是蓝绿光及少量紫外光，红光很少。其发光效率高，平均寿命6000h以上。

高压水银灯的不足之处在于需要镇流器高压启动，断电后需完全冷却才能重新启动，不可以频繁启动。

② 金卤灯。全称是金属卤化物灯（图2-40），是在高压水银灯的基础上添加各种金属卤化物而制成的光源。采用不同类型的金属卤化物，可以制成不同类型的近日光光源，也可通过改变金属卤化物组成呈现不同的光谱，其发光效率高于高压汞灯，功率大，寿命长（8000~15000h）。但是灯内的填充物中有汞，当使用的灯破损或失效后抛弃时，会对环境造成污染。

图2-40　植物照射用金属卤化物灯

③ 高压钠灯。电流通过高压钠蒸气时激发产生光的一种光源。高压钠灯主要产生黄橙光，光谱能量分布大致为：红橙光占39%~40%，黄绿光占51%~52%，蓝紫光占9%。因含有较多的红橙光，补光效率较高。平均寿命可达20000~24000h。高压钠灯需要配合反光罩或反光板使用，是温室中常用的人工补光光源。

配置光通量1.6万lx、光谱波长为550~600nm的高压钠灯（图2-41），在自然光照不足时，开启补光系统可增加光照强度，满足各种园艺作物幼苗健壮生长的需求。

图2-41 高压钠灯植物生长灯

高压钠灯植物生长灯的特点：①耐用更长寿，选用固体冷光源，没有灯丝，无挥发物，发热量极小，理论使用寿命可达10万h，实际寿命至少可以达到20000h，是普通灯泡的20倍，普通节能灯的4倍；②静音无干扰，整灯无任何噪声，使用中十分安静，没有普通节能灯（整流器）工作时发出的轰鸣声。

（5）应设有温室催芽设备

催芽过程的关键因素包括介质温度、湿度、光照和氧气，这些因素的具体要求因种苗品种的不同而不同。催芽室是人工控制种子发芽的场所，也是控制种子发芽率和整齐度最先进的方法。图2-42为正在催芽过程中的室内情况。使用催芽室种子发芽率高、发芽快、发芽整齐度高、节省温室空间、节省劳动力。

催芽室是专供种子催芽出苗用的，是一种自动控温控湿的育苗设施。利用催芽室催芽出苗具有量大、节省资源、出苗迅速整齐等优点，是工厂化育苗的必备条件。

在我国北方工厂化育苗中，普遍认为在日光温室内设置催芽室，既节能又简便，适合较小规模专业化育苗

图2-42 恒温催芽室

采用。催芽室的体积根据育苗面积确定。在温室内设置见光催芽室的优点是节能、简易，可降低使用成本，其缺点是应注意防止高温对出苗的危害，必要时采取遮阴及放风等措施。

在工厂化育苗中，电热温床的应用具有多方面的优点：可有效地提高地温及近地表气温；一次性投资少，折旧费用低；设备体积小，易拆除，设备利用率高；可按照育苗要求控制适宜温度，提高秧苗质量。

电加温线与控温仪是电热温床的两个主要设备。

电加温线是将电能转化为热能的器件。电加温线型号多种，给土壤加温的叫土壤电加温线，统称电加温线；给空气加温的叫空气加温线。详细规格见表2-1。

控温仪是电热温床用以自动控温的仪器。使用控温仪可以节约1/3的耗电量，可以使温度不超过作物的适宜范围，并使其满足各种作物对不同低温的要求。控温仪的型号及参

数见表 2-2。如果电加温线的功率大于控温仪的允许负载，应外加交流接触器。

表 2-1 不同型号电加温线的主要参数

型号	用途	工作电压/V	功率/W	长度/m
DR208	土壤加温	220	800	100
DV20406	土壤加温	220	400	60
DV20608	土壤加温	220	600	80
DV21012	土壤加温	220	1000	120
DP22530	土壤加温	220	250	30
DP20810	土壤加温	220	800	100
DP21012	土壤加温	220	1000	120
F_421022	空气加温	220	1000	22
KDV	空气加温	220	1000	60

表 2-2 控温仪的型号及参数

型号	控温范围/℃	负载电流/A	负载功率/kW	供电形式
BKW – 5	10 ~ 50	5 × 2	2	单相
BKW	10 ~ 50	40 × 3	26	三相四线式
KWD	10 ~ 50	10	2	单相
WKQ – 1	10 ~ 50	5 × 2	2	单相
WKQ – 2	10 ~ 50	44 × 3	26	三相四线式
WK – 1	10 ~ 50	5	1	单相
WK – 2	10 ~ 50	5 × 2	2	单相
WK – 3	10 ~ 50	15 × 3	10	三相四线式

在工厂化育苗的成苗温室内，可将电加温线铺设在床架上。在增温值不超过 10℃ 的条件下可按照 $100W/m^2$ 的功率设计。如果温室内温度过低，应在电加温线下铺设隔热层，在床架上再加设小拱棚，强化夜间保温。这样，不仅能保证育苗所需的温度，且可节约用电。

育苗环境自动控制系统是指育苗过程中的温度、湿度、光照等的环境控制系统。我国大多数地区园艺作物的育苗是在冬季和早春低温季节（平均温度 5℃、极端低温 −5℃ 以下）或夏季高温季节（平均温度 30℃，极端高温 35℃ 以上），外界环境不适于园艺作物幼苗的生长，温室内的环境必然要受到影响。园艺作物幼苗对环境条件敏感，要求严格，所以必须通过仪器设备进行调控，使之满足光照、温度、湿度（水分）的要求，才能育出优质壮苗。

2.3.4 控制系统

控制系统是指由控制主体、控制客体和控制媒体组成的具有自身目标和功能的管理系统。控制系统意味着通过它可以按照所希望的方式保持和改变机器、机构或其他设备内任何感兴趣或可变的量。控制系统同时是为了使被控制对象达到预定的理想状态而实施的。控制系统使被控制对象趋于某种需要的稳定状态。

温室设计的主要目的，是改变作物生长的自然环境，创造适合生物最佳的生长条件，避免外界恶劣的气候，以期获得农业生物速生、优质、高产、均衡和最大的经济效益。简言之就是：使农业生产经济化和专业化，所以，我们要对温室内的环境进行控制，以创造生物生长的最佳环境。温室在自动控制方面主要有以下几种方式。

1. 电动控制

一个控制单元包括风机控制、天窗控制、拉幕控制等。该种控制通过配电柜上的电动开关来驱动天窗电动机或拉幕电动机来完成控制过程。这种控制方法简单易行，操作方便，如图 2-43 所示。

图 2-43　电动控制柜

2. 单片机控制

单片机（Microcontrollers）是一种集成电路芯片，是采用超大规模集成电路技术把具有数据处理能力的中央处理器（CPU）、随机存储器（RAM）、只读存储器（ROM）、多种 I/O 接口和中断系统、定时器/计数器等功能（可能还包括显示驱动电路、脉宽调制电路、模拟多路转换器、A/D 转换器等电路）集成到一块硅片上构成的一个小而完善的微型计算机系统，在工业控制领域广泛应用。从 20 世纪 80 年代，由当时的 4 位、8 位单片机，发展到现在的 300M 高速单片机。89C52 微处理器如图 2-44 所示。

单片机不仅体积小、价格低、可靠性与集成度高，并且具有控制功能强、易扩展、便于携带等优点，

图 2-44　89C52 微处理器

因此被广泛应用于各领域。本文就单片机在农业工程中的应用进展进行了简述，并着重介绍了单片机在农业电气化、农业机械、农产品加工、水利水电工程、农业环境等农业工程领域中的应用研究与开发趋势。

一个控制单元同样包括风机控制、天窗控制、拉幕控制，此外还包括温度显示以及风机湿帘的自动控制。除数据的采集和输出外，该种方法可以完成微电脑控制的大部分功能。

3. 微电脑控制

微电脑即微型电子计算机（图2-45），一般来说，微电脑是一种以微处理器（Microprocessor）作为其中央处理器（CPU）的计算机。另外这些计算机一般的特色是它们仅占据实体上很小的空间。

该系统由传感器、数据采集系统与控制装置组成，对温室内的温度、湿度、通风等设备进行集中或分散控制。也可以根据客户的实际需要进行选用。具有先进的微机处理技术的温室计算机保证了植物生长于最佳条件中。系统有一标准的规格布置，使一台计算机能调节几

图2-45　微电脑控制芯片

个温室的气候。区名、室名、功能参数菜单可以清楚地显示在屏幕上，加热、通风、灌溉等可以通过功能键盘设定所需值，并可以输入数据改变它。合理的控制输入将避免错误的设定。诊断系统可储存所有可能出现的错误（如感应器打开电路）并将它清楚地显示出来，各区温度是通过中央控制进行自动调节的，在中央控制站所有的设定值和实际值都可以显示和改变，每个温室的计算机都是独立的调节单元，可以对温室进行单独执行。温室内每区的最大温度、最小温度、报警温度可以设定，同时可以设定加热水的警报温度。微型电子计算机具有单独可调控制器来调节通风，对于每个通风循环下列功能可进行单独调节。它用数个设定值调节室内温度，根据光照强度，或混合计时器，或天文时间，按照可调斜度曲线进行滑动转换。

与加热设定值选择性地结合，在暴风雨的情况下，通风扇叶成比例地受风速的限制，扇叶的再开启被延时了。为了防雨，扇叶的最大开启度限于一个可调值。根据时间和空气湿度可选择强制通风。根据时间和其他气候参数，设置值可被临时延迟。根据传感器的显示和估计可判断温度、雨、风速、光照强度、风向、湿度等气象数据。

电器设备能长期安全运行的条件是：绝不能严重受潮、不受任何外力的冲击、正确的维护保养、电压较为稳定。

4. 分布式网络控制系统

该系统是基于485总线，结合农业设施环境调控的特点，并采用自主研制的数字式智能温湿度传感器和智能控制器；通过分布式网络控制技术，实现信息和数据的共享，通过点对点的拓扑结构，满足了系统对高可靠性和高实时性的要求。控制系统部分的选取，完全依赖于生产者所需要的控制功能，通常控制功能越多，价格也越高。用户可参考表2-3选取。

工厂化育苗的控制系统对环境的温度、光照、空气湿度、水分、营养液灌溉实行有效的监控和调节。选择合适的控制系统能有效降低育苗成本，提高工厂化育苗生产效率，提升蔬菜穴盘苗品质，因此在工厂化穴盘育苗流程中合理选配控制系统显得十分关键。

表2-3 各种控制系统功能对比

控制类型实现功能	常用几种控制类型			
	电动控制	单片机控制	微电脑控制	分布式控制
控制启闭	可以	可以	可以	可以
参数显示	无	温度、湿度	温度、湿度、风速、风向、雨量等	温度、湿度、风速、风向、雨量等
价格	低	中	高	高
适用对象	生产温室	生产、科研温室	生产、科研、观光、科技园区	生产、科研温室及温室群
智能化程度	低	中	高	较高
安全稳定性	低	中	高	较高

参 考 文 献

[1] 刘卫想，金鑫，姬江涛，等．河南省蔬菜生产机械化技术现状及对策 [J]．农业工程，2015，5（4）：9－12.

[2] 郝金魁，张西群，齐新，等．工厂化育苗技术现状与发展对策 [J]．江苏农业科学，2012，40（1）：349－351. DOI：10.3969/j.issn.1002－1302.2012.01.132.

[3] 何道根．青花菜穴盘育苗技术的研究 [D]．杭州：浙江大学农业与生物技术学院，2008.

[4] 李红．浅谈蔬菜工厂化穴盘育苗生产技术 [J]．现代农业，2015（6）：15.

[5] 王敏芳，段炼．蔬菜穴盘育苗及管理技术 [J]．中国园艺文摘，2011，27（11）：138－140，122.

[6] 肖盛明．蔬菜穴盘育苗技术 [J]．农技服务，2015（2）：38－39.

[7] 杜洋，宣宇．蔬菜穴盘育苗技术 [J]．农民致富之友，2014（7）：85－85.

[8] 鞠鹏杰．蔬菜穴盘育苗技术探究 [J]．现代园艺，2013（12）：35.

[9] 王宝海．番茄穴盘育苗关键技术及规范性操作研究 [D]．南京：南京农业大学，2005.

[10] 张德林．基于网络的工厂化穴盘育苗设施设备选配系统的研究与构建 [D]．北京：中国农业大学，2005.

[11] 苗纪忠．莘县设施蔬菜工厂化育苗技术 [J]．农业科技通讯，2017（6）：287－289.

[12] 张艳玲，张桂玲，刘殿功，等．设施蔬菜集约化穴盘基质育苗技术 [J]．内蒙古农业科技，2015（3）：107－107，123.

[13] 史文煊．日光温室蔬菜穴盘育苗技术 [J]．农民致富之友，2015（2）：197－197.

[14] 张勇，康云伟，刘长宝，等．培育辣椒优质穴盘苗技术 [J]．吉林蔬菜，2017（5）：14－15.

[15] 张建金．加工型番茄穴盘基质育苗技术 [J]．中国农技推广，2017，33（2）：44－45.

[16] 王雅娟，吕明杰，胡会英，等．蔬菜穴盘育苗技术 [J]．西北园艺，2009（11）：16－17.

[17] 花小红．茄果类蔬菜工厂化穴盘育苗技术 [J]．上海农业科技，2017（2）：64，66.

[18] 张继宁，阎世江．茄子穴盘育苗关键技术 [J]．农业科技通讯，2017（1）：198－199.

[19] 王孝兵，许海霞，周小丽，等．蔬菜穴盘育苗技术 [J]．上海农业科技，2014（1）：79，83.

[20] 冯喆，张临城．早春青（辣）椒穴盘育苗实践 [J]．蔬菜，2016（6）：52－54. DOI：10.3969/j.issn.1001－8336.2016.06.022.

[21] 欧长劲，郭伟，蒋建东．设施农业介质消毒技术与设备的现状和发展 [J]．农机化研究，2009，31

（3）：210－233.

［22］张睿，王秀，马伟，等．设施栽培基质消毒装备技术研究［J］．农业工程技术：温室园艺，2010（7）：28－29.

［23］蔡静．气吸式穴盘育苗播种机自动控制系统的设计与研究［D］．石河子：石河子大学，2013.

［24］楚宜民，许艳华．一种烟草精量播种机的设计［J］．中国农机化学报，2013，34（4）：139～141.

［25］张传斌，张艳．气吸式烟草精量装盘播种机的设计与实验［J］．河南农业大学学报，2013（2）：152～157.

［26］王刚，杨宇虹，刘加红，等．烟草漂浮育苗基质装盘播种机性能评价［J］．江苏农业科学，2013，41（3）：370～373.

［27］王宏宇，黄文忠，张玉娟．温室园艺精密播种机械发展现状概述［J］．农业科技与装备，2008（2）：111－112.

［28］何义川，曹肆林，王敏，等．三种穴盘育苗播种机结构特点分析［J］．新疆农机化，2012（2）：162－163.

［29］李万里．2BS－QJ气吸式穴盘播种机［J］．长江蔬菜，2015（9）：10－11.DOI：10.3865/j.issn.1001－3547.2015.09.005.

［30］李宣秋．磁吸滚筒式精密播种器的设计与试验研究［D］．镇江：江苏大学，2006.

［31］胡建平，侯俊华，毛罕平．磁吸式穴盘精密播种机的研制及试验［J］．农业工程学报，2003，19（6）：122－125.

［32］秦贵．蔬菜育苗播种机发展现状及技术研究［J］．农机科技推广，2012（9）：46－48.

［33］何培祥，杨明金，陈忠慧，等．光电控制穴盘精密播种装置的研究［J］．农业机械学报，2003，34（1）：47－49.DOI：10.3969/j.issn.1000－1298.2003.01.015.

［34］张德林．基于网络的工厂化穴盘育苗设施设备选配系统的研究与构建［D］．北京：中国农业大学，2005.DOI：10.7666/d.y835014.

第3章 钵苗基本特性研究

钵苗由秧苗与钵体（由秧苗根系在育苗基质内反复缠绕、穿插而形成的复合体）组成，进行移栽作业的过程中，钵苗作为移栽作业的对象，其基本特性对钵苗的整个移栽过程起到了至关重要的作用，对取苗的成功率及移栽后钵苗的成活率有着重要的影响，因此，有必要对钵苗相关的一些特性进行研究。

3.1 辣椒钵苗物理特性试验研究

钵苗的物理特性能够为移栽过程中移栽机械关键部件的设计提供一些参考依据，并能为鸭嘴–钵苗互作特性分析提供相关的参数依据。

3.1.1 试验仪器

1）电子天平，型号为 HX2002T，精度为 0.01g，量程为 2000g，如图 3-1 所示。

2）电子数显卡尺，精度为 0.01mm。

3）卷尺和直角三角尺。

4）采用铝型材、竖直板和水平板搭建直角型载物台，如图 3-2 所示。

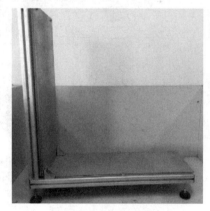

图 3-1 电子天平   图 3-2 直角型载物台

3.1.2 试验材料与方法

试验材料：601 型辣椒穴盘苗，其中所用穴盘均采用统一规格 128 穴、尺寸为 590mm × 300mm 的穴盘，填充基质为四种不同成分配比下的基质，且苗期严格控制穴盘苗所处环境的各项环境参数。其各项环境参数如下：

1）温度。播种后至出苗前白天气温保持在 26 ~ 27℃，夜间 18 ~ 23℃；幼苗出齐后，白天气温保持在 20 ~ 25℃，夜间 17 ~ 18℃；第一片真叶出现后至炼苗期，白天气温保持在 23 ~ 25℃，夜间 13 ~ 15℃。

2）湿度。空气相对湿度保持在 60% ~ 70%。

3）光照。短日照和弱光照强度条件下，秧苗苗叶较嫩，茎秆较弱且易发生徒长，此时，要适当进行补光并增加光照强度；长日照和强光照强度条件下，强的光照强度极易对秧苗造成损伤，此时应加盖遮阳网来适当降低光照强度，使秧苗的生长始终处于适宜的光照强度条件下。

4）水分。穴盘苗播种完成后，应将钵体浇透，利于出苗；待苗出齐后，钵体含水率控制在 45% ~ 65%；苗叶展开至 2 叶 1 心时，钵体含水率控制在 65% ~ 75%；苗叶展开至 3 叶 1 心时，钵体含水率控制在 60% ~ 65%。

5）基质成分。四种不同成分配比的基质为草炭：蛭石：珍珠岩（L1）= 3:1:1、草炭：珍珠岩（L2）= 3:1、草炭：蛭石：珍珠岩（L3）= 6:2:1、草炭：蛭石：珍珠岩（L4）= 3:1:2，其中基质的配比采用的是各成分的体积比来进行配制；苗龄分别为 30 天、35 天、40 天和 45 天（2016 年 9 月 7 号 – 2016 年 10 月 22 号），以完成对四种基质成分下辣椒苗在四种不同苗龄期的相关物理特性的观察与测量。培育完成后同一苗龄下四种不同基质配比的辣椒穴盘苗如图 3-3 所示。

a) L4 (3:1:2)   b) L3 (6:2:1)   c) L2 (3:1)   d) L1 (3:1:1)

图 3-3　试验用辣椒穴盘苗

试验所需测量的物理特性参数包括：钵苗重量和钵苗的形态特性参数，其中本文所测形态特性参数主要有距土钵上表面 5mm 处秧苗的径粗 d_1、苗宽 a（苗叶间最宽处苗尖间的距离）、钵苗整体高度 h（从钵体下表面到苗叶最高处的距离）、钵苗土钵上表面边宽 m、钵苗土钵下表面边宽 n、钵苗土钵高度 h_1，主要形态特征测量参数如图 3-4 所示。其中，由于秧苗均采用规格统一的穴盘进行培育，根据所选穴盘穴孔的尺寸可得知 $m = 30mm$，$n = 18mm$，$h_1 = 42mm$。

试验方法：以四种基质成分下的辣椒苗为试验测试对象，对每种基质配比下 30 天、35

天、40 天和 45 天苗龄的钵苗的质量、距土钵上表面 5mm 处秧苗径粗 d_1、苗宽 a、钵苗整体高度 h 进行试验测定。测定时将辣椒钵苗竖直放置在直角型载物台上，并使钵苗的茎秆与直角型载物台的竖直板平行，然后采用直角三角尺、数显游标卡尺对辣椒钵苗的苗宽 a、茎粗 d_1 进行测量，采用卷尺对钵苗高度 h 进行测量，采用电子天平对辣椒钵苗的质量进行测量。针对每种基质配比下四种不同苗龄期钵苗的质量及形态特性参数进行重复测量，重复次数 5 次，并根据重复测量结果分别求取平均值，其中，钵苗物理机械特性试验整体情况如图 3-5 所示。

d_1 — 茎粗
a — 苗宽
h — 钵苗高
m — 土钵上边宽
n — 土钵下边宽
h_1 — 土钵高

图 3-4　钵苗主要形态参数

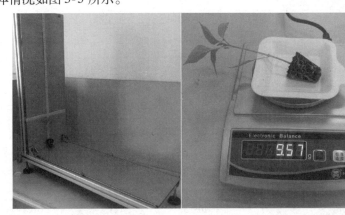

a) 钵苗形态特性测量　　　　　　　　b) 钵苗质量测量

图 3-5　钵苗物理特性试验

3.1.3　试验结果与分析

基质成分 L1 下辣椒钵苗物理特性测量结果如表 3-1 所示，基质成分 L2 下辣椒钵苗物理特性测量结果如表 3-2 所示，基质成分 L3 下辣椒钵苗物理特性测量结果如表 3-3 所示，基质成分 L4 下辣椒钵苗物理特性测量结果如表 3-4 所示。其中，基质成分 L1 指草炭、蛭石和珍珠岩的体积比为 3∶1∶1，基质成分 L2 指草炭和珍珠岩的体积比为 3∶1，基质成分 L3 指草炭、蛭石和珍珠岩的体积比为 6∶2∶1，基质成分 L4 指草炭、蛭石和珍珠岩的体积比为 3∶1∶2。

根据试验测量结果可以看出，不同基质成分下的辣椒穴盘苗的物理特性随苗龄期的延长其生长的规律较为近似，因此选基质成分 L1 下的辣椒穴盘苗的辣椒钵苗的物理特性随苗龄变化的关系曲线（图 3-6）进行分析，同时在同一坐标系下绘制出四种基质成分下辣椒钵苗的物理特性随苗龄变化的关系曲线，如图 3-7 所示。

表3-1 基质成分 L1 下的不同苗龄辣椒钵苗物理特性测量结果

苗龄/天	试验次数	d_1/mm	a/mm	h/mm	质量/g	叶数
30	1	1.88	73.85	141	13.88	2叶1心
	2	1.85	71.08	138	12.97	
	3	1.82	71.26	145	13.51	
	4	1.71	75.67	142	12.89	
	5	1.85	70.65	144	13.47	
	平均值	1.82	72.50	142	13.34	
35	1	2.19	90.45	168	14.13	4叶1心
	2	2.22	84.86	170	14.38	
	3	2.10	87.02	164	14.39	
	4	2.23	91.42	155	13.89	
	5	2.08	86.30	169	14.29	
	平均值	2.16	88.01	165	14.22	
40	1	2.28	104.48	178	14.79	4叶1心
	2	2.31	100.63	175	14.90	
	3	2.29	102.81	177	13.92	
	4	2.25	103.38	176	14.68	
	5	2.32	98.68	173	14.55	
	平均值	2.29	102.00	176	14.57	
45	1	2.39	107.54	186	14.62	5叶1心
	2	2.32	109.86	183	15.12	
	3	2.34	113.60	179	14.98	
	4	2.38	108.83	176	15.17	
	5	2.40	103.06	181	15.28	
	平均值	2.37	108.58	181	15.03	

表3-2 基质成分 L2 下的不同苗龄辣椒钵苗物理特性测量结果

苗龄/天	试验次数	d_1/mm	a/mm	h/mm	质量/g	叶数
30	1	1.77	69.87	147	12.79	2叶1心
	2	1.84	70.35	144	13.01	
	3	1.79	70.88	142	12.61	
	4	1.81	69.19	146	12.45	
	5	1.83	71.57	139	12.97	
	平均值	1.81	70.37	144	12.77	
35	1	2.13	73.61	159	12.87	3叶1心
	2	2.10	78.37	153	13.18	
	3	2.12	81.41	157	12.82	
	4	2.08	83.02	155	13.07	
	5	2.15	84.21	161	12.98	
	平均值	2.12	80.12	157	12.98	

（续）

苗龄/天	试验次数	d_1/mm	a/mm	h/mm	质量/g	叶数
40	1	2.25	92.21	169	13.05	4 叶 1 心
	2	2.31	94.79	165	12.68	
	3	2.23	91.84	167	13.21	
	4	2.22	87.93	162	13.44	
	5	2.26	92.79	163	12.97	
	平均值	2.25	91.91	165	13.07	
45	1	2.40	99.64	173	12.51	5 叶 1 心
	2	2.37	102.53	169	13.12	
	3	2.28	86.53	161	14.02	
	4	2.36	90.42	175	13.85	
	5	2.39	103.96	178	13.09	
	平均值	2.36	96.62	171	13.32	

表 3-3　基质成分 L3 下的不同苗龄辣椒钵苗物理特性测量结果

苗龄/天	试验次数	d_1/mm	a/mm	h/mm	质量/g	叶数
30	1	1.81	85.72	143	13.86	2 叶 1 心
	2	1.83	77.94	140	13.52	
	3	1.73	83.47	138	11.92	
	4	1.79	78.64	143	13.48	
	5	1.86	79.60	139	12.55	
	平均值	1.80	81.07	141	13.07	
35	1	2.01	89.69	155	13.39	3 叶 1 心
	2	1.96	92.28	157	12.22	
	3	2.02	85.59	160	12.83	
	4	1.99	95.89	163	13.92	
	5	2.05	91.34	161	13.23	
	平均值	2.01	90.96	159	13.12	
40	1	2.19	95.57	169	12.85	4 叶 1 心
	2	2.21	103.44	173	13.52	
	3	2.20	98.56	170	14.01	
	4	2.23	101.20	172	12.94	
	5	2.20	97.19	167	13.12	
	平均值	2.21	99.19	170	13.29	
45	1	2.30	103.89	172	13.49	5 叶 1 心
	2	2.28	105.44	176	14.87	
	3	2.35	101.38	175	13.59	
	4	2.27	104.89	178	14.02	
	5	2.33	105.57	180	12.65	
	平均值	2.31	104.23	176	13.72	

表 3-4　基质成分 L4 下的不同苗龄辣椒钵苗物理特性测量结果

苗龄/天	试验次数	d_1/mm	a/mm	h/mm	质量/g	叶数
30	1	1.97	77.75	143	11.96	
	2	1.91	78.31	141	12.18	2 叶
	3	1.99	80.98	145	12.04	
	4	1.92	78.10	139	12.08	1 心
	5	2.04	81.65	148	11.91	
	平均值	1.97	79.36	143	12.03	
35	1	2.23	93.23	162	12.15	
	2	2.28	93.01	160	12.51	4 叶
	3	2.25	96.95	159	12.42	
	4	2.19	92.93	164	12.63	1 心
	5	2.11	98.51	161	12.11	
	平均值	2.21	94.93	161	12.36	
40	1	2.32	109.32	170	12.79	
	2	2.36	111.27	172	11.85	4 叶
	3	2.32	99.22	176	12.63	
	4	2.27	116.55	174	13.24	1 心
	5	2.29	113.21	173	12.81	
	平均值	2.31	109.91	173	12.66	
45	1	2.45	119.47	178	12.89	
	2	2.41	128.12	180	13.30	5 叶
	3	2.39	101.25	177	12.44	
	4	2.43	123.37	179	12.85	1 心
	5	2.40	118.47	181	13.91	
	平均值	2.42	118.14	179	13.08	

由图 3-6 基质成分 L1 下辣椒钵苗物理特性随苗龄变化的关系曲线可知，穴盘苗的物

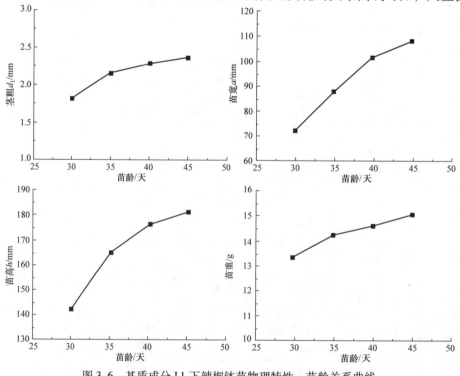

图 3-6　基质成分 L1 下辣椒钵苗物理特性－苗龄关系曲线

理特性随苗龄的增大而增大，其中苗宽与钵苗高度在苗龄 40 天后其增长开始减缓，主要原因是随着苗龄期的延长，苗叶数增多，苗宽尺寸增大，使得苗叶之间相互遮挡，造成通风差，透光率大大减少，影响钵苗的生长，甚至可以发现底部的苗叶有萎缩、脱落的现象；茎粗随苗龄期变化的变化值较小，变化规律不显著；由于钵苗的质量主要体现在钵苗土钵上，苗本身的质量较小，而土钵含水率的变化对其影响较大，苗龄对钵苗质量的影响相对不明显，因此苗重随苗龄的变化规律不明显。

由图 3-7 四种基质成分下辣椒钵苗物理特性随苗龄期变化的关系曲线图可以看出，四种基质成分配比的辣椒钵苗在相同苗龄期时的物理特性差异并不大，由于钵苗质量与土钵含水率的变化关系密切，与苗龄的关系不大，通过对比四种基质成分下辣椒钵苗的茎粗、苗宽及钵苗高度随苗龄变化的关系曲线发现，在基质成分 L1 和 L4 下穴盘苗的茎较为粗壮，钵苗高度较高，38 天后基质成分 L1 和 L4 下穴盘苗的苗叶较为宽大，之前基质成分 L3 下穴盘苗的苗宽较 L4 宽大些。

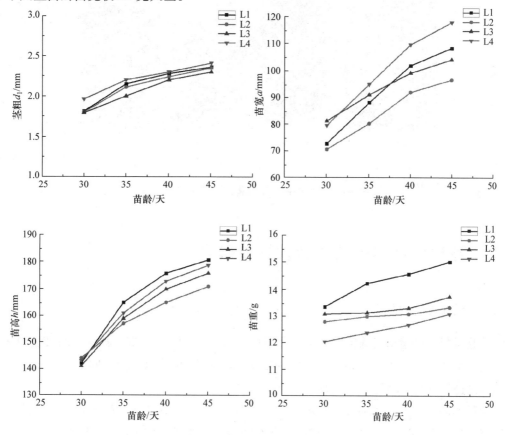

图 3-7 四种基质成分下辣椒钵苗物理特性 – 苗龄关系曲线

为了更进一步了解钵苗物理特性随苗龄变化的相关情况，对钵苗盘根情况随苗龄的变化情况进行观察分析，不同苗龄期辣椒钵苗盘根情况如图 3-8 所示。

由图 3-8 可以看出，30 天苗龄基本上已能够将整个钵苗包裹住，且钵体底部的根系已较发达，但侧根根系发育较差，整体盘根较差，根系不如之后苗龄期的根系丰富，35 天苗龄期的钵苗侧根根系已逐渐增多，钵体强度有所增强，40 天、45 天苗龄期的钵苗的根系较为发达，侧根根系基本上已能将辣椒钵苗的钵体完全包裹住，但40天苗龄期的钵苗钵体的侧向根系还未完全生长至钵体上表面，上表面的少部分基质还未被包裹完整，而45天苗龄期的钵苗钵体的侧根根系已完全生长至钵体上表面，将整个钵体缠绕包裹完整。

综合上述分析可知，辣椒钵苗的茎粗、苗叶宽度、钵苗高度及钵苗重量均随苗龄期的增加而增大，但随着苗龄期的增加，苗叶数增多，苗宽增大造成钵苗透光率减少，通风透气性差，对钵苗的生长造成了不利的影响；四种基质成分下，辣椒钵苗的物理特性差异不明显，但相较而言，基质成分L1和L4下穴盘苗的生长状况较为良好。同时，得出最适宜移栽的辣椒钵苗的苗龄期为40天左右，此时辣椒钵苗的根系较为发达，已能将辣椒钵苗的整个钵体完全包裹住，且盘根较为紧密。

a) 30天　　　b) 35天　　　c) 40天　　　d) 45天

图3-8　不同苗龄期下辣椒钵苗钵体盘根情况

3.2　辣椒钵苗钵体抗压特性试验研究

3.2.1　试验研究材料

试验材料：试验选用辣椒穴盘苗，所用辣椒品种为601型辣椒，其中所用穴盘均采用统一规格128穴、尺寸为590mm×300mm的穴盘，填充基质为四种不同成分配比下的基质，与钵苗物理特性试验为同一批次钵苗。

四种不同成分配比的基质为草炭:蛭石:珍珠岩（L1）=3:1:1、草炭:珍珠岩（L2）=3:1、草炭:蛭石:珍珠岩（L3）=6:2:1、草炭:蛭石:珍珠岩（L4）=3:1:2，其中基质的配比采用的是各成分的体积比来进行配制；苗龄分别为30天、35天、40天和45天（2016年9月7号–2016年10月22号）；含水率分别为45%、55%、65%和75%，以此来探究不同苗龄、不同基质配比，不同含水率下辣椒钵苗的抗压特性。

3.2.2　试验仪器

1）长春机械科学研究院有限公司生产的DNS系列电子万能试验机，测定范围：0～

500N，测量精度：0.5%，如图 3-9a 所示。

2）鉴于辣椒钵苗钵体的形状为一四棱台，因此构建一倾斜载物台，如图 3-9c 所示。

3）101A－1 型电热鼓风恒温干燥箱，功率：2400W，鼓风机功率：40W，工作温度：室温升 10～300℃，如图 3-9b 所示。

4）电子天平，型号为 HX2002T，精度为 0.01g，量程为 2000g，如图 3-1 所示。

a) 电子万能试验机   b) 电热鼓风恒温干燥箱

c) 倾斜载物台

图 3-9　辣椒钵苗抗压特性试验仪器

3.2.3　试验设计

本试验采用正交试验法，选取苗龄（A）、基质成分（B）、土钵含水率（C）为试验因素，各试验因素分别取 4 个水平，选取三种因素的各水平为：苗龄分别为 30 天、35 天、40 天、45 天；穴盘苗的成分及比例分别为草炭：蛭石：珍珠岩（L1）＝3:1:1、草炭：珍珠岩（L2）＝3:1、草炭：蛭石：珍珠岩（L3）＝6:2:1、草炭：蛭石：珍珠岩（L4）＝3:1:2；含水率分别为 45%、55%、65% 和 75%，由此，该正交试验的试验因素水平表如表 3-5 所示。对钵苗钵体含水率的测量采用干湿质量法进行，首先分别将四种不同基质配比的辣椒钵苗钵体上的基质取下置于电热鼓风恒温干燥箱内进行干燥并对干燥后的基质进行称量，然后对通过晾晒及对钵苗浇水等方式对处理过的辣椒钵苗钵体的湿基质进行测量、计算，根据计算结果来对钵苗进行晾晒及对钵苗浇水等相同的处理或者不处理，以使辣椒钵苗钵体达到所需试验要求的含水率。

表3-5 试验因素水平表

水平	因素苗龄（A）/天	基质成分（B）	含水率（C）
1	30	L1	45%
2	35	L2	55%
3	40	L3	65%
4	45	L4	75%

由于该试验为3因素、4水平的试验，忽略因素间的交互作用，因此选用 L_{16}（4^5）型正交表来对试验进行安排，正交表存在空列，但为了提高试验分析的准确性及可靠性，在对试验进行设计时，不设置空白列，而是通过对每个组合采用重复试验的方法来进行试验，其中每个组合重复次数为10次，则试验方案的设计如表3-6所示。

表3-6 试验方案设计

试验号	A	B	C
1	1	1	1
2	1	2	2
3	1	3	3
4	1	4	4
5	2	1	2
6	2	2	1
7	2	3	4
8	2	4	3
9	3	1	3
10	3	2	4
11	3	3	1
12	3	4	2
13	4	1	4
14	4	2	3
15	4	3	2
16	4	4	1

3.2.4 试验结果与分析

钵苗土钵是由秧苗根系及基质复合而成的，根系通过将基质进行反复缠绕而将其包裹完整，在钵苗由开始进入鸭嘴栽植器到运动至栽植器底部的过程中不可避免地将会与鸭嘴栽植器产生碰撞，碰撞过程也极有可能会对钵苗的土钵造成不同程度的损伤，甚至造成钵苗土钵的破损，因此为了减少钵苗土钵的损伤，降低土钵的破损程度，在进行钵苗移栽的过程中应尽量确保钵苗土钵有足够大的强度。由此，本试验通过对不同苗龄、不同基质成分以及不同含水率下钵苗土钵的抗压力 – 压缩量试验进行研究分析，找出苗龄、基质成分及含水率对钵苗土钵强度的影响规律，以寻求增大钵苗土钵强度的措施，同时为栽植机构的改进提供一些相关的理论依据。

由于本试验所选用的辣椒钵苗土钵的形状为一四棱台，因此在万能材料试验机平台上放置一倾斜载物台，将钵苗置于倾斜载物台上进行钵苗土钵抗压力 – 压缩量试验，其中设定加载速度为 1mm/s，设置加压板的下移位移量为 18mm 左右，其土钵抗压力 – 压缩量试验过程如图 3-10 所示。

在苗龄为 30 天，基质成分为草炭:蛭石:珍珠岩（L1）= 3:1:1，土钵含水率为 45% 条件下进行钵苗土钵抗压性能试验，其试验测定的抗压力 – 压缩量关系曲线图

图 3-10 钵苗土钵抗压性能试验

如图 3-11a 所示。由于未对该正交试验设置空白列，而是采用重复试验的方法来提高试验分析的可靠性，因此从图 3-11a 随机选取该重复试验中的一条抗压力 – 压缩量曲线图来进行分析，其中对该条抗压力 – 压缩量曲线图的数据进行多项式回归，如图 3-11b 所示，所得钵苗土钵抗压力 – 压缩量的关系式为式（3-1），相关系数 $R^2 = 0.99973$。

$$F = 0.000041x^6 - 0.00136x^5 + 0.0189x^4 - 0.12601x^3$$
$$+ 0.44027x^2 - 0.37795x + 0.07213 \tag{3-1}$$

式中，F 为试验所测定的抗压力，N；x 为压缩量，mm。

由图 3-11b 可以看出，对辣椒穴盘苗土钵进行压缩时，其抗压力与压缩量之间的关系曲线为一非线性曲线，整个过程没有明显的线弹性。对图 3-11b 中的回归方程进行求导，得到了穴盘苗土钵抗压力与压缩量的变化规律，即在钵苗土钵压缩的开始阶段，由于钵苗土钵表面与压缩平板面为多个点接触，且土钵基质间的孔隙较大，基质较为松软，抗压力与压缩量曲线斜率多变，但变化范围较小，抗压力与压缩量呈非线性关系，抗压力随着压缩量的增加而呈现缓慢增加的趋势，变化较小，当钵苗土钵压缩量达到 1.5115mm 时，钵苗土钵与压缩平板变为面接触，抗压力随着压缩量的增加缓慢增加，在此后的一段曲线内，抗压力与压缩量为近似直线关系，钵苗土钵表现出一定的屈服软化特性，在这两个阶段内，卸除压力后变形可完全消失，钵苗土钵能够恢复至自然状态。当压缩量达到 7.8157mm 时，抗压力随着压缩量的增大而呈现出加速增大的趋势，抗压力与压缩量之间的关系为非线性关系，钵苗土钵表现出一定的生物压实硬化特性。由此，将压缩量为 1.5115mm 所对应的点定义为钵苗土钵压缩的线弹性起点 A，此时的抗压力为 $F_A = 0.16N$；将压缩量为 7.8157mm 所对应的点定义为钵苗土钵压缩的屈服点 B，此时的抗压力为钵苗

土钵的屈服极限，其大小为 $F_A = 4.0444N$，此时有 A、B 两点间的斜率为 $K = 0.6161$，以此斜率定义为钵苗土钵的压缩弹性量度。对于穴盘苗土钵这种由秧苗根系与基质相互缠绕形成的特殊的农业物料，其屈服点对应于钵苗土钵基质微观结构的破坏，该破坏主要是土钵基质颗粒间及根系与基质颗粒间的相对滑移、重新排列和坍塌。由此，采用同样的方法，来对其他条件组合下测得的辣椒钵苗土钵的抗压力－压缩量曲线进行分析，并得到钵苗土钵的屈服极限和弹性量度正交试验结果如表 3-7 所示，正交试验方差分析结果如表 3-8 所示。其他试验结果如图 3-12 ~ 图 3-26 所示。

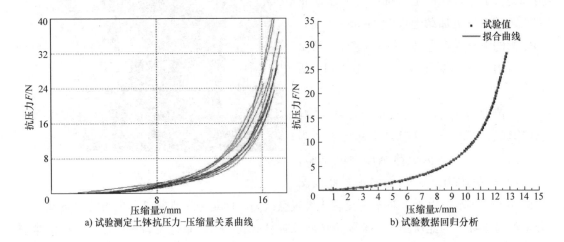

a) 试验测定土钵抗压力-压缩量关系曲线 　　　 b) 试验数据回归分析

图 3-11　苗龄 30 天、基质成分 L1、含水率 45% 辣椒土钵抗压力－压缩量关系曲线

注：$x_A = 1.5115mm$　$x_B = 7.7221mm$　$F_A = 0.2844N$　$F_B = 3.9754N$　$K = 0.5943$　$R^2 = 0.99986$

$$F = 0.0000634x^6 - 0.00177x^5 + 0.01936x^4 - 0.09863x^3 + 0.27787x^2 - 0.12285x + 0.08803$$

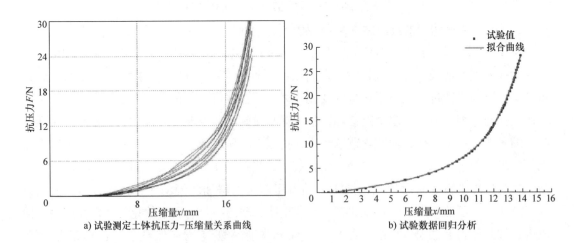

a) 试验测定土钵抗压力-压缩量关系曲线 　　　 b) 试验数据回归分析

图 3-12　苗龄 30 天、基质成分 L2、含水率 55% 辣椒土钵抗压力－压缩量关系曲线

注：$x_A = 1.5115mm$　$x_B = 7.7057mm$　$F_A = 0.4551N$　$F_B = 4.7474N$　$K_0 = 0.6930$　$R^2 = 0.99992$

$$F = 0.0000385x^6 - 0.00132x^5 + 0.0185x^4 - 0.12554x^3 + 0.44344x^2 - 0.30226x + 0.06534$$

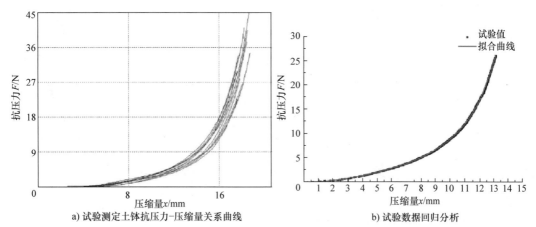

a) 试验测定土钵抗压力-压缩量关系曲线　　　　　b) 试验数据回归分析

图 3-13　苗龄 30 天、基质成分 L3、含水率 65% 辣椒土钵抗压力 - 压缩量关系曲线

注：$x_A = 1.2525$mm $x_B = 7.4178$mm $F_A = 0.2038$N $F_B = 4.4006$N $K_0 = 0.6808$ $R^2 = 0.99987$

$$F = 0.000029x^6 - 0.000855x^5 + 0.01101x^4 - 0.07217x^3 + 0.30127x^2 - 0.24073x + 0.14965$$

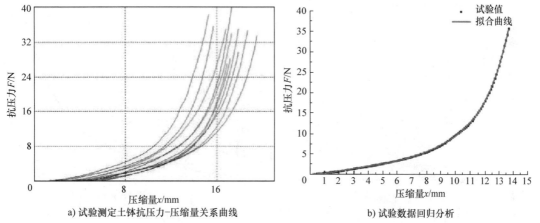

a) 试验测定土钵抗压力-压缩量关系曲线　　　　　b) 试验数据回归分析

图 3-14　苗龄 30 天、基质成分 L4、含水率 75% 辣椒土钵抗压力 - 压缩量关系曲线

注：$x_A = 1.5115$mm $x_B = 7.0289$mm $F_A = 0.5483$N $F_B = 4.2859$N $K_0 = 0.6774$ $R^2 = 0.99994$

$$F = 0.00006x^6 - 0.00202x^5 + 0.02746x^4 - 0.17801x^3 + 0.57624x^2 - 0.30164x + 0.17431$$

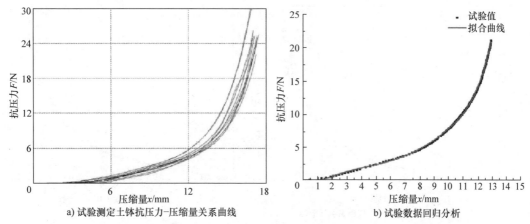

a) 试验测定土钵抗压力-压缩量关系曲线　　　　　b) 试验数据回归分析

图 3-15　苗龄 35 天、基质成分 L1、含水率 55% 辣椒土钵抗压力 - 压缩量关系曲线

注：$x_A = 1.5115$mm $x_B = 7.9651$mm $F_A = 0.1932$N $F_B = 4.5152$N $K_0 = 0.6697$ $R^2 = 0.99995$

$$F = 0.0000188x^6 - 0.00044x^5 + 0.0045x^4 - 0.02692x^3 + 0.15796x^2 - 0.08974x + 0.04069$$

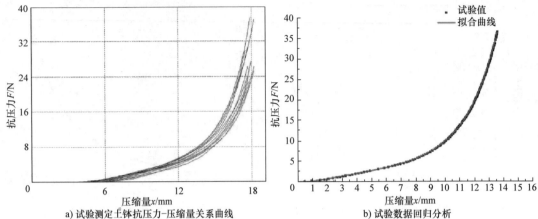

a) 试验测定土钵抗压力-压缩量关系曲线　　　　　b) 试验数据回归分析

图 3-16　苗龄 35 天、基质成分 L2、含水率 45% 辣椒土钵抗压力－压缩量关系曲线

注：$x_A = 1.2535\text{mm}$　$x_B = 6.90654\text{mm}$　$F_A = 0.3867\text{N}$　$F_B = 4.1824\text{N}$　$K_0 = 0.6691$　$R^2 = 0.99996$

$$F = 0.00003x^6 - 0.00101x^5 + 0.01489x^4 - 0.10796x^3 + 0.40569x^2 - 0.14357x + 0.11747$$

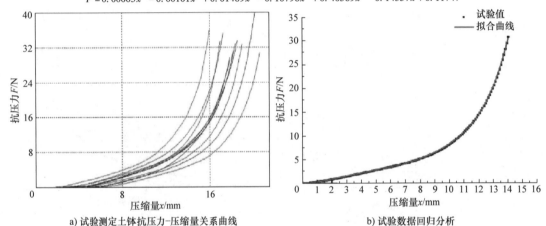

a) 试验测定土钵抗压力-压缩量关系曲线　　　　　b) 试验数据回归分析

图 3-17　苗龄 35 天、基质成分 L3、含水率 75% 辣椒土钵抗压力－压缩量关系曲线

注：$x_A = 1.2535\text{mm}$　$x_B = 7.01521\text{mm}$　$F_A = 0.4978\text{N}$　$F_B = 4.1945\text{N}$　$K_0 = 0.6416$　$R^2 = 0.99991$

$$F = 0.000039x^6 - 0.00139x^5 + 0.02019x^4 - 0.14212x^3 + 0.49679x^2 - 0.18816x + 0.18731$$

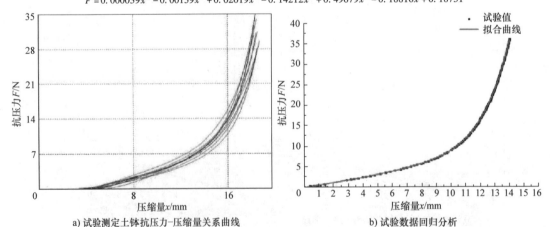

a) 试验测定土钵抗压力-压缩量关系曲线　　　　　b) 试验数据回归分析

图 3-18　苗龄 35 天、基质成分 L4、含水率 65% 辣椒土钵抗压力－压缩量关系曲线

注：$x_A = 1.5115\text{mm}$　$x_B = 7.0289\text{mm}$　$F_A = 0.9333\text{N}$　$F_B = 4.8456\text{N}$　$K_0 = 0.7091$　$R^2 = 0.99996$

$$F = 0.000016x^6 - 0.0003x^5 + 0.00186x^4 - 0.000076x^3 - 0.01614x^2 + 0.61508x + 0.0332$$

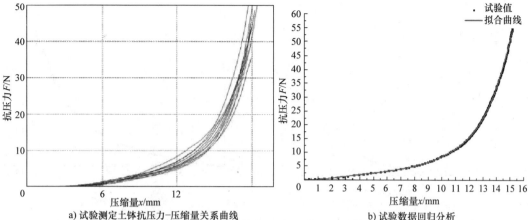

a) 试验测定土钵抗压力-压缩量关系曲线　　　　　b) 试验数据回归分析

图 3-19　苗龄 40 天、基质成分 L1、含水率 65% 辣椒土钵抗压力 - 压缩量关系曲线

注：$x_A = 1.2535\text{mm}$ $x_B = 7.2458\text{mm}$ $F_A = 0.3262\text{N}$ $F_B = 4.1341\text{N}$ $K_0 = 0.6355$ $R^2 = 0.99986$

$$F = 0.000043x^6 - 0.00154x^5 + 0.02305x^4 - 0.16887x^3 + 0.62162x^2 - 0.478x + 0.22893$$

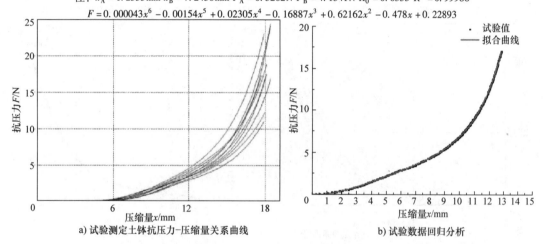

a) 试验测定土钵抗压力-压缩量关系曲线　　　　　b) 试验数据回归分析

图 3-20　苗龄 40 天、基质成分 L2、含水率 75% 辣椒土钵抗压力 - 压缩量关系曲线

注：$x_A = 1.7696\text{mm}$ $x_B = 7.5876\text{mm}$ $F_A = 0.3592\text{N}$ $F_B = 4.0507\text{N}$ $K_0 = 0.6345\text{N}$ $R^2 = 0.99994$

$$F = 0.000012x^6 - 0.0003x^5 + 0.00411x^4 - 0.03815x^3 + 0.23428x^2 - 0.16187x + 0.08796$$

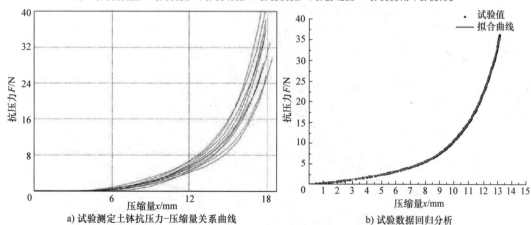

a) 试验测定土钵抗压力-压缩量关系曲线　　　　　b) 试验数据回归分析

图 3-21　苗龄 40 天、基质成分 L3、含水率 45% 辣椒土钵抗压力 - 压缩量关系曲线

注：$x_A = 1.8115\text{mm}$ $x_B = 7.0189\text{mm}$ $F_A = 0.7004\text{N}$ $F_B = 4.3097\text{N}$ $K_0 = 0.6931\text{N}$ $R^2 = 0.99986$

$$F = 0.0000396x^6 - 0.00119x^5 + 0.01571x^4 - 0.09928x^3 + 0.32659x^2 - 0.02187x + 0.1111$$

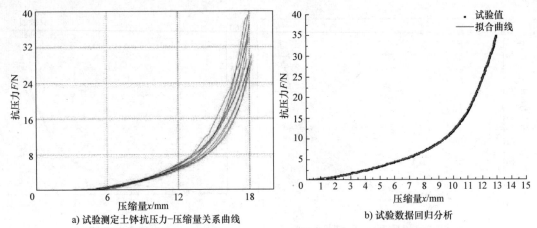

a) 试验测定土钵抗压力-压缩量关系曲线　　b) 试验数据回归分析

图 3-22　苗龄 40 天、基质成分 L4、含水率 55% 辣椒土钵抗压力 – 压缩量关系曲线

注：$x_A = 1.0385\,mm$ $x_B = 6.7217\,mm$ $F_A = 0.4945\,N$ $F_B = 5.2471\,N$ $K_0 = 0.8363$ $R^2 = 0.99988$

$$F = -0.000056x^6 + 0.00243x^5 - 0.03555x^4 + 0.22921x^3 - 0.59345x^2 + 1.03916x - 0.16292$$

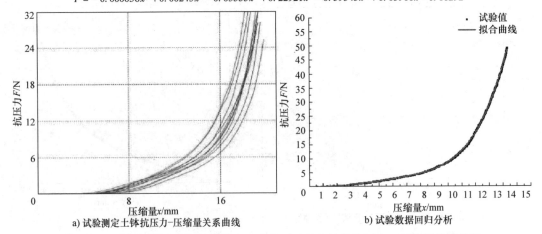

a) 试验测定土钵抗压力-压缩量关系曲线　　b) 试验数据回归分析

图 3-23　苗龄 45 天、基质成分 L1、含水率 75% 辣椒土钵抗压力 – 压缩量关系曲线

注：$x_A = 1.2535\,mm$ $x_B = 7.1683\,mm$ $F_A = 0.2596\,N$ $F_B = 3.8693\,N$ $K_0 = 0.6103$ $R^2 = 0.99992$

$$F = -0.000019x^6 + 0.00103x^5 - 0.01591x^4 + 0.10155x^3 - 0.21269x^2 + 0.34588x - 0.00359$$

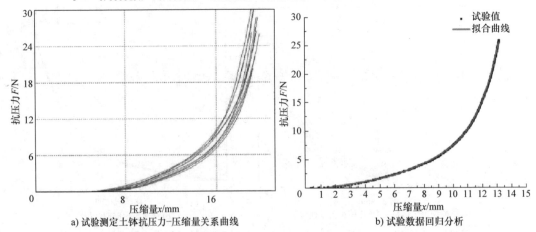

a) 试验测定土钵抗压力-压缩量关系曲线　　b) 试验数据回归分析

图 3-24　苗龄 45 天、基质成分 L2、含水率 65% 辣椒土钵抗压力 – 压缩量关系曲线

注：$x_A = 1.7696\,mm$ $x_B = 7.8777\,mm$ $F_A = 0.2476\,N$ $F_B = 4.2812\,N$ $K_0 = 0.6604$ $R^2 = 0.9999$

$$F = 0.000075x^6 - 0.00248x^5 + 0.03237x^4 - 0.20239x^3 + 0.65712x^2 - 0.64442x + 0.17504$$

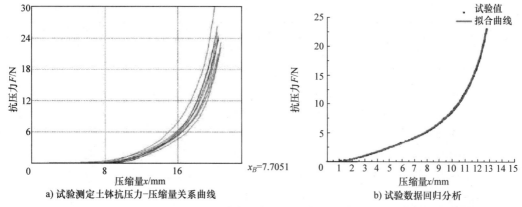

a) 试验测定土钵抗压力-压缩量关系曲线 b) 试验数据回归分析

图 3-25 苗龄 45 天、基质成分 L3、含水率 55% 辣椒土钵抗压力 - 压缩量关系曲线

注：$x_A = 1.7896$mm $F_A = 0.3795$N $F_B = 4.9349$N $K_0 = 0.7701$ $R^2 = 0.99991$

$$F = 0.000056x^6 - 0.00183x^5 + 0.02472x^4 - 0.16817x^3 + 0.61829x^2 - 0.52296x + 0.07727$$

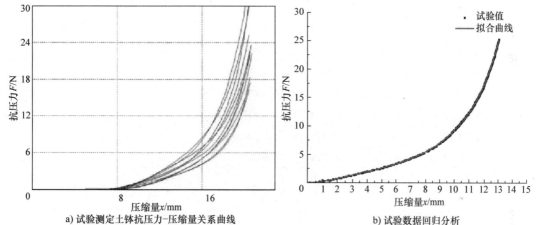

a) 试验测定土钵抗压力-压缩量关系曲线 b) 试验数据回归分析

图 3-26 苗龄 45 天、基质成分 L4、含水率 45% 辣椒土钵抗压力 - 压缩量关系曲线

注：$x_A = 1.2535$mm $x_B = 7.2258$mm $F_A = 0.3722$N $F_B = 4.6179$N $K_0 = 0.7109$ $R^2 = 0.99996$

$$F = 0.000035x^6 - 0.00116x^5 + 0.01644x^4 - 0.11387x^3 + 0.41231x^2 - 0.14031x + 0.08744$$

表 3-7 钵苗土钵抗压特性正交试验结果分析

试验号	A	B	C	屈服极限 F_{max}/N	弹性量度 K
1	30 天	L1	45%	4.0356	0.6247
2	30 天	L2	55%	4.7413	0.7060
3	30 天	L3	65%	4.3849	0.6848
4	30 天	L4	75%	4.2289	0.6784
5	35 天	L1	55%	4.5452	0.6708
6	35 天	L2	45%	4.1541	0.6575
7	35 天	L3	75%	4.1565	0.6472
8	35 天	L4	65%	4.7596	0.7246
9	40 天	L1	65%	4.1352	0.6312
10	40 天	L2	75%	4.0534	0.6188
11	40 天	L3	45%	4.3093	0.6814
12	40 天	L4	55%	5.2445	0.8162
13	45 天	L1	75%	3.8451	0.5975
14	45 天	L2	65%	4.2831	0.6714
15	45 天	L3	55%	4.9729	0.7699
16	45 天	L4	45%	4.6716	0.7174

（续）

试验号		A	B	C	屈服极限 F_{max}/N	弹性量度 K
K_1	屈服极限	17.3907	16.5611	17.1706		
	弹性量度	2.6939	2.5242	2.6810		
K_2	屈服极限	17.6154	17.2319	19.5039		
	弹性量度	2.7001	2.6537	2.9629		
K_3	屈服极限	17.7424	17.8236	17.5628		
	弹性量度	2.7476	2.7833	2.7120		
K_4	屈服极限	17.7727	18.9046	16.2839		
	弹性量度	2.7562	2.9366	2.5419		
k_1	屈服极限	4.3477	4.1403	4.2927		
	弹性量度	0.6735	0.6311	0.6703		
k_2	屈服极限	4.4039	4.3080	4.8760		
	弹性量度	0.6750	0.6634	0.7407		
k_3	屈服极限	4.4356	4.4559	4.3907		
	弹性量度	0.6869	0.6958	0.6780		
k_4	屈服极限	4.4432	4.7262	4.0710		
	弹性量度	0.6891	0.7342	0.6355		
R	屈服极限	0.3820	2.3435	3.2200		
	弹性量度	0.0623	0.4124	0.4210		
因素主次	屈服极限	C > B > A				
	弹性量度	C > B > A				
优方案	屈服极限	$A_4B_4C_2$				
	弹性量度	$A_4B_4C_2$				

表 3-8 钵苗土钵抗压特性方差分析

差异源	差异源	离差平方和 SS	自由度 df	均方 MS	F	回归系数 P
苗龄	屈服极限	0.2262	3	0.0754	0.98	0.405
	弹性量度	0.0077	3	0.0026	1.76	0.158
基质成分	屈服极限	7.4077	3	2.4692	32.01	0.000
	弹性量度	0.2340	3	0.0780	53.36	0.000
含水率	屈服极限	13.8479	3	4.6160	59.84	0.000
	弹性量度	0.2304	3	0.0768	52.55	0.000
误差	屈服极限	11.5707	150	0.0771		
	弹性量度	0.2193	150	0.0015		
总和	屈服极限	33.0542	159			
	弹性量度	0.6914	159			

注：$F_{0.01}(3, 120) = 3.95$；$F_{0.05}(3, 120) = 2.68$；$F_{0.1}(3, 120) = 2.13$；$F_{0.01}(3, \infty) = 3.78$；$F_{0.05}(3, \infty) = 2.60$；
$F_{0.1}(3, \infty) = 2.08$；$F_\alpha(3, 120) > F_\alpha(3, 150) > F_\alpha(3, \infty)$。

由表 3-7 对辣椒钵苗土钵的抗压特性的正交试验结果可知，钵苗土钵的屈服极限和弹性量度随着辣椒钵苗苗龄期的增加而增大，但是增加的并不明显，主要原因是因为 35 天左右苗龄期的钵苗整个基质都被根系完整包裹，只是根系未完全生长至钵苗上表面，随着苗龄期的延长虽然其根系有所增多，但对钵苗强度的影响并不大，因此钵苗的屈服极限和弹性量度随着辣椒钵苗苗龄的增加并未有太大的变化；不同基质成分条件下辣椒钵苗土钵的屈服极限及弹性模量由大到小为 L4 > L3 > L2 > L1，基质成分 L4 条件下辣椒穴盘苗土钵的屈服极限及弹性模量最大，这是因为基质 L4（草炭: 蛭石: 珍珠岩 = 3:1:2）的成分中珍珠岩所占的体积比其他四种基质成分珍珠岩所占的体积都大，这就明显增加了钵苗的透气性，有利于钵苗根系的生长，能够使土钵被根系包裹得更为紧密，能够增强钵苗的抗压强度；其次是基质 L3（草炭: 蛭石: 珍珠岩 = 6:2:1）条件下的屈服极限和弹性量度，这是因为草炭和蛭石所占的体积比较大，使得基质孔隙度较小，钵苗土钵各成分间结合得较为紧密，在一定程度上增强了钵苗土钵的抗压强度，虽然其中珍珠岩的含量稍少，但两者的相互作用使得钵苗强度在四种基质成分的对比下依然有较好的抗压强度；含水率对钵苗的屈服极限及弹性量度的影响，随着含水率的增加，钵苗的屈服极限及弹性量度先增大后减小，这是因为含水率较低时，钵苗基质颗粒间难以紧密地结合在一起，在对钵苗的土钵进行压缩时，容易松散及发生干裂破坏，而钵苗土钵含水率过高时，又会使得钵苗土钵基质颗粒间容易发生错动，从而降低钵苗土钵抗压强度。

由表 3-8 钵苗土钵抗压特性方差分析表中各因素对钵苗土钵屈服极限分析结果可知，A 因素苗龄的 $F_A < F_{0.1}$（3，∞），$P > 0.1$，表明苗龄对钵苗土钵的屈服极限没有显著的影响；B 因素基质成分的 $F_B > F_{0.01}$（3，120），$P < 0.01$，表明基质成分对钵苗土钵的屈服极限具有显著的影响；C 因素含水率的 $F_C < F_{0.01}$（3，120），$P < 0.01$，表明含水率对钵苗土钵的屈服极限具有显著的影响。从各因素对钵苗土钵弹性量度方差分析结果可知，A 因素苗龄的 $F_A < F_{0.1}$（3，∞），$P > 0.1$，表明苗龄对钵苗土钵的弹性量度没有显著的影响；B 因素基质的 $F_B > F_{0.01}$（3，120），$P < 0.01$，表明基质成分对钵苗土钵的弹性量度具有显著的影响；C 因素含水率的 $F_C < F_{0.01}$（3，120），$P < 0.01$，表明含水率对钵苗土钵的弹性量度具有显著的影响。由此可知，基质成分及含水率对钵苗土钵的屈服极限及弹性量度均具有显著的影响，而苗龄对钵苗土钵的屈服极限及弹性量度具有一定的影响。

3.3 辣椒钵苗与栽植嘴壁面摩擦系数试验研究

3.3.1 试验研究材料

试验材料：试验选用辣椒穴盘苗，所用辣椒品种为 601 型辣椒，其中所用穴盘均采用统一规格 128 穴、尺寸为 590mm × 300mm 的穴盘，填充基质为四种不同的成分配比下的基质，与钵苗物理特性试验为同一批次钵苗。

四种不同成分配比的基质为草炭: 蛭石: 珍珠岩（L1）= 3:1:1、草炭: 珍珠岩（L2）= 3:1、草炭: 蛭石: 珍珠岩（L3）= 6:2:1、草炭: 蛭石: 珍珠岩（L4）= 3:1:2，其中基质的配比采用的是各成分的体积比来进行配制；苗龄分别为 30 天、35 天、40 天和 45 天（2016 年 9 月 7 号－2016 年 10 月 22 号）；含水率分别为 45%、55%、65% 和 75%，以此来探究不同苗龄、不同基质配比、不同含水率下辣椒钵苗与栽植器壁面间的摩擦系数试验研究。

3.3.2 试验仪器

1）Phantom 系列高速摄像系统，其中包括 Phantom 系列高速摄像机、PCC 控制拍摄及后期图像处理软件、镜头、计算机、灯光、三脚架云台及各种数据线缆等辅件，如图 3-27a 所示。

2）101A－1 型电热鼓风恒温干燥箱，功率：2400W，鼓风机功率：40W，工作温度：室温升 10～300℃，如图 3-27b 所示。

3）用与栽植器壁面具有相同粗糙度的平板搭建一倾斜角度可调的摩擦系数试验测试系统试验平台，如图 3-27c 所示。

4）电子天平，型号为 HX2002T，精度为 0.01g，量程为 2000g，如图 3-1 所示。

5）卷尺和直角三角尺。

a）高速摄像系统　　　　b）电热鼓风恒温干燥箱　　　c）摩擦系数试验测试系统试验平台

图 3-27　辣椒钵苗摩擦系数试验仪器

3.3.3 试验设计

本试验采用正交试验法，选取苗龄（A）、基质成分（B）、土钵含水率（C）为试验因素，各试验因素分别取 4 个水平，选取三种因素的各水平为：苗龄分别为 30 天、35 天、40 天、45 天；穴盘苗的成分及比例分别为草炭∶蛭石∶珍珠岩（L1）=3∶1∶1、草炭∶珍珠岩（L2）=3∶1、草炭∶蛭石∶珍珠岩（L3）=6∶2∶1、草炭∶蛭石∶珍珠岩（L4）=3∶1∶2；含水率分别为 45%、55%、65% 和 75%，由此，该正交试验的试验因素水平表如表 3-9 所示。对钵苗钵体含水率的测量采用干湿质量法进行，首先分别将四种不同基质配比的辣椒钵苗钵体上的基质取下置于电热鼓风恒温干燥箱内进行干燥并对干燥后的基质进行称量，然后对通过晾晒及对钵苗浇水等方式对处理过的辣椒钵苗钵体的湿基质进行测量、计算，根据计算结果来对钵苗进行晾晒及对钵苗浇水等相同的处理或者不处理，以使辣椒钵苗钵体达到所需试验要求的含水率。

表 3-9　试验因素水平表

水平	因素		
	苗龄（A）/天	基质成分（B）	含水率（C）
1	30	L1	45%
2	35	L2	55%
3	40	L3	65%
4	45	L4	75%

由于该试验为 3 因素、4 水平的试验，忽略因素间的交互作用，因此选用 L_{16}（4^5）型正交表来对试验进行安排，正交表存在空列，但为了提高试验分析的准确性及可靠性，在对试验进行设计时，不设置空白列，而是通过对每个组合采用重复试验的方法来进行试验，其中每个组合重复次数为 10 次，则试验方案的设计如表 3-10 所示。

表 3-10　试验方案设计

试验号	A	B	C
1	1	1	1
2	1	2	2
3	1	3	3
4	1	4	4
5	2	1	2
6	2	2	1
7	2	3	4
8	2	4	3
9	3	1	3
10	3	2	4
11	3	3	1
12	3	4	2
13	4	1	4
14	4	2	3
15	4	3	2
16	4	4	1

3.3.4　钵苗与栽植嘴壁面间摩擦系数

在移栽机高速作业条件下，钵苗在鸭嘴栽植器内运动的过程中，会沿着栽植器内壁向下滑动，两者在进行相对滑动的过程中将产生摩擦力，在钵苗摩擦力较大的条件下，势必会影响钵苗的下落过程，甚至使得钵苗在进行移栽作业的过程中无法顺利下落到穴沟中，而导致栽植失败，因此为了更好地对钵苗 - 鸭嘴间的互作特性进行分析，及使钵苗顺利落入穴沟成功地完成移栽作业，则需要对钵苗与鸭嘴栽植器间的摩擦系数进行测定，找出钵苗进行移栽的最佳栽植条件和最佳栽植条件下钵苗的摩擦系数，以更好地对钵苗－鸭嘴间的互作特性进行分析。

测定方法为，用和鸭嘴栽植器壁面具有相同粗糙度的平板搭建一坡度可任意调整的倾斜面，在斜面上对钵苗下落的起始点进行标记，并在距标记的起始点下方 30cm 处的地方再次进行标记，然后将钵苗置于该倾斜面所标记的起始点上使其向下滑动，在钵苗下滑的过程中采用高速摄像系统记录下钵苗的整个下滑过程。对高速摄像系统所记录的钵苗的整个下落过程采用 Phantom Camera Control 软件进行处理，得出钵苗从开始下滑至下滑至 30cm 处所用的时间，并根据所得时间运用加速度公式求得钵苗下滑过程的加速度 a，然后运用牛顿力学相关知识得出钵苗与鸭嘴栽植器壁面间的摩擦系数 $\mu = (g\sin55° - a)/g\cos55°$。其中，试验测定过程如图 3-28 所示，不同苗龄期试验测定的钵苗与鸭嘴栽植器壁面间的摩擦系数结果分别如图 3-29 ~ 图 3-32 所示，摩擦系数正交试验结果分析如表 3-11 所示，摩擦系数正交试验方差分析表如表 3-12 所示。

图 3-28　摩擦系数试验测定过程

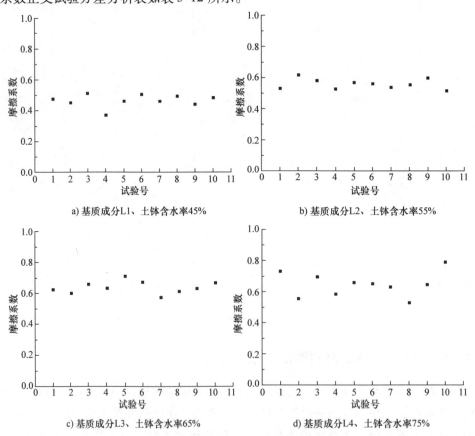

a) 基质成分L1、土钵含水率45%

b) 基质成分L2、土钵含水率55%

c) 基质成分L3、土钵含水率65%

d) 基质成分L4、土钵含水率75%

图 3-29　30 天苗龄摩擦系数测定结果

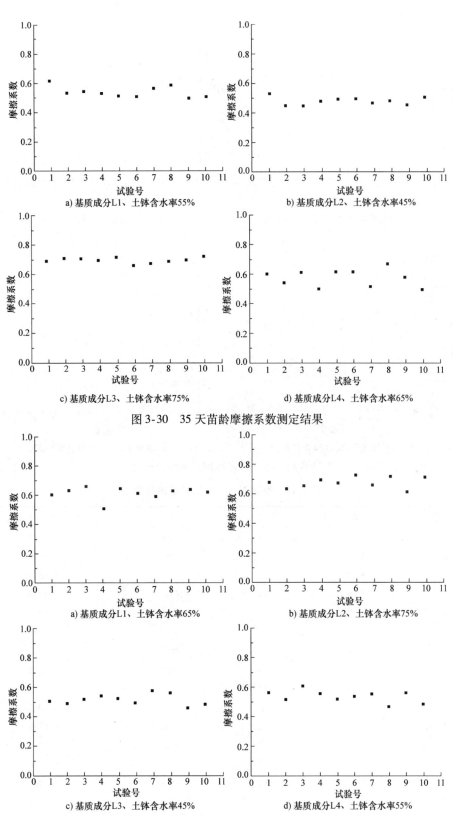

a) 基质成分L1、土钵含水率55%

b) 基质成分L2、土钵含水率45%

c) 基质成分L3、土钵含水率75%

d) 基质成分L4、土钵含水率65%

图 3-30　35 天苗龄摩擦系数测定结果

a) 基质成分L1、土钵含水率65%

b) 基质成分L2、土钵含水率75%

c) 基质成分L3、土钵含水率45%

d) 基质成分L4、土钵含水率55%

图 3-31　40 天苗龄摩擦系数测定结果

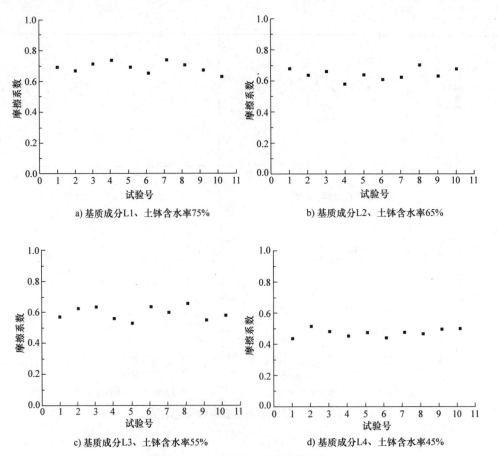

图 3-32　45 天苗龄摩擦系数测定结果

表 3-11　摩擦系数正交试验结果分析

试验号	A	B	C	摩擦系数的平均值 $\bar{\mu}$
1	30 天	L1	45%	0.4684
2	30 天	L2	55%	0.5614
3	30 天	L3	65%	0.6396
4	30 天	L4	75%	0.6488
5	35 天	L1	55%	0.5476
6	35 天	L2	45%	0.4861
7	35 天	L3	75%	0.7058
8	35 天	L4	65%	0.5841
9	40 天	L1	65%	0.6185
10	40 天	L2	75%	0.6907
11	40 天	L3	45%	0.5255
12	40 天	L4	55%	0.5389
13	45 天	L1	75%	0.6738
14	45 天	L2	65%	0.6444
15	45 天	L3	55%	0.5849
16	45 天	L4	45%	0.4740

（续）

试验号	A	B	C	摩擦系数的平均值 $\overline{\mu}$
K_1	2.3182	2.3224	1.9539	
K_2	2.3209	2.3826	2.2328	
K_3	2.3736	2.4558	2.4840	
K_4	2.3911	2.2430	2.7331	
k_1	0.5795	0.5806	0.4885	
k_2	0.5802	0.5906	0.5582	
k_3	0.5934	0.6139	0.6210	
k_4	0.5979	0.5608	0.6833	
R	0.0729	0.2128	0.7793	
因素主次			$C > B > A$	
优方案			$A_1 B_4 C_1$	

表 3-12　摩擦系数方差分析

差异源	离差平方和 SS	自由度 df	均方 MS	F	回归系数 P
A	0.0099	3	0.0033	1.96	0.123
B	0.0597	3	0.0199	11.84	0.000
C	0.8403	3	0.2801	166.70	0.000
误差	0.2520	150	0.0017		
总和	1.1619	159			

注：$F_{0.01}(3, 120) = 3.95$；$F_{0.05}(3, 120) = 2.68$；$F_{0.1}(3, 120) = 2.13$；$F_{0.01}(3, \infty) = 3.78$；$F_{0.05}(3, \infty) = 2.60$；$F_{0.1}(3, \infty) = 2.08$；$F_\alpha(3, 120) > F_\alpha(3, 150) > F_\alpha(3, \infty)$。

由表 3-11 对辣椒钵苗与鸭嘴栽植器壁面间的摩擦系数的正交试验结果分析可知，摩擦系数随着辣椒钵苗苗龄期的增加而增大，但是增加得并不显著，主要原因是随着苗龄期的增加，辣椒钵苗的苗叶增多，苗宽增大，且辣椒钵苗在下滑的过程中与栽植器壁面相贴，使得钵苗与栽植器壁面间的摩擦系数随之增大。不同基质成分条件下辣椒钵苗与鸭嘴栽植器壁面间的摩擦系数由小到大为 L4 < L1 < L2 < L3，基质成分 L4 条件下辣椒钵苗与栽植器壁面间的摩擦系数最小，这是因为基质 L4（草炭：蛭石：珍珠岩 = 3:1:2）的成分中珍珠岩所占的体积比在四种基质成分中最大，钵苗根系的生长更为良好，且珍珠岩的成分比例越大，使得钵苗土钵与栽植器壁面的接触面减少，两者均能减少基质与栽植器壁面间的接触面积进而减少两者之间的黏附作用，从而使钵苗的摩擦系数降低，摩擦系数最高的是基质 L3（草炭：蛭石：珍珠岩 = 6:2:1）条件下的辣椒穴盘苗，这是因为基质 L3 中珍珠岩含量较少，草炭所占的体积比相对较大，钵苗与栽植器壁面的摩擦系数也就最大；含水率对钵苗与栽植器壁面间的摩擦系数的影响，随着含水率的增加，钵苗与栽植器壁面间的摩擦系数也随之增大，这是因为含水率较高时，钵苗基质与栽植器壁面间的黏附作用相对较大，摩擦系数加大。

由表 3-12 钵苗与栽植器壁面间的摩擦系数方差分析表中各因素对钵苗与栽植器壁面

间的摩擦系数的分析结果可知，A 因素苗龄的 $F_A = 1.96 < F_{0.1}$（3，∞），$P > 0.1$，表明苗龄对钵苗与栽植器壁面间的摩擦系数具有一定的影响；B 因素基质成分的 $F_B = 11.84 > F_{0.01}$（3，120），$P < 0.01$，表明基质成分对钵苗与栽植器壁面间的摩擦系数具有显著的影响；C 因素含水率的 $F_C = 166.70 < F_{0.01}$（3，120），$P < 0.01$，表明含水率对钵苗与栽植器壁面间的摩擦系数具有显著的影响。由此可知，基质成分及含水率对钵苗与栽植器壁面间的摩擦系数均具有显著的影响，而苗龄对钵苗与栽植器壁面间的摩擦系数具有一定的影响。

3.4　番茄钵苗钵体抗压特性试验研究

3.4.1　试验条件

试验设备：英国 Stable Micro System 公司的 TA – XT2i 型质构仪，其主要功能是测量样品受力时，产生的应力或形变的变化；由于穴盘苗苗钵为方锥形状，锥度约 19°，所以构建倾斜 19°的载苗台；一对不锈钢材料的夹持指针，直径 4.5mm，前端 30mm 部分磨制成 16°锥形状；整体试验系统如图 3-33 所示。杭州卓驰仪器有限公司的 DZG – 6020 型真空烘箱和型号 AR1530 的电子天平，用于测量和控制穴盘苗苗钵含水率。

试验材料：试验采用合作 906 型号番茄品种，用 128 穴无棱角塑料软盘填充满不同成分配比的基质（F、FNS 和 FNZ，含义同 2.4 节）育种。播种时间为 2013 年 11 月 24 日，育苗期严格控制管理，得到不同的钵苗含水率，在穴盘苗生理苗龄 40 天左右时进行试验。

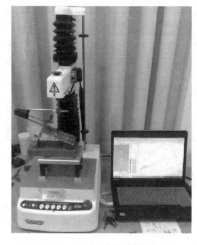

图 3-33　穴盘苗钵体抗压特性试验

钵体抗压性能试验方法

采用两指针夹持的方式夹住苗钵侧壁进行抗压试验，一根夹苗指针末端固接于质构仪测试臂上，另一根指针末端与倾斜载苗台固定，根据苗钵尺寸设定两针针尖的初始距离 L_0 为 22mm，初始夹持苗钵时针尖距离钵面 30mm 左右（此时指针与苗钵接触面积约为 116.46mm²），试验设定压缩位移 L 为 0 ~ 14mm，其示意图如图 3-34 所示。对三种基质，不同含水率（45%、55% 和 65%）的穴盘苗随机抽取 10 株（钵体均完整），进行试验。试验过程中，分别测定压缩位移 0 ~ 14mm 阶段的变化受力（利用质构仪后台数据采集分析软件 Exponent 获得，如图 3-35 所示）。苗钵含水率采用干湿质量法测量，即测量烘干后的苗钵重量与湿重之比。

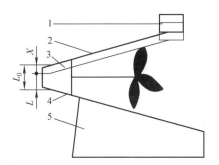

图 3-34　抗压试验示意图

1—测试臂　2—上夹苗指　3—苗钵

4—下夹苗指　5—载锥

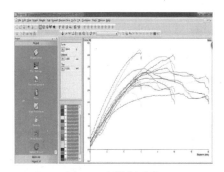

图 3-35　数据采集

3.4.2　钵体抗压性能试验结果与分析

试验前、后的番茄穴盘苗苗钵状态如图 3-36 所示（含水率约为 55%），图中基质 F、基质 FNS、基质 FNZ 指的是以不同基质成分体积比完成的蔬菜穴盘育苗，其中 F 为泥炭∶珍珠岩∶蛭石 = 3∶1∶1，FNZ 为泥炭∶珍珠岩 = 2∶1；FNS 为泥炭∶蛭石 = 2∶1。试验于 2014 年 1 月 6 日进行，试验结果见表 3-13。由于试验过程中数据采集程序每隔 0.05s 记录一次苗钵抗压力的变化值，每组试验完成有 115 个数据点，数据量较大，因此表 3-13 仅为平均统计结果的关键数据点的抗压力和位移的值，而对于曲线和方程的拟合则依然根据完整数据来实现。

a) 基质 F 试验前　　b) 基质 FNS 试验前　　c) 基质 FNZ 试验前

d) 基质 F 试验后　　e) 基质 FNS 试验后　　f) 基质 FNZ 试验后

图 3-36　含水率 55% 的三种基质穴

盘苗抗压试验前、后状态图

表 3-13　三种基质的穴盘苗不同含水率下抗压力 – 位移测定结果

基质类型	含水率	测量内容	试验数据点									
			1	2	3	4	5	6	7	8	9	10
F	45%	位移/mm	0.23	1.02	3.57	5.97	8.82	9.57	11.82	12.42	13.45	14.00
		抗压力/N	0.26	0.67	2.19	3.07	3.22	3.09	2.80	2.68	2.61	2.14
	55%	位移/mm	0.23	1.02	3.57	5.97	8.67	10.02	11.22	12.42	13.45	14.04
		抗压力/N	0.50	1.09	2.87	3.88	4.53	4.42	4.38	4.21	4.35	3.62
	65%	位移/mm	0.23	1.02	3.57	5.82	7.92	9.57	10.77	12.12	13.45	14.00
		抗压力/N	0.35	1.00	2.82	3.53	3.27	3.42	3.57	3.63	3.72	3.20

（续）

基质类型	含水率	测量内容	试验数据点									
			1	2	3	4	5	6	7	8	9	10
FNS	45%	位移/mm	0.23	1.02	3.57	6.27	8.22	10.62	11.52	12.57	13.17	14.00
		抗压力/N	0.56	1.12	2.25	2.69	2.60	2.44	2.48	2.47	2.42	1.83
	55%	位移/mm	0.23	1.02	3.57	5.97	8.37	9.57	10.77	12.12	13.45	14.00
		抗压力/N	0.54	1.21	3.35	3.84	3.00	3.00	2.83	2.80	2.71	1.95
	65%	位移/mm	0.23	1.02	3.57	4.32	7.17	9.57	11.82	12.72	13.45	14.00
		抗压力/N	0.54	1.45	2.34	2.46	1.88	1.34	1.30	1.35	1.58	1.34
FNZ	45%	位移/mm	0.23	1.02	3.57	5.97	7.92	9.57	10.77	12.87	13.90	14.00
		抗压力/N	0.57	1.21	3.03	3.75	3.82	3.79	3.83	3.92	3.54	3.28
	55%	位移/mm	0.23	1.02	3.57	5.97	7.17	9.57	10.77	12.12	13.45	14.00
		抗压力/N	0.51	1.08	2.77	3.92	4.17	4.30	4.40	4.55	4.70	4.23
	65%	位移/mm	0.23	1.02	3.57	5.97	7.47	9.57	10.77	12.12	13.45	14.00
		抗压力/N	0.53	1.10	2.96	4.10	4.38	4.10	4.08	4.01	4.05	3.26

根据试验测定的结果数据，绘制三种基质成分配穴盘苗在不同含水率下，苗钵抗压力与压缩位移的关系曲线，如图 3-37 ~ 图 3-39 所示。

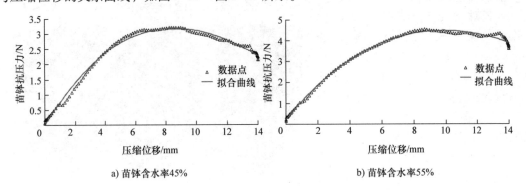

a) 苗钵含水率45%

b) 苗钵含水率55%

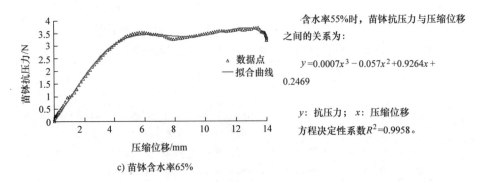

c) 苗钵含水率65%

含水率55%时，苗钵抗压力与压缩位移之间的关系为：

$$y = 0.0007x^3 - 0.057x^2 + 0.9264x + 0.2469$$

y：抗压力；　x：压缩位移

方程决定性系数 $R^2 = 0.9958$。

图 3-37　基质 F 的穴盘苗不同含水率下抗压力与位移间的关系曲线

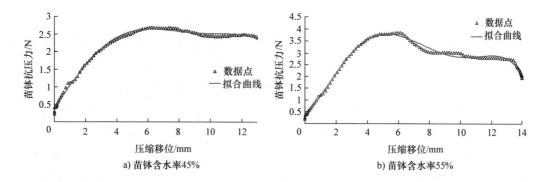

a) 苗钵含水率45%　　　　　　　　　　b) 苗钵含水率55%

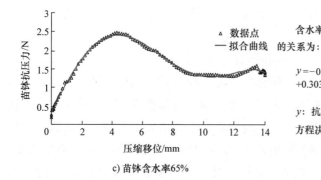

含水率55%时，苗钵抗压力与压缩位移之间的关系为：

$$y = -0.0003x^5 + 0.0085x^4 - 0.0934x^3 + 0.3031x^2 + 0.603x + 0.3433$$

y：抗压力；　x：压缩位移

方程决定性系数$R^2 = 0.9933$。

c) 苗钵含水率65%

图 3-38　基质 FNS 的穴盘苗不同含水率下抗压力与位移间的关系曲线

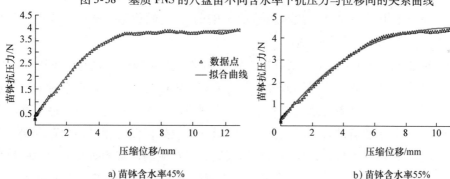

a) 苗钵含水率45%　　　　　　　　　　b) 苗钵含水率55%

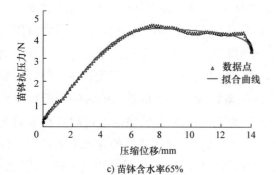

含水率55%时，苗钵抗压力与压缩位移之间的关系为：

$$y = 0.0016x^3 - 0.0682x^2 + 0.9255x + 0.2285$$

y：抗压力；　x：压缩位移

方程决定性系数$R^2 = 0.9959$。

c) 苗钵含水率65%

图 3-39　基质 FNZ 的穴盘苗不同含水率下抗压力与位移间的关系曲线

由图 3-37 和试验测定的结果数据可知，基质 F（泥炭、珍珠岩和蛭石的体积比 = 3:1:1）的穴盘苗在三种含水率下，苗钵抗压力基本都是随着压缩位移的增大先缓慢增大后逐渐减小；这符合一定的生物压实硬化特性，当压缩到一定位移时抗压力降低，说明钵体产生了屈服破坏现象，相比较而言含水率55%的情况下，钵体屈服破坏时对应的压缩位移最大，此时压缩量8.67mm、最大抗压力4.53N。试验条件下，随着含水率的增加，苗钵的抗压能力先增大后降低，55%含水率的情况下抗压能力最好，抗压力值亦最大；这主要是由于含水率低则夹紧施压时基质易于散列破损，抗压能力自然较低，而含水率高则使得基质颗粒易于坍塌、滑动，孔隙度增加，降低抗压能力，同时适宜的含水率有利于根系的发育，促使其将基质包裹缠绕，使钵体间各成分接触更为紧密，增加抗压能力。得出了，苗钵抗压能力最好时（含水率55%），钵抗压力与压缩位移之间的方程，其决定性系数几乎为 1，基本能反应实际情况。

从图 3-38 中可以看出，基质 FNS（泥炭和蛭石的体积比 =2:1）的穴盘苗，在试验范围内，含水率对苗钵的抗压能力影响较大，钵体抗压能力随着其增加而先增大后降低，结合表 3-13 可知苗钵最大抗压力产生在含水率55%时，压缩位移至5.97mm 时，抗压力达到最大为3.84N。而同一含水率下，苗钵抗压力均随着变形的增大而先增大后降低。相比较而言，含水率65%的苗钵屈服破坏时位移较小，为4.32mm，此时最大抗压力也最低；结合试验观察，这主要由于含水率过高造成的钵体基质坍塌严重，同时侧根系发育较差，对基质包裹较少，因而造成屈服破坏点的位移较小。其中，含水率55%的穴盘苗，苗钵抗压力能力较好，最大抗压力 3.84N，此时压缩量5.97mm，它的位移—抗压力方程已得出（决定性系数 $R^2 = 0.9933$）且较为显著。

由图 3-39 并结合试验测定结果数据可知，基质 FNZ（泥炭和珍珠岩的体积比 = 2:1）的穴盘苗，在试验范围内，含水率对钵苗的抗压能力有一定影响。同一含水率时苗钵的抗压力变化规律基本相同，均随着压缩位移的增大而先缓慢增加然后保持一段，最后逐渐降低。这主要是由于基质中含有的珍珠岩成分较高，透气性较好，促使侧根系发育较快，对基质的包裹能力强，钵体成坨性好，使得苗钵屈服破坏时对应的位移相对较大；而一旦变形量超出其承受范围，由于空隙度相对较大，基质密度低，易破损碎裂，造成抗压力减小。含水率55%时，压缩位移至13.45mm，苗钵抗压力达到最大，为4.70N。

综上所述，在试验范围内同一含水率下，基质 FNZ 的穴盘苗苗钵抗压力能力较大，最大抗压力 FNZ > F > FNS，在含水率55%，压缩位移为13.45mm 时，获得苗钵最大抗压力4.70N；这是由于基质 FNS 成分中的蛭石密度相对较大，虽提高了基质密度，但不具备透气性，造成根系发育慢，盘根情况不良好，导致苗钵成坨能力差，压缩位移稍大即容易断裂；而基质 FNZ 的透气性较好，根系对基质的包裹较紧密，使得受压缩时的弹塑性能力强。不同基质的穴盘苗，含水率对苗钵抗压力能力均有影响（试验范围内随含水率的增加，最大抗压力先增大后减小），因此在夹取苗钵作业时，应在适当的含水率下进行，以减小钵体的破损程度。得出了三种基质含水率55%时的压缩位移与抗压力的方程，均较为显著，为后续取苗执行机构的设计提供了理论基础。

3.5 番茄钵苗钵体蠕变特性试验研究

3.5.1 试验条件

试验设备：英国 Stable Micro System 公司的 TA – XT2i 型质构仪，其主要功能是测量样品受力时，产生的应力或形变的变化；P100 平板探头；杭州卓驰仪器有限公司的 DZG – 6020 型真空烘箱和型号 AR1530 的电子天平，用于测量和控制穴盘苗苗钵含水率。

试验材料：试验采用合作 906 型号番茄品种，用 128 穴无棱角塑料软盘填充满不同成分配比的基质（F、FNS 和 FNZ）育种。播种时间为 2013 年 11 月 24 日，育苗期严格控制管理，得到不同的钵苗含水率，在穴盘苗生理苗龄 40 天左右时进行试验。

苗钵蠕变特性是指其在受应力作用下呈现的黏弹性流变的性质，表现为：在应力保持不变的条件下，应变随时间的延长而增加的现象。试验的主要目的是研究苗钵压缩蠕变特征对机械式快速夹取钵体的夹紧松弛特性影响。

试验为平板压缩试验，换用 P100 型平板探头，其余试验设备与 3.4.1 小节相同，整体试验系统如图 3-40 所示。

试验用番茄苗与 3.4.1 节相同。

试验方法：选取含水率 55% 的三种不同基质成分穴盘苗各 5 株（钵体完整），质构仪标定后设定平板加载压力 5N（依据 3.4.2 小节苗钵最大抗压力 4.97N），进行平板压缩试验；当压力到达 5N 后保持 2s，将软件

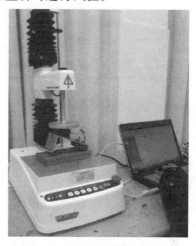

图 3-40 穴盘苗钵体蠕变特性试验

采集的 2s 内苗钵压缩位移最大值与最小值求差即可得到钵体蠕变量，试验与计算结果见表 3-14，试验参数设置如图 3-41 所示。

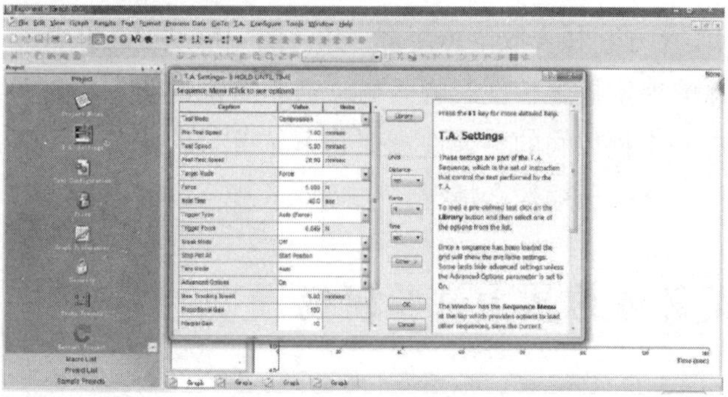

图 3-41 钵体蠕变试验参数设置

表 3-14　含水率 55%、压力 5N 下的不同基质穴盘苗压缩蠕变量测定结果

苗钵含水率	平板加载力/N	基质类型	试验次数	压缩蠕变量/mm
55%	5	F	1	0.031
			2	0.028
			3	0.026
			4	0.037
			5	0.027
			平均值	0.030
55%	5	FNS	1	0.037
			2	0.038
			3	0.034
			4	0.043
			5	0.031
			平均值	0.037
55%	5	FNZ	1	0.043
			2	0.038
			3	0.034
			4	0.033
			5	0.038
			平均值	0.021

3.5.2　试验结果与分析

试验结果分析：

由表 3-14 的试验数据计算结果，绘制出含水率 55% 的三种基质，加载力 5N，保持 2s 内的苗钵压缩蠕变量，如图 3-42 所示。

由图 3-42 可知，三种不同基质的穴盘苗苗钵，在 5N 加载压力下 2s 内的平均蠕变量较为近似，相差不超过 0.02mm，其值分别是：基质 F 为 0.03mm，基质 FNS 为 0.037mm，

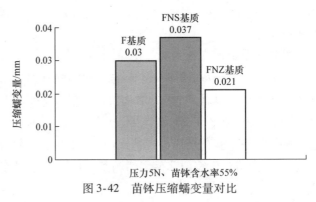

图 3-42　苗钵压缩蠕变量对比

基质 FNZ 为 0.021mm。对于机械夹取苗钵而言，钵体的压缩蠕变量非常小，这种体积的变化对快速夹取穴盘苗钵的夹紧松弛特性影响微弱。这同时也说明，在试验条件下，三种育苗基质的穴盘苗体内基质颗粒间的黏弹性流变并不显著。由此可见，采用机械式入钵夹取钵苗，可以不必考虑苗钵的压缩蠕变情况。

3.6　番茄钵苗钵体拉拔力试验研究

3.6.1　试验条件

研究穴盘苗物理力学特性的主要目的是在尽量不使苗钵断裂破损的情况下，将钵苗从

育苗穴盘中取出。本节就番茄穴盘苗在不同条件下从穴盘中入钵拔出所需的拉拔力进行试验研究。

试验设备：长春科新试验仪器有限公司制造的 WDW30005 型微控电子万能试验机，最大试验力 500N，精确度等级 0.5%；荷兰生产的气动控制滑针伸缩式取苗执行器，固接在位于试验机横梁的拉力传感器上，通过气动和弹簧来控制 4 根取苗滑针的伸缩和夹紧，实现对苗钵的夹紧和释放。试验设备如图 3-43a 所示。

试验材料：试验所用番茄穴盘苗与 3.4.1 小节为同一批次。

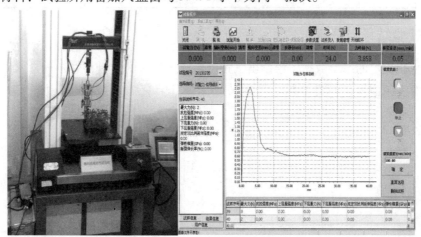

a) 穴盘取苗试验设备　　　　　　　　　　b) 拉拔力–位移数据采集

图 3-43　穴盘苗苗钵拉拔力试验

试验方法：对于三种不同基质成分的穴盘苗，分别在含水率 45%、55% 和 65% 的情况下，进行穴盘苗取苗试验；将穴盘苗平放置在试验机平台上，取苗器垂直入钵拉取钵苗，设定提升位移 0~40mm，每组试验重复 20 次，通过程序软件记录下位移与拉拔力的数据（图 3-43b），并对其求平均值。由于取苗过程中程序记录下的位移与拉拔力的数据点较多（210 个数据点），则选取部分关键点数据录入表 3-15。

表 3-15　三种基质的穴盘苗不同含水率下拉拔力–位移测定结果

基质类型	含水率	测量内容	试验数据点									
			1	2	3	4	5	6	7	8	9	10
F	45%	位移/mm	0	2.45	5.39	6.37	8.33	11.10	14.20	19.90	25.75	40.14
		拉拔力/N	0.04	1.02	2.09	2.25	1.82	0.64	0.31	0.23	0.22	0.21
	55%	位移/mm	0	2.49	5.03	8.16	11.10	14.24	19.93	25.78	31.43	40.00
		拉拔力/N	0.02	2.40	2.94	1.55	0.98	0.59	0.38	0.32	0.26	0.23
	65%	位移/mm	0	2.7	4.26	5.63	8.36	11.10	14.05	20.12	25.85	40.03
		拉拔力/N	0.01	2.08	2.31	2.04	1.43	0.68	0.42	0.34	0.32	0.28
FNS	45%	位移/mm	0	2.51	4.46	5.45	8.18	11.32	12.00	22.89	31.65	40.00
		拉拔力/N	0.02	1.80	2.32	2.24	1.00	0.43	0.29	0.26	0.21	0.21
	55%	位移/mm	0	2.50	3.29	5.43	8.37	11.30	14.24	20.12	31.46	40.02
		拉拔力/N	0.02	2.89	3.05	2.57	1.61	0.94	0.69	0.37	0.26	0.23
	65%	位移/mm	0	1.13	2.32	3.68	5.44	8.36	11.12	14.05	22.90	40.10
		拉拔力/N	0.01	1.87	2.54	1.67	0.56	0.38	0.29	0.24	0.25	0.24

（续）

基质类型	含水率	测量内容	试验数据点									
			1	2	3	4	5	6	7	8	9	10
FNZ	45%	位移/mm	0	2.46	4.61	5.60	8.33	11.07	17.15	23.03	31.41	40.14
		拉拔力/N	0.05	1.31	1.88	1.72	1.13	0.47	0.20	0.17	0.17	0.18
	55%	位移/mm	0	2.49	3.86	5.41	8.34	11.30	14.22	22.68	28.73	40.03
		拉拔力/N	0.05	2.13	2.67	1.61	0.5	0.36	0.28	0.19	0.18	0.18
	65%	位移/mm	0	1.13	2.70	3.86	5.44	8.38	14.25	17.21	26.03	40.05
		拉拔力/N	0.06	1.40	1.83	0.8	0.36	0.30	0.23	0.21	0.21	0.20

3.6.2　试验结果与分析

根据试验测定的结果数据，绘制出三种基质成分配比的穴盘苗在不同含水率下，位移与拉拔力的关系曲线，如图 3-44～图 3-46 所示。

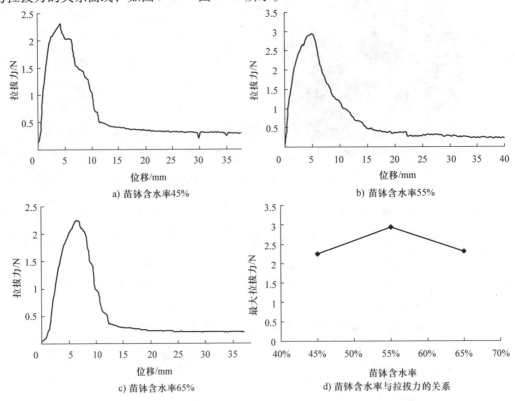

图 3-44　基质 F 的穴盘苗不同含水率下拉拔力与位移间的关系曲线

由图 3-44 和表 3-15 的测定结果数据可知，基质 F 的穴盘苗在三种含水率下，取苗过程中所受的拉拔力均是随着位移的增加先快速增大至顶点，而后逐渐减小，最后趋于稳定；这是由于基质与穴盘间有黏附作用，在苗钵提升初期，根系与基质相对运动使得拉拔力快速增大，当拉拔力达到最大时，苗钵克服了与穴盘间的最大黏附力，然后苗钵逐渐脱离穴盘，黏附力随之减小，最后当苗钵上升到一定距离（约 15mm 左右）时黏附力消失，拉拔力基本用来克服钵苗重力，因而趋于恒定。随着含水率的升高，苗钵所受最大拉拔力先增大后减小，这是因为拉拔力主要由苗钵与穴盘间的黏附力决定，含水率增加，基质与穴盘间黏附力随之增大，但当含水率超过一定量，水分黏附于钵体基质表层，起到了一定的润滑作用，拉拔力又会有所下降，这一规律与土壤黏附力随含水率变化规律基本相符。含水率45%、55%和65%时的苗钵最大拉拔力分别为2.25N、2.94N、2.31N。

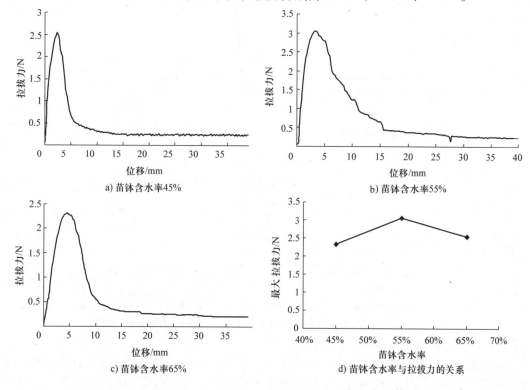

a) 苗钵含水率45%

b) 苗钵含水率55%

c) 苗钵含水率65%

d) 苗钵含水率与拉拔力的关系

图 3-45　基质 FNS 的穴盘苗不同含水率下拉拔力与位移间的关系曲线

由图 3-45、图 3-46 和表 3-15 的测定结果数据可知，基质 FNZ 和基质 FNS 的穴盘苗在三种含水率下，取苗过程中所受的拉拔力均是随着位移的增加先快速增大至顶点，而后逐渐减小，最后趋于恒定；其主要原因与上述基质 F 的穴盘苗钵体拉拔力随位移变化的原因基本相同。同时，随着含水率的升高，苗钵所受最大拉拔力先增大后减小，这与土壤的力学特性变化规律基本相符。而含水率为 45%、55% 和 65% 时，基质 FNS 的苗钵最大拉拔力分别为2.32N、3.05N、2.54N；基质 FNZ 的苗钵最大拉拔力分别为 1.88N、2.67N、1.83N。

综合图 3-44、图 3-45 和图 3-46 并结合试验测定结果数据可以看出，在同一含水率下，基质 FNZ 的穴盘苗苗钵所受最大拉拔力最小，而基质 FNS 的穴盘苗苗钵所受最大拉拔力最大，即同一含水率下，基质 FNZ 的穴盘苗最好取出，基质 F 的穴盘苗次之，而基质 FNS 的穴盘苗最难取出；结合试验中的观察来看，这是由于基质 FNZ 里的珍珠岩具有较高的透气性，侧根系发育较快，对于苗钵侧壁包裹较紧密，减少了基质与苗盘之间的接触面积，而使得黏附力较小；其中苗钵取出最大拉拔力分别是：含水率 45% 时，基质 F 为2.25N、基质 FNS 为2.32N、基质 FNZ 为1.88N；含水率 55% 时，基质 F 为2.94N、基质 FNS 为3.05N、基质 FNZ 为2.67N；含水率 65% 时，基质 F 为2.31N、基质 FNS 为2.54N、基质 FNZ 为1.83N。随着含水率的升高，苗钵受到最大拉拔力时的位移逐渐减小，这主要是因为水的流动特性，含水率越大苗钵重心越低，对于穴盘的挤压最大程度的位置

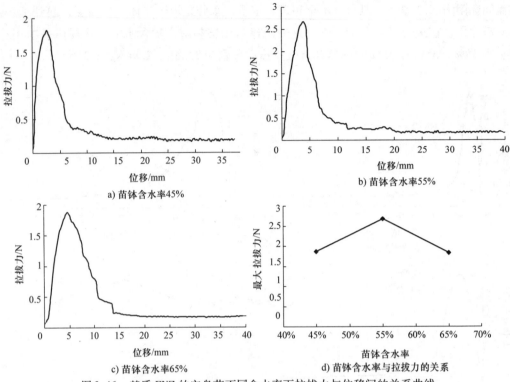

图 3-46　基质 FNZ 的穴盘苗不同含水率下拉拔力与位移间的关系曲线

越靠下，造成黏附力最大处的位置越低。

综上所述，在试验范围内，同一含水率下，基质 FNZ 的穴盘苗苗钵与穴盘之间的黏附力相对较小，所需最大拉拔力基质 FNZ＜基质 F＜基质 FNS；不同基质的穴盘苗，含水率对最大拉拔力均影响较大（随含水率的增加，先增大后减小），因此在取苗作业时，应在穴盘苗适当的含水率下工作，以减小拉拔苗钵时对钵体的损伤。

参 考 文 献

［1］王忠书，蒋华．无公害春提早番茄栽培技术规程［J］．中国园艺文摘，2009，25（8）：116，22．DOI：10.3969/j.issn.1672-0873.2009.08.060.

［2］李焕勇．两种耐盐植物嫩枝扦插技术及生根生理研究［D］．北京：中国林业科学研究院，2014.

［3］韩绿化，毛罕平，胡建平，等．穴盘苗自动移栽钵体力学特性试验［J］．农业工程学报，2013，（2）：24-29.

［4］王英．面向高立苗率要求的栽植机构参数优化与试验研究［D］．杭州：浙江理工大学，2014.

［5］王英，陈建能，吴加伟，等．用于机械化栽植的西兰花钵苗力学特性试验［J］．农业工程学报，2014，（24）：1-10．DOI：10.3969/j.issn.1002-6819.2014.24.001.

［6］韩绿化．蔬菜穴盘苗钵体力学分析与移栽机器人设计研究［D］．镇江：江苏大学，2014.

［7］霍海红，黄翔，殷清海，等．基于正交试验法的直接蒸发冷却器填料性能测试与分析［J］．制冷技术，2013，（1）：19-22．DOI：10.3969/j.issn.2095-4468.2013.01.104.

［8］董克良，周志杰，陈靖，等．利用秸秆发酵土代替草炭穴盘育苗的可行性研究［J］．现代农业科技，2012，（12）：73-73，77．DOI：10.3969/j.issn.1007-5739.2012.12.042.

［9］彭爱红．Minitab 软件在有重复试验的正交试验设计中的应用［J］．集美大学学报（教育科学版），2013，14（1）：111-114.

第4章　钵苗输送机构研究分析

钵苗盘自动送盘装置，是全自动高速移栽机的关键部件。该装置将钵苗盘精准地移送到取苗位置，由取苗机构将钵苗取出，然后根据钵苗盘的穴距，移动钵苗盘，进行下一次取苗动作。国内外资料显示，钵苗盘自动送盘装置及定位系统有如下几种：采用曲柄杠杆机构、间隙转盘齿条机构、不完全齿轮机构等机械驱动及定位方式，实现钵苗盘的间隙纵向移动。该方式设计简单，定位准确。采用直流电动机或步进电动机驱动送盘机构，光电开关定位方式，该方式定位精确，间距变化灵活，特别适合工厂化移栽，采用视觉系统定位的移栽装置，可对钵苗盘进行平面二维定位，具有特定的功能，但对移栽装置的振动较敏感，且价格昂贵，目前尚未得到广泛应用。本章对国内外蔬菜穴盘输送装置发展概况做一介绍，研究了蔬菜穴盘钵苗自动高速输送技术及机构，开发了相应的自动控制系统软件，完成钵苗自动输送机构的协调控制，实现了蔬菜钵苗高速自动输送。最后试制样机并对设计的钵苗自动输送机构进行验证试验，验证钵苗自动输送机构的合理性。

4.1　国外蔬菜穴盘钵苗输送装置的发展概况

国外移栽机发展较快、技术较成熟，目前最大的厂商是意大利法拉利机械制造有限公司生产的移栽机。该公司创立于1961年，经过多年的发展，成为世界上领先的农业作物移栽机专业制造商，该公司生产的移栽机主要针对穴盘钵苗、方形钵苗及裸苗三种形式的作物进行移栽，移栽作物非常广泛，包括番茄、辣椒、棉花、西瓜、哈密瓜、洋葱、卷心菜、生菜、白菜、芹菜、西兰花、油菜、薄荷、烟草与草莓等。穴盘钵苗的钵形可以是圆柱形、圆锥形、梯形或者是三角形。该公司生产的移栽机型号较多，针对穴盘钵苗的移栽机主要有 FPA evolution 型移栽机，FX MULTPLA 型移栽机、FMAX 型移栽机、FUTURA 型移栽机及 FUTURA TWIN 型移栽机等；针对方形钵苗的移栽机有 ROTOSTRAPP 型移栽机、FPC 型铺膜移栽机及 FPA 型方块钵苗移栽机；针对裸苗的移栽机有 FPP 钳夹式移栽机及 FPS 钳夹式移栽机。该公司生产的移栽机在各种环境下都能可靠地工作，也可根据不同作物需求，为客户定做个性化的适用机型。

本章的研究对象是针对蔬菜穴盘钵苗自动输送技术，所以，下面针对法拉利公司几种典型的蔬菜移栽机介绍其钵苗输送技术。

1. FPA evolution 型移栽机

该移栽机属于半自动移栽机。适合移栽圆柱形、圆锥形钵苗，最大的钵苗直径7cm，可以在塑料薄膜上或是旱地移栽，可以在温室或是田间作业，其工作如图4-1a所示。

钵苗的输送是通过人工将钵苗喂入到栽植器中，如图4-1b所示。

a) FPA evolution型移栽机田间作业　　　　b) FPA evolution型移栽机人工喂苗

图 4-1　法拉利 FPA evolution 型移栽机

2. FX MULTIPLA 型移栽机

该移栽机适合移栽圆柱形、圆锥形与三角形钵苗，主要移栽生菜与菊苣，也可以用于移栽其他蔬菜，如西兰花、芹菜、茴香、洋葱等，但钵苗的高度不能超过 15cm，该移栽机具有一个平行四边形机构装置，可以实现地面的仿形。保证栽植装置在移栽过程中始终贴着地面。该移栽机的工作效率很高，能达到 5000 株/h 的栽植速度。

该机的工作过程如图 4-2a 所示，该机的钵苗输送系统是一个大的圆盘形装置，也是通过人工将钵苗投入圆盘上面的各个漏斗中，当随着圆盘的间歇转动的漏斗到达指定位置时，钵苗落入栽植器中，如图 4-2b 所示。

a) FX MULTIPLA型移栽机田间作业　　　　b) FX MULTIPLA型移栽机人工喂苗

图 4-2　法拉利 FX MULTIPLA 型移栽机

3. FMAX 型移栽机

该种移栽机适合的移栽作物非常广泛，如番茄、卷心菜、胡椒，长叶类的蔬菜以及烟草类。可以适用于多种形状的苗钵，如圆柱形、圆锥形、三角形，甚至是方形钵也适用。移栽钵苗的高度可以达到 20～25cm，如图 4-3a 所示。

钵苗的输送系统仍然是采用间歇旋转的圆盘，通过人工喂入钵苗，如图 4-3b 所示。生产率达到 3500 株/h，如果是一个熟练工人投钵，可以达到 5000 株/h 的速度。

a) FMAX型移栽机田间作业　　　　b) FMAX型移栽机人工喂苗

图4-3　法拉利 FMAX 型移栽机

4. FUTURA 型移栽机

该型号的移栽机是法拉利机械制造公司最先进的一款移栽机，为自动移栽机，与 FU-TURA TWIN 结构几乎一样，只是栽植行数有区别。在工作中，只需要一个操作者提供钵苗的钵盘装盘操作。其他的过程，如从取苗、送苗到栽苗的整个过程全都自动化完成。对于缺苗的穴钵，可以智能判断并剔除，可以栽植高达 18cm 的钵苗，工作效率能达到 8000株/h，如图 4-4a 所示。

其钵苗输送系统是通过顶杆将钵苗顶出，同时与之配合的钳夹张开，夹住钵苗，然后翻转后，将钵苗投入旋转的栽植漏斗中，最后完成自动化栽植作业，如图 4-4b 所示。

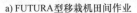

a) FUTURA型移栽机田间作业　　　　b) FUTURA型移栽机自动取苗

图4-4　法拉利 FUTURA 型移栽机

日本在蔬菜移栽机方面研究也较早，产品成熟，如洋马公司生产的洋马 PN1AN 型移栽机，可以用于西兰花、茄子、辣椒、卷心菜、番茄等蔬菜苗及油菜、棉花苗的移植，如图 4-5 所示。

该机外形尺寸：（长×宽×高）1840mm×1440mm×960mm；整机重量：160kg；发动机功率：1.7kW(2.4PS)/(1800r/min)；轮距：1000~1525mm；移栽方式：往复2行；株距：180~450mm；适应株高：50~300mm；移栽速度：0.32m/s。该机器移栽速度快、简

图 4-5　洋马 PN1AN 型移栽机

单省力，方便调整，稳定性可靠，生产成本低，广泛应用于合作社与种植大户适度规模生产作业。

日本井关公司生产的 PVHR2 – E18 型号移栽机，该机适用于西兰花、茄子、辣椒、卷心菜、番茄等蔬菜苗及油菜、棉花苗的移植，如图 4-6 所示。

图 4-6　井关 PVHR2 – E18 型号移栽机

该机外形尺寸：（长×宽×高）2050mm×1500mm×1600mm；整机重量：240kg；发动机功率：1.5kW（2.1PS）/（1700r/min）；变速：4 前进档，1 倒档；轮距：1150 ～ 1350mm；插植行数：2 行；行距：300 ～ 400mm、400 ～ 500mm；株距：300mm、320mm、350mm、400mm、430mm、480mm、500mm、540mm 及 600mm，适应垄高度：100 ～ 330mm；作业效率：每小时可以栽植 3600 株秧苗，单趟行驶可插植 2 行，对于大规模种植的用户，该作业效率也能满足需求。另因该移栽机行距可以滑动调节，所以该移栽机可适应各种各样种植作物的栽培体系、合作社及大规模用户的多种目的栽培需求。

4.2　国内蔬菜穴盘钵苗输送装置的发展概况

4.2.1　国内半自动蔬菜钵苗输送装置发展概况

目前国内的钵苗自动输送还处于研究阶段，但半自动输送已经取得了一定进展，且在各种半自动蔬菜移栽机上得到了广泛应用。按照蔬菜栽植器的形式可分为圆盘钳夹式、链夹式、导管推落苗式、导管指带落苗式、导管直落苗式、吊杯式及挠性圆盘式钵苗移栽机。不同形式的移栽机有各自的特点，其钵苗输送技术与装置也各不相同，适合不同农作物移栽的要求，具体分述如下。

1. 钳夹式栽植机的钵苗输送装置

该机是通过人工将秧苗放在转动的钳夹上，钳夹夹持着秧苗随栽植盘转动，当钳夹到达苗沟时，打开钳夹，秧苗落入苗沟中，完成秧苗的输送；如吉林工业大学研制的 2ZT 型移栽机；黑龙江八五二耕作机械厂研制的 2YZ 型移栽机；黑龙江农垦科学院研制的 2Z－2 型移栽机。其特点是栽植机构比较简单，成本较低，栽植深度与株距较稳定。其缺点是株距调节起来比较困难，易伤苗，栽植速度低（一般为 30~45 株/min），零速栽植与喂苗时间不好控制，所以应用较少。

2. 链夹式栽植机的钵苗输送装置

该机的秧夹安装在链上，秧苗由人工喂入到链夹上，链夹夹持着秧苗随链运动，当链夹到达苗沟时，链夹打开，秧苗落入沟中，完成秧苗的输送。除了传动方式外，整个工作原理与钳夹式相同。如徐州农机研究所研制的 2ZY－2 型油菜移栽机；唐山农机研究所研制的 2ZB－2 型移栽机；黑龙江农垦科学院研制的 2Z－6 型多用钵苗移栽机。其特点是钳夹式与链夹式结构的蔬菜移栽机成本低，在国内有一定市场，另采用链夹式栽植方式进行栽植，其株距准确并且栽植后秧苗的直立度好。但生产率低，链夹容易伤苗，当栽植速度偏高时，易出现漏栽现象。目前该种方式的蔬菜移栽机应用较少，基本被淘汰。

3. 挠性圆盘式栽植机的钵苗输送装置

在挠性圆盘栽植机工作中，秧苗由两片可发生弹性变形的圆盘组成的变开拓的挠性圆盘夹持着。其工作过程是通过人工或输送带将秧苗放入挠性圆盘的张开处，秧苗随着圆盘转动。当转到圆盘的开拓处时，秧苗栽入沟中并定植。如黑龙江红兴隆管理局研制的 2ZT－2 型甜菜纸筒移栽机。其特点是结构简单，挠性圆盘一般使用橡胶制造，成本相对较低，不容易伤苗，但栽植深度不稳定，寿命短。

上述三种蔬菜栽植机均可栽植蔬菜裸苗与蔬菜钵苗。其工作原理均是根据"零速投苗"的原理设计的。但因蔬菜栽植机工作中地轮容易出现打滑现象，故仅仅依靠栽植器很难保证秧苗的直立度。

4. 导苗管式栽植机钵苗输送装置

该机采用喂入装置间歇地向导苗管投入秧苗，秧苗在重力的作用下落入苗沟中。如黑龙江农垦科学院研制的 2ZB－4 型杯式钵苗移栽机，采用 4 个移栽单组，随着机器的前进，栽植手将钵苗分别连续投入杯中，每个杯中 1 棵秧苗；中国农业大学研制的 2ZDF 型半自动导苗管式移栽机，采用单组传动，适应性强，行距与株距可调；吉林工业大学研制的 2ZY－2 型玉米钵苗移栽机（带喂入式），山东工程学院研制的 2ZG－2 型带喂入式钵苗移栽机，其特点是秧苗在导苗管中自由运动，解决了回转式栽植器伤苗的问题。特别是在高速导苗管倾角与所设计的扶苗机构装置共同作用下，可以很好地保证秧苗直立度、秧苗深度的稳定性与秧苗株距的均匀性，即便对于裸根秧苗也不会出现窝根现象。秧苗的栽植速度大约在 60 株/min 左右。

5. 吊篮式栽植机的钵苗输送装置

该机工作中通过人工将钵苗投入旋转到上方的吊篮内，吊篮随着偏心圆盘转动，当吊篮转动到最低点时，栽植器打开，秧苗载入沟中。当离开最低位置时，栽植器关闭，直到转动到最低位置时再次打开。如莱阳农学院研制的 2YZ－40 型吊篮式钵苗栽植机，黑龙江八五零农场研制的 2ZB－6 型钵苗栽植机，其特点是具有膜上打孔的突出优点。而且秧苗落地无冲击，不伤苗。但其结构较复杂，通过滑道和辊子实现栽植器的打开和关闭。

6. 双输送带式栽植机的钵苗输送装置

该机由水平输送带与倾斜输送带组成，两输送带的速度不同，钵苗在水平输送带上被向前输送，在带末端被翻倒在倾斜输送带上，再被输送到倾斜输送带末端后翻转直立落入苗沟中。

综上所述，所有机型都是半自动移栽机，其钵苗输送是通过人工辅助完成。目前我国的自动钵苗输送装置正处在研究阶段，国内主要有浙江理工大学、江苏大学、南京农业大学、石河子大学这几家研究机构在该方面研究较多。

4.2.2　国内自动蔬菜钵苗输送装置研究概况

目前我国的自动钵苗输送装置正处在研究阶段，国内主要有中国农业机械化科学研究院（以下简称中国农机院）、浙江理工大学、江苏大学、南京农业大学、石河子大学等几家研究机构在该方面研究较多，以研究机构为单位，将目前的研究成果简单总结如下。

1. 变步长穴苗盘精准步进输送装置

苗盘精准输送装置是通过苗盘横、纵向的精确定位及精准输送将穴盘苗及时准确地送至取苗装置位置。国内常用穴盘的外形尺寸为 540mm×280mm，但不同穴数苗盘穴距不同，相同穴数的苗盘内部尺寸也各不相同。中国农机院李树君、董哲等人设计的变步长穴苗盘精准步进输送装置可以适用于不同穴距的苗盘。苗盘为单向输送，输送步长可调，苗盘的支撑、限位及定位感应件相对位置可调，实现不同规格苗盘的同步支撑及定位。

变步长苗盘精准输送装置所配套的全自动移栽机如图 4-7 所示。其结构包括：机架、穴盘输送机构、取苗机构、导苗机构及栽植机构等。移栽机工作时，步进输送装置将苗盘送至顶苗位置，顶苗机构将基质苗交叉成排顶出至取苗机械手，通过导苗机构投入栽植器，完成移栽。变步长苗盘精准输送装置如图 4-8 所示。它主要由同步传动系统、气液阻尼缸、单向传动组合、苗盘挂杆、齿轮齿条、编码器及接近开关等组成。

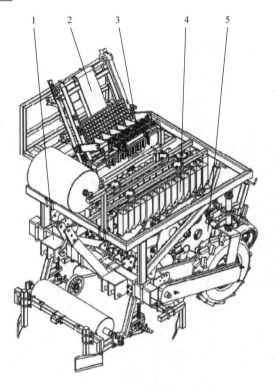

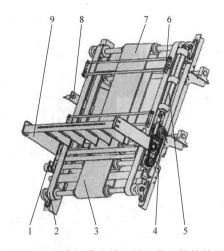

图 4-7　全自动移栽机整体结构简图
1—机架　2—穴盘输送机构　3—取苗机构
4—导苗机构　5—栽植机构

图 4-8　变步长苗盘精准输送装置结构简图
1—编码器　2—两侧同步带　3—中间同步带（下）
4—单向传动系统　5—气液阻尼缸　6—苗盘挂杆
7—中间同步带（上）　8—接近开关　9—苗盘固定辅助组件

在同步传动系统的侧面固定有气液阻尼缸。气液阻尼缸是利用气压和液压转换的方式，使得气缸拥有液压的部分优点而形成的一种特殊气缸，利用容易获得的压缩空气，可达到液压的效果，通过电磁阀控制可实现阻尼行程可调。气液阻尼缸的伸出端通过齿轮齿条传动，齿轮与超越离合器座套焊合，座套内装有超越离合器，保证单向传动；气缸伸出时，推动齿条，带动主传动轴转动，通过链传动及同步带传动实现苗盘纵向输送，气缸缩回时，齿条随之退回，因超越离合器的作用，限制主传动轴回转；顶完最后一排苗后，苗盘落入集盘装置。

在同步带传动轴端部装有编码器，根据编码器的分辨率和同步带及带轮的尺寸可反馈同步带输送的距离。在装置的侧面固定有接近开关，感应苗盘挂杆给控制系统反馈苗盘位置信号，发出苗盘步进输送指令。

2. 步进电动机驱动与同步带组合输送机构

中国农机院杨传华等人设计的步进电动机驱动与同步带组合机构，提出了一种新型"零速"投苗方法，采用了同步带与齿轮组合传动的机构，设计了精准同步投苗机构，提高了投苗成功率。该机构由四个主要机构组成：送盘机构（图 4-9a）、顶杆机构（图 4-9b）接苗机构（图 4-9c）、送苗机构（图 4-9d）。

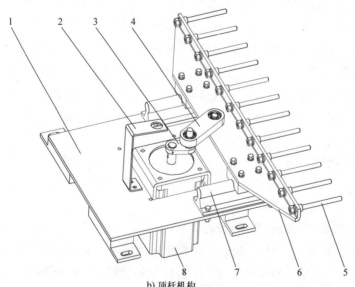

a) 送盘机构

1—从动同步带轮　2—轴承端盖　3—机架　4—张紧轮张紧机构
5—机架吊耳　6—主动同步带轮　7—步进电动机　8—主动轴
9—仿形定位块　10—穴盘托板　11—同步带　12—穴盘
13—穴盘垫条　14—从动轴

b) 顶杆机构

1—机架　2—传感器支架　3—曲柄　4—连杆　5—顶杆　6—顶杆连接板
7—直线轴承　8—步进电动机

图4-9　钵苗自动输送机构的四大组成机构

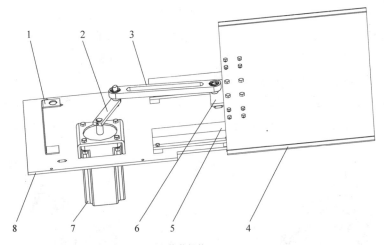

c) 接苗机构
1—传感器　2—曲柄　3—连杆　4—接苗板　5—SBR直线轴承装置
6—连接板　7—步进电动机　8—机架

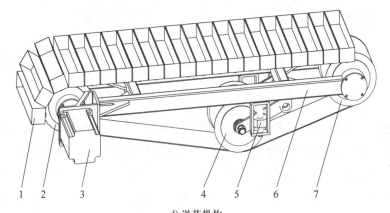

d) 送苗机构
1—苗盒　2—主装配　3—步进电动机　4—张紧轮　5—张紧机构　6—机架　7—从装配

图 4-9　钵苗自动输送机构的四大组成机构（续）

工作原理

工作时，将穴盘放置在仿形定位块上，并且每组仿形块中最低端一个安装传感器，用来检测穴盘的停止位置，当到达所需位置后发出脉冲信号，使送盘机构的步进电动机停止工作；然后顶杆机构从穴盘底部将钵苗从穴腔内顶出落到接苗机构的接苗板上，该机构为一套偏置的曲柄滑块机构；送苗机构布置在接苗机构的正下方，由步进电动机驱动同步带作业，接苗机构接到钵苗后在曲柄滑块机构的作用下快速抽动接苗板，从而将钵苗落置到送苗机构的苗盒内，送苗机构间歇地逐一将钵苗输送到投苗转筒内，完成自动送苗过程。

该设计同步带传动是由内表面具有等间距齿的封闭环形胶带（常见的胶带材质有橡胶与聚氨酯）和相应的带轮所组成的，其传动具有准确的传动比、无滑差、可获得恒定的速比、传动平稳、能吸振、噪声小等特点，传动效率一般可达98%～99%。

该送盘机构的机架采用先焊合再镗孔的工艺，机架为刚性体，张紧机构改为压带方式张紧，而不是通过改变主动轴与从动轴的中心距方式张紧，该种方式保证了两轴的平行度，另主动轴与从动轴两端均采用了调心轴承，消除了因两轴不平行引起的同步带运动不平稳、阻力增大等现象。传动消耗功率较小，保证了送盘的精度。

3. 双行蔬菜钵苗自动移栽机的送苗装置

浙江理工大学设计了一种双行蔬菜钵苗自动移栽机的送苗装置，如图 4-10 所示，其结构主要由动力总成、植苗机构轴、主动齿轮轴、从动齿轮轴、取苗机构轴、螺旋轴、凸轮、摆杆组成。

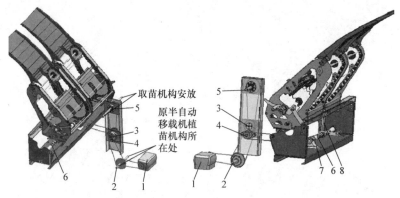

图 4-10　自动送苗装置

1—动力总成　2—植苗机构轴　3—主动齿轮轴　4—从动齿轮轴　5—取苗机构轴　6—螺旋轴　7—凸轮　8—摆杆

纵向送苗时：动力总成（示意图）1 首先驱动植苗机构轴 2 转动，植苗机构轴 2 通过链传动将动力传递给横向送苗机构的主动齿轮轴 3，主动齿轮轴 3 一方面通过链传动将动力传递给取苗机构轴 5，一方面通过齿轮传动将动力传递给从动齿轮轴 4，从动齿轮轴 4 通过链传动将动力传递给螺旋轴 6，当穴苗盘到达末端时，凸轮 7 恰好与纵向送苗机构中的摆杆 8 碰撞，摆杆 8 在凸轮 7 的碰撞下绕转动中心逆时针转动一个角度，导杆则会顺时针转过一个角度。棘爪在一定结构设计下可以脱离棘轮齿根，从而使棘轮处于自由状态，安装在导杆末端的弹簧此时处于拉伸状态。导杆转动中心处加装一个单向轴承（轴承外圈和导杆 A 处固定，内圈套置在棘轮的轴段），导杆顺时针转动时，单向轴承不起作用，棘轮不动。当凸轮 7 与摆杆 8 的碰撞结束后，导杆在弹簧拉力的作用下逆时针回转，此时单向轴承开始作用，会带动棘轮一起逆时针转动。只要将穴苗盘输送机构中的链轮轴与棘轮固结，就可实现纵向送苗。

横向送苗时：如图 4-11 所示，动力驱动主动齿轮轴 1 匀速转动，主动轮 2 和凸锁止弧 3 与之固结，随之一起转动；从动轮 4、凹锁止弧 5 和主动链轮 6 固结于从动齿轮轴 7，当凸锁止弧 3 和凹锁止弧 5 相互配合锁住时，从动轮 4 静止；当主动轮 2 有齿部分和从动轮 4 啮合时，从动轮 4 和主动轮 2 一起转动，从而通过主动链轮 6 带螺旋轴 11 转动，螺旋轴 11 推动底部嵌入螺旋槽里的滑块 13 作横向移动，从而带动连接轴 15 作横向间歇运动，把连接轴 15 和承载穴苗盘的有关部件连在一起即可实现工作要求。

一台半自动蔬菜移栽机经过合理设计和安装送苗装置和取苗装置后，三者可以协调完成从自动送苗、自动取苗到自动栽植等一系列动作，实现了全自动移栽。

设计优点：

该设计在横向传动中采用了不完全齿轮间歇机构的设计，不完全齿轮机构的主、从动轮上没有布满轮齿，这是与普通渐开线齿轮机构的主要不同之处，在无齿处有锁止弧，如图 4-12 所示。

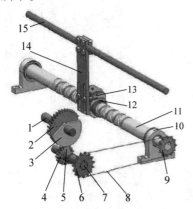

图 4-11　横向送苗机构三维模型

1—主动齿轮轴　2—主动轮　3—凸锁止弧　4—从动轮
5—凹锁止弧　6—主动链轮　7—从动齿轮轴
8—链　9—从动链轮　10—螺旋轴座
11—螺旋轴　12—滑套　13—滑块
14—连接板　15—连接轴

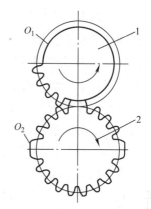

图 4-12　不完全齿轮机构简图

1—主动轮　2—从动轮

当主动轮 1 连续转动时，从动轮 2 作间歇运动，当两轮处于轮齿啮合状态时，从动轮转动。当从动轮停歇时，锁止弧 O_1、O_2 互相配合锁住，从而限制了从动轮的运动停歇在预定位置。从图中可以看出，主动轮转动一周，从动轮转动 1/4 周；主动轮转动四周，从动轮转过一周，在一周中停歇 4 次。当不完全齿轮机构的主动轮每转动一圈，从动轮停歇次数、停歇时间长短和转过角度的调整幅度都比槽轮机构大，并且设计简单可靠。

4. 多层蔬菜穴苗盘自动输送装置

石河子大学胡斌、马振等人设计了一种多层蔬菜穴苗盘自动输送装置，如图 4-13 所示，该装置具有结构简单、加工制造容易、稳定性好、成本低等优点。穴盘输送过程中，利用穴盘自重提供动力，具有节能的优点。

基本结构

多层移栽机自动化送盘装置由机架、穴盘层装置、传动链装置、止动摇杆装置、止动长形铁片及传送带装置组成。机架中部均匀布置若干个穴盘层，穴盘层上方放有穴盘，下方与支撑长杆机构连接；支撑长杆机构和传动链连接，通过传动链带动穴盘层运动，传动链上的链轮通过机架上的轴承座固定；传送带装置放置于穴盘层前方，传送带倾斜并与穴盘层的倾斜角度相同。当伺服电动机驱动传动链转动时，穴盘层向下移动到工作位置，止动摇杆机构工作，使穴盘自动下滑到传送带上，通过穴盘的自重和传送带的共同作用使穴盘到取苗输送装置入口处，实现穴盘自动化送入取苗输送装置。

移栽机自动化送盘装置的总体结构布局如图 4-13 所示。该装置主要由机架、穴盘层装置、传动链装置、止动摇杆装置、止动长形铁片及传送带组成。

工作原理

为了实现自动化送盘的功能，设计一种自动化送盘方法，实现有序的送盘。自动化送盘方法如下：

1）穴盘层工作位置的确定。伺服电动机正转，通过传动链带动穴盘层向下运动，当最底下的第1个穴盘层的隔板上边缘和限位横梁的下边缘重合时，停止穴盘层运动。调整机架上的位置传感器的位置，使其能检测到穴盘层上的感应片，此时第1个穴盘层所处的位置就是工作位置。

2）穴盘层起始位置的确定。伺服电动机反转，带动穴盘层向上运动，当最底下的穴盘层位于限位横梁上方某一距离时，穴盘层停止运动，此时最底下的穴盘层所处的位置就是穴盘层的起始位置。

3）工作阶段。首先3个穴盘层停置于起始位置，PLC控制器控制伺服电动机带动链轮转动，传动链带动支撑长杆机构向下运动，与支撑长杆机构相连接的穴盘层向下运动。当第1个穴盘层到达限

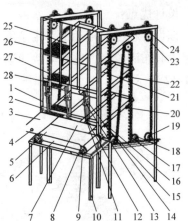

图4-13　送盘装置结构示意图
1—机架　2—限位横梁　3—进口检测区域
4—重力传感器　5—传送带　6—挡板
7—滑道　8—传送带　9—传送带轴承座
10—传送带支撑架　11—止动片　12—摇杆
13—销　14—基座　15—位置传感器
16—角接片　17—连接片　18—链节
19—轴承座　20—焊接片　21—隔板
22—支撑长杆机构　23—链轮　24—传动链
25—穴盘层　26—穴盘　27—止动长形铁片
28—电磁铁

位横梁处时，位置传感器感应信号，伺服电动机停止转动，第1个穴盘层停在工作区域。当伺服电动机停止转动，第1个穴盘层停在工作区域时，电磁铁处开关闭合，电磁铁工作，摇杆被电磁铁吸附，与摇杆相连接的止动片向上移动，穴盘通过自重沿斜面的分力自动下滑，经过滑道进入进口检测区域和传送带上，传送带上的挡板使穴盘停止沿斜面向下滑动。

穴盘编号示意图如图4-14所示。重力传感器工作，检测到穴盘，穴盘按照编号a1、a2、a3纵向依次进入取苗输送装置进行取苗。当编号a3的穴盘进入取苗输送装置后，重力传感器第1次检测到无盘信号，电动机转动，驱动传动轴转动并保持一定速率，带动传送带转动；编号a4、a5的穴盘向进口检测区域运动，当编号a4、a5向前移动一格穴盘长的距离后，编号a6穴盘自动滑落至传送带上。

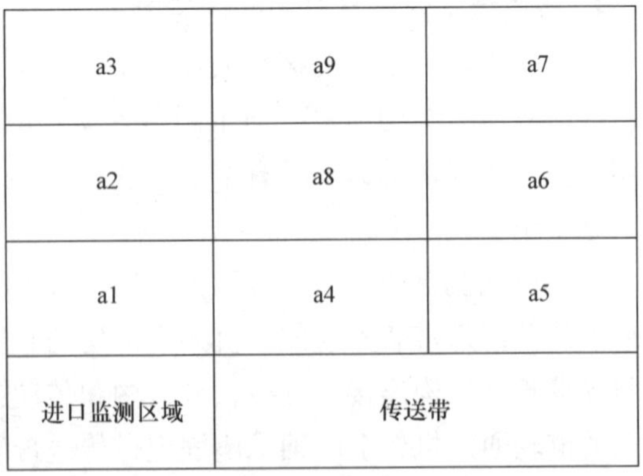

a3	a9	a7
a2	a8	a6
a1	a4	a5
进口监测区域	传送带	

图4-14　穴盘编号示意图

传送带保持转动，穴盘按照编号a4、a5、a6的顺序横向依次进入取苗输送装置；当在传送带上的编号a6的穴盘向前移动一格穴盘长距离后，编号a7的穴盘自动下滑至传送

带上。根据上述的运动规律，紧接着穴盘按照编号 a7、a8、a9 的顺序依次进入取苗输送装置；当编号 a9 的穴盘进入取苗输送装置后，重力传感器第 2 次检测到无盘信号，信号反馈，电磁铁处开关断开，摇杆回位，止动片回位至限位横梁。止动片回位后，伺服电动机第 2 次转动，带动穴盘层向下移动，第 2 个穴盘层进入工作区域。第 2 个穴盘层的工作过程和第 1 个相同，第 2 个穴盘层上的穴盘按照上述运动规律全部进入取苗输送装置后，第 3 个穴盘层重复上述工作过程。当第三个穴盘层上的穴盘全部进入取苗输送装置后，重力传感器检测到无盘信号，传送带连接的电动机停止转动，连接链轮的伺服电动机反转，穴盘层回到初始位置，自动送盘工作结束。

4.3　钵苗输送机构设计要求

蔬菜穴盘钵苗自动输送机构，其功能就是完成蔬菜钵苗穴盘的自动送盘，钵苗的自动取苗、自动送苗及自动投苗到栽植器中的整个过程高速、无损伤的自动输送。输送机构设计需满足以下条件：

1）能够与标准 72 穴（12×6 穴）的 PS 材质穴苗盘配套使用。

2）苗盘的放置方便，定位准确、可靠。

3）蔬菜钵苗输送速度需要达到 90 株/min。

4）能够配合取苗动作完成间隙的横向和纵向逐格送苗，实现自动将穴盘苗连续送至取苗位置的功能。

5）为保证钵苗栽植的成活率，钵苗在自动输送过程中应尽可能不受到损伤，或是少受损伤。

4.4　蔬菜钵苗输送机构总体方案设计

4.4.1　供苗方案选择

目前，常用的穴盘苗自动供给方式主要有两种：带式输送和链式输送。

带式输送方式是将带苗穴盘放置在输送带上，并通过带侧边的固定部件固定，而后利用带与穴盘的摩擦作用，带动穴盘运动，完成穴盘苗的输送。该装置结构相对简单，制造成本低廉，经济性高。

因此，本节采用带式输送的穴盘苗自动供给方式。根据蔬菜穴盘钵苗自动输送机构设计要求，制订了自动送盘整体结构设计方案，整体机构模型如图 4-15 所示。

仿形定位块通过螺钉固定在同步带上，每 6 个为一组，一组定位一个穴盘，整个同步带上均匀布置 6 组（图中只画出 2 组）。装载穴盘时，只需将穴盘对好位置后，用手压到仿形定位块上即可，由于同步带是挠性的，当压入穴盘时，仿形定位块会随着同步带沿着压入的方向移动，不能使穴盘快速、准确地楔入仿形定位块。为此，设计了穴盘垫条，该垫条与仿形定位块底部接触，当将穴盘压入仿形定位块时，限制其仿形定位块移动，实现了方便、快速地装载穴盘。

在每组仿形定位块最下面的一个仿形定位块上，安装与送盘定位接近开关传感器感应的金属块，调整送盘定位传感器在机架上的安装位置，使得该金属块与送盘定位传感器接近后产生脉冲信号并停止送盘动作时，穴盘下面第一排钵苗正好处于取苗位置，完成穴盘的定位。

送盘机构完成的单盘供盘动作流程如图 4-16 所示。

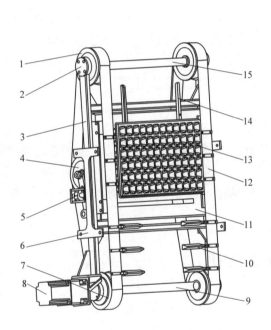

图 4-15　自动送盘机构模型

1—从动同步带轮　2—轴承端盖　3—机架
4—张紧轮　5—张紧机构　6—机架吊耳　7—主动同步带轮
8—步进电动机　9—主动轴　10—仿形定位块
11—穴盘托板　12—同步带　13—穴盘
14—穴盘垫条　15—从动轴

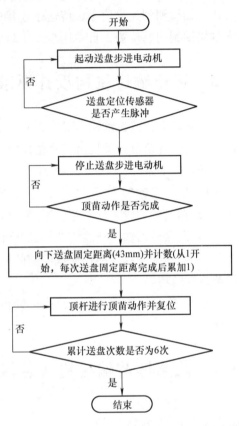

图 4-16　单盘钵苗供盘动作流程

该送盘机构的机架采用先焊合再镗孔的工艺，机架为刚性体，张紧机构改为压带方式张紧，而不是通过改变主动轴与从动轴的中心距方式张紧，该种方式保证了两轴的平行度，另主动轴与从动轴两端均采用了调心轴承，消除了工作时因两轴不平行出现的干涉现象。传动消耗功率较小，保证了送盘的精度。

在顶杆顶出穴盘钵苗后，退回原点的过程中，由于送盘精度等原因不能保证所有顶杆中心与对应穴孔中心同心，可能产生顶杆剐蹭穴盘孔内壁的现象，因穴盘是柔性塑料材质，穴盘会被带回，或是脱离定位位置。为此，在该送盘机构设计中，增加了穴盘托板，当产生上述现象时，该托板能托住穴盘，不让其随顶杆退回，保证了穴盘的定位精度，从而也保证下一次送盘准确定位。

4.4.2 供苗系统最优方案设计

机构工艺动作过程的分解是机构系统方案设计中十分重要的环节，通过合理分解才能得到各个工位上的运动形式和运动规律，才能确定相应的执行机构，在蔬菜移栽系统设计中将工艺动作分解为自动送盘动作、自动取苗动作、自动送苗动作及自动投苗动作四大部分，其工艺动作分解图如图 4-17 所示。

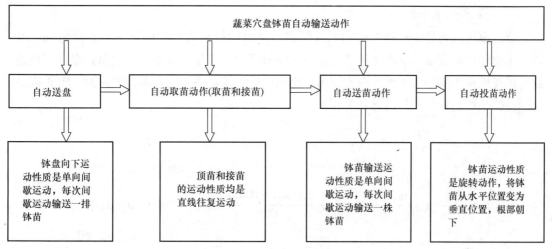

图 4-17 蔬菜钵苗自动输送机构工艺动作分解图

本节重点就上表中的自动送盘动作进行分析，该动作实现的功能是单向间歇向下移动穴盘，使得待顶出的一排钵苗穴孔中心与取苗机构相对应的一排顶杆中心对中，其运动性质为单向间歇运动，主要作用就是承载苗盘，并准确地步进，实现苗盘的间歇有序输送。

自动送盘动作就是将育好的钵苗穴盘通过人工装载在送盘机构上，在钵苗自动输送过程中，单向间歇向下送盘，每次间歇运动，输送一排钵苗到取苗位置，具体要求为：

1）送盘同步带以 30mm/s 的线速度向下单向间歇运动进行送盘。

2）在 30mm/s 的送盘速度下，穴盘连续 6 次向下间歇送盘（每次送盘距离为 43mm）的累积误差范围在 ±0.7mm 之内。

根据以上分析结果，得出蔬菜钵苗自动输送机构系统中的各个分执行机构采用的最佳机构方案见表 4-1。

表 4-1 蔬菜钵苗自动输送分机构最优选型

分执行机构名称	分执行机构的运动形式	采用的最佳机构方案	分执行机构功能
送盘机构	单向间歇运动	步进电动机 + 同步带	完成单向间歇送盘动作

为了提高工作效率，设计钵苗整体输送设计速度为 90 株/min。在该方案设计中，送盘机构为步进电动机驱动同步带实现单向向下送盘动作，在同步带上均匀布置 6 组穴盘固定机构，每组穴盘固定机构固定一个穴盘，在每组固定机构的相同位置安装送盘定位传感

器，实现分别对每个穴盘的初始定位。为了防止固定在同步带上的穴盘因重力滑落，同步带呈倾斜安装，与铅垂方向大约成15°角度。

4.5　苗盘输送机构理论分析

为了更好地对钵苗与苗盘输送机构之间的相互作用进行理论研究，需要建立栽植机构的运动学模型。

4.5.1　横向移动机构运动分析

（1）横移机构凸轮的运动方程

苗盘输送机构分为横移机构和纵移机构，苗盘的纵移为槽轮间歇机构，槽轮间歇转动，主动轴带动苗盘纵移链轮转动，链条中穿有可固定苗盘的横连杆，使苗盘纵向间歇进给；横移机构作用是实现单排两次顶出，由凸轮带动苗架横移。在顶苗的间隙完成横移。

横移机构凸轮从动杆的运动方程为

$$
\begin{cases}
s = h \cdot \left[\dfrac{\omega_2 t}{60} - \sin \dfrac{2\pi \omega_2 t}{60} \Big/ 2\pi \right] & 0 \leqslant \omega_2 t \leqslant 60° \\[2mm]
s = h & 60° \leqslant \omega_2 t \leqslant 180° \\[2mm]
s = h \cdot \left[1 - \dfrac{\omega_2 t - 180}{60} + \sin \dfrac{2\pi(\omega_2 t - 180)}{60} \Big/ 2\pi \right] & 180° \leqslant \omega_2 t \leqslant 240° \\[2mm]
s = 0 & 240° \leqslant \omega_2 t \leqslant 360°
\end{cases}
\tag{4-1}
$$

式中　h——凸轮横移的行程，mm；

　　　ω_2——凸轮转动的角速度，rad/s。

苗盘的横移速度方程为

$$
\begin{cases}
\dot{s} = h\omega_2 \cdot \left(1 - \cos \dfrac{2\pi \omega_2 t}{60} \right) \Big/ 60 & 0 \leqslant \omega_2 t \leqslant 60° \\[2mm]
\dot{s} = 0 & 60° \leqslant \omega_2 t \leqslant 180° \\[2mm]
\dot{s} = h\omega_2 \cdot \left[\cos \dfrac{2\pi(\omega_2 t - 180)}{60} \Big/ 2\pi \right] & 180° \leqslant \omega_2 t \leqslant 240° \\[2mm]
\dot{s} = 0 & 240° \leqslant \omega_2 t \leqslant 360°
\end{cases}
\tag{4-2}
$$

（2）横移凸轮的压力角分析

苗盘架质量较大，而机构要求苗盘横移凸轮的推程和回程相位角较小，所以需要分析凸轮的压力角。机构的压力角 α 较大时，将会导致摩擦阻力大于有用分力，机构将会产生自锁，而圆柱凸轮与平面凸轮机构不同。钮志红等（2002）建立了圆柱凸轮的坐标系，如图 4-18 所示，将此"反转运动"分析法引入到苗盘横移凸轮的建模中，以圆柱凸轮旋转的中心线为 z 轴，苗盘在最左端时（图 4-18 中最低位置），苗盘架上的滚子与横移圆柱凸轮的交点为原点 O，x 轴为从动件刚到达最低位置时滚子的中心线方向，y 轴与 x 轴和 z 轴垂直。现已知横移圆柱凸轮的最小半径为 $R_{\min}$，以及苗盘的运动规律 $S(\theta)$，θ 为横移凸轮的角位移，$\theta = \omega_2 t$。

建立横移凸轮理论廓面的矢量方程：

$$\sum_1 : R_1 = R_1(l, \theta) \tag{4-3}$$

其参数坐标的方程为

$$\sum_1 \begin{cases} x = (R_{\min} + l)\cos\theta \\ y = (R_{\min} + l)\sin\theta \\ z = S(\theta) \end{cases} \tag{4-4}$$

式中　$\sum_1$——横移凸轮的理论廓面；

$R_{\min}$——横移凸轮的最小柱面半径，mm。

$l \in [0, B]$，$\theta \in [0, 2\pi]$，B 为从动件滚子的宽度，Σ_1 的坐标网格曲面就是由 l 和 θ 在区间内随时间变化而形成的。

横移凸轮为圆柱凸轮，其从动件滚子是一个圆柱形滚针轴承，当与滚子和凸轮的实际廓面啮合时，接触线与滚子的中心线平行，距离为滚子半径 r。也就是说理论廓面和实际廓面在其公法线方向上是距离相等的，横移凸轮的实际廓面是理论廓面的等距曲面。

Σ_2 即为理论廓面 Σ_1 的等距曲面，其矢量方程为

$$\Sigma_2 : R_2(l, \theta) = R_1(l, \theta) \pm r \cdot \overline{N_1}(l, \theta) \tag{4-5}$$

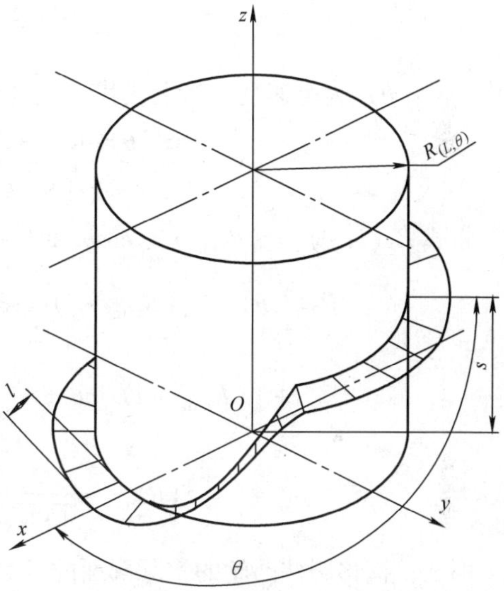

图 4-18　横移圆柱凸轮坐标系

式中　r——从动件滚子半径，mm；

$\overline{N_1}(l, \theta)$——理论廓面 Σ_1 的单位法矢量：

$$\overline{N_1}(l, \theta) = \frac{R_{1l}(l, \theta) \times R_{1\theta}(l, \theta)}{|R_{1l}(l, \theta) \times R_{1\theta}(l, \theta)|} \tag{4-6}$$

式中，$R_{1l}(l, \theta) = \dfrac{\partial R_1(l, \theta)}{\partial l}$，$R_{1\theta}(l, \theta) = \dfrac{\partial R_1(l, \theta)}{\partial \theta}$。

建立其坐标系方程，$\overline{N_1}(l, \theta)$ 的分量坐标表达式为

$$N_1 = \frac{\begin{vmatrix} i & j & k \\ x_l & y_l & z_l \\ x_\theta & y_\theta & z_\theta \end{vmatrix}}{\sqrt{(y/z_\theta - z/y_\theta)^2 + (z/x_\theta - x/z_\theta)^2 + (x/y_\theta - y/x_\theta)^2}} \tag{4-7}$$

式中 x_l, x_θ, y_l, y_θ, z_l, z_θ——理论廓面的坐标 x (l, θ), y (l, θ), z (l, θ) 对 l 和 θ 的偏导数，即：

$$x_l = \frac{\partial x(l,\theta)}{\partial l} = \cos\theta$$

$$y_l = \frac{\partial y(l,\theta)}{\partial l} = \sin\theta$$

$$z_l = \frac{\partial z(l,\theta)}{\partial l} = 0$$

$$x_\theta = \frac{\partial x(l,\theta)}{\partial \theta} = -(R_{\min} + l)\sin\theta$$

$$y_\theta = \frac{\partial y(l,\theta)}{\partial \theta} = (R_{\min} + l)\cos\theta$$

$$z_\theta = \frac{\partial z(l,\theta)}{\partial \theta} = S'(\theta)$$

式中，S' (θ) 为类速度，将上式代入式 (4-7)，得到：

$$N_1 = \frac{S'(\theta)\sin\theta i - S'(\theta)\cos\theta j + (R_{\min} + l)k}{\sqrt{[S'(\theta)]^2 + (R_{\min} + l)^2}}$$

将式 $R_1(l,\theta) = (R_{\min} + l)\cos\theta i + (R_{\min} + l)\sin\theta j + S(\theta)k$ 代入式 (4-5)，得到：

$$R_2(l,\theta) = \left[(R_{\min} + l)\cos\theta \pm \frac{rS'(\theta)\sin\theta}{\sqrt{[S'(\theta)]^2 + (R_{\min} + l)^2}}\right]i$$

$$+ \left[(R_{\min} + l)\sin\theta \pm \frac{rS'(\theta)\cos\theta}{\sqrt{[S'(\theta)]^2 + (R_{\min} + l)^2}}\right]j +$$

$$\left[S(\theta) \pm \frac{r(R_{\min} + l)}{\sqrt{[S'(\theta)]^2 + (R_{\min} + l)^2}}\right]k \qquad (4-8)$$

那么，横移圆柱凸轮的实际廓面的参数坐标方程为

$$\sum_2 : \begin{cases} x = (R_{\min} + l)\cos\theta \pm \dfrac{rS'(\theta)\sin\theta}{\sqrt{[S'(\theta)]^2 + (R_{\min} + l)^2}} \\[3mm] y = (R_{\min} + l)\sin\theta \pm \dfrac{rS'(\theta)\cos\theta}{\sqrt{[S'(\theta)]^2 + (R_{\min} + l)^2}} \\[3mm] z = S(\theta) \pm \dfrac{r(R_{\min} + l)}{\sqrt{[S'(\theta)]^2 + (R_{\min} + l)^2}} \end{cases} \qquad (4-9)$$

由式 (4-9) 可知，横移圆柱凸轮的实际廓面 $\sum_2$ 是相对于理论廓面 $\sum_1$ 对称布置的；两个曲面，通过式 (4-9) 中参数 l 与 θ 在定义区间内变化，就构造出无数点，从而构造出横移凸轮的实际廓面 $\sum_2$。而当参数 θ 为定值时，l 为变量在变化区域内变化，那么式 (4-9) 就成了一条滚子与凸轮实际廓面接触的空间曲线，所有的空间曲线的集合就构成了啮合的空间曲面，设其方程为

$$\sum{}_{3} = \begin{cases} x^{*} = x^{*}(l,\theta) \\ y^{*} = y^{*}(l,\theta) \\ z^{*} = z^{*}(l,\theta) \end{cases} \tag{4-10}$$

根据上述的分析，横移圆柱凸轮实际廓面与机构啮合曲面存在下面的关系：

$$[x,y,z]^{\mathrm{T}}_{\Sigma_2} = \begin{bmatrix} \cos\theta & -\sin\theta & 0 \\ \sin\theta & \cos\theta & 0 \\ 0 & 0 & 1 \end{bmatrix} [x^{*},y^{*},z^{*}]^{\mathrm{T}}_{\Sigma_3} \tag{4-11}$$

式中　$[x,y,z]^{\mathrm{T}}_{\Sigma_2}$ ——横移圆柱凸轮实际廓面坐标的转置矩阵；

$[x^{*},y^{*},z^{*}]^{\mathrm{T}}_{\Sigma_3}$ ——机构啮合曲面坐标的转置矩阵，变换得

$$[x^{*},y^{*},z^{*}]^{\mathrm{T}}_{\Sigma_3} = \begin{bmatrix} \cos\theta & \sin\theta & 0 \\ -\sin\theta & \cos\theta & 0 \\ 0 & 0 & 1 \end{bmatrix} [x,y,z]^{\mathrm{T}}_{\Sigma_2} \tag{4-12}$$

上式为横移圆柱凸轮机构的啮合曲面方程。

圆柱凸轮在运动时与滚子的啮合瞬间一般为空间曲线，在计算压力角时使用平面凸轮机构的压力角公式是不合适的。钮志红等（2002）认为凸轮实际廓面与滚子曲面在每一接触点处的公法线方向也就是理论廓面的法线方向，则机构的压力角问题就可以看成求理论廓面法线矢量与滚子轴线上每一点速度矢量夹角的问题。设滚子轴线的速度矢量：$V = V(l,\theta)$，则

$$V(l,\theta) = v_x(l,\theta)i + v_y(l,\theta)j + v_z(l,\theta)k \tag{4-13}$$

式中　$v_x(l,\theta)$、$v_y(l,\theta)$、$v_z(l,\theta)$ ——速度矢量在 x、y、z 方向上的分量。在本研究中滚子轴线只有沿 z 轴方向上移动，所以：

$$V(l,\theta) = v_z(l,\theta)k = \omega S'(\theta)k \tag{4-14}$$

进而理论轮廓法线的公式为

$$\bar{N}_1(l,\theta) = S'(\theta)\sin\theta i - S'(\theta)\cos\theta j + (R_{\min} + l)k \tag{4-15}$$

两矢量求夹角公式可得：

$$\cos\alpha = \frac{V(l,\theta) \cdot \bar{N}_1(l,\theta)}{|\bar{N}_1(l,\theta)| \cdot |\bar{N}_1(l,\theta)|}$$

$$\text{或 } \tan\alpha = \frac{|V(l,\theta) \times \bar{N}_1(l,\theta)|}{V(l,\theta) \cdot \bar{N}_1(l,\theta)}$$

将式（4-14）和式（4-15）代入，得

$$\tan\alpha = \frac{S'(\theta)}{R_{\min} + l} \tag{4-16}$$

式（4-16）即为横移圆柱凸轮机构任意一点压力角计算公式，l 与 θ 为变量，这样就可以求出横移圆柱凸轮实际廓面和从动件在啮合时所有接触点的压力角值。计算量较大，

本研究利用三维设计软件 Autodesk Inventor 的设计加速器（Design Accelerator）模块进行模拟计算。Design Accelerator 中可以对凸轮机构的形式进行选择，其中包括盘式凸轮、线性凸轮以及圆柱凸轮，此外还可以对凸轮的推程和回程选择适当的曲线形式。本研究选择圆柱凸轮，推程和回程的曲线为正弦曲线，主要考虑到正弦加速度运动规律时无刚性冲击和柔性冲击。在参数 $r_0 = 35\text{mm}$，滚子直径 $r = 6.5\text{mm}$，滚子宽度 $l = 12\text{mm}$，推程和回程相位角为 $60°$ 时，得出的机构最大压力角为 $57.41°$，压力角较大，超出直动推杆许用压力角 $[\alpha]$ 较多，通过增大基圆半径 r_0，以及调整推程和回程相位角来改变机构的最大压力角，将基圆半径增大到 $r_0 = 65\text{mm}$，推程和回程相位角调整到 $90°$ 之后，其他参数不变，最大压力角 $\alpha_{\max} = 29.32°$，$\alpha_{\max} < [\alpha]$，符合设计要求，如图 4-19 和图 4-20 所示。

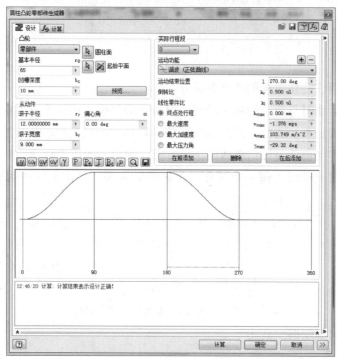

图 4-19　Inventor 设计加速器计算结果

4.5.2　纵向移动机构运动分析

　　同样，苗盘纵移是一个步进运动，靠槽轮机构实现间歇输送，在 B 点 x 轴方向的位移大于顶苗点时，纵移机构的槽轮要保持静止状态，即对应槽轮的静止时间。根据设计要求每次的步进距离为苗盘的横向穴距 36mm，苗盘输送采用链传动，此处借鉴水稻高速插秧的纵向送秧技术，在链的连接处穿以钢丝，卡住苗盘，这种固定苗盘的方法需要保证链的节距与苗盘成一定的倍数关系。

　　外槽轮机构是一种比较常用的将匀速运动转换为间歇运动的机构，如图 4-21 所示，图中是一个 4 槽轮机构，主动件拨杆 2 的匀速转动，转换成从动件槽轮的间歇转动。

　　其角位移的矢量方程为

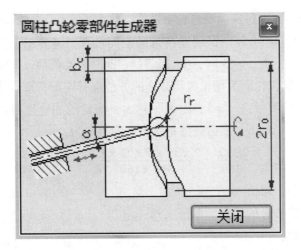

图 4-20 设计加速器中参数示意

$$r_2 + r_3 = r_1 \qquad (4-17)$$

矩阵形式的角速度方程为

$$\begin{pmatrix} \cos\beta & -r_3\sin\beta \\ \sin\beta & r_3\cos\beta \end{pmatrix} \begin{pmatrix} \dot{r}_3 \\ \omega_3 \end{pmatrix} = \begin{pmatrix} -\omega_2 r_2\sin\alpha \\ \omega_2 r_2\cos\alpha \end{pmatrix}$$

$$(4-18)$$

式中　ω_2——主动件拨杆 2 的角速度；

ω_3——从动件槽轮 3 的角速度。

矩阵形式的角速度方程为

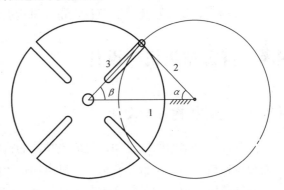

图 4-21 槽轮机构简图

$$\begin{pmatrix} \cos\beta & -r_3\sin\beta \\ \sin\beta & r_3\cos\beta \end{pmatrix} \begin{pmatrix} \ddot{r}_3 \\ a_3 \end{pmatrix} = \begin{pmatrix} -a_2 r_2\sin\alpha - \omega_2^2 r_2\cos\alpha + 2\omega_3\dot{r}_3\sin\beta + \omega_3^2 r_3\cos\beta \\ a_2 r_2\cos\alpha - \omega_2^2 r_2\sin\alpha - 2\omega_3\dot{r}_3\cos\beta + \omega_3^2 r_3\sin\beta \end{pmatrix} \qquad (4-19)$$

从动件槽轮角位移为

$$\beta = \arctan\frac{\lambda\sin\alpha}{1 - \lambda\cos\alpha} \qquad (4-20)$$

角加速度为

$$\omega_3 = \frac{\lambda\ (\cos\alpha - \lambda)}{1 - 2\lambda\cos\alpha + \lambda^2}\omega_2 \qquad (4-21)$$

角加速度为

$$\varepsilon_3 = \frac{\lambda(1 - \lambda^2)\sin\alpha}{(1 - 2\lambda\cos\alpha + \lambda^2)^2}\omega_2^2 \qquad (4-22)$$

式中　$\lambda = \sin\dfrac{\pi}{n}$；

n——槽轮的槽数。

本研究选用 05B 传动链，节距 $P = 8\text{mm}$，销轴直径为 2.31mm，每 9 节链（$8\text{mm} \times 9 = 72\text{mm}$）对应 2 个穴距（$36\text{mm} \times 2 = 72\text{mm}$），纵移机构的步进距离为 36mm，每个穴距对应

的链节数为 $36/8 = 4.5$，即每次驱动链轮步进的齿数为 4.5。设链轮齿数为 Z，则链轮每次转动的角度 $\beta = 4.5 \times 360°/Z$。根据放置苗盘的空间位置，链轮的分度圆直径应满足 $d > 160\text{mm}$，当 $d > 160\text{mm}$，$Z_{\min} = 63$ 时，$\beta = 25.71°$，此时需要槽数 $n = 14$ 的槽轮机构才能满足要求。因此采用添加齿轮副为槽轮机构减速的方法进行匹配，即在槽轮和输送链轮之间添加齿轮机构。齿槽轮槽数选 $n = 5$，因为 n 越大，槽轮的加速度越大，链轮齿数选 $Z = 72$，齿轮副减速比为 $i = 5/16$，那么苗盘每次步进的距离为

$$\frac{2\beta i Z P}{360} = \frac{2 \times 36 \times 5 \times 72 \times 8}{360 \times 16} = 36\text{mm}$$

式中　P——链条节距，单位 mm；

　　　　β——链轮每次步进的转角，单位（°）；

　　　　Z——链轮齿数；

　　　　i——齿轮副传动比。

通过验算，步进距离等于苗盘穴距，机构能够匹配，达到设计要求。

4.6　苗盘输送机构设计

4.6.1　送盘机构方案设计

送盘动作是单向间歇运动，完成该功能的机构主要有棘轮棘爪机构、槽轮机构、圆柱凸轮分度机构、不完全齿轮机构，步进电动机控制的间歇移动机构等。

在钵苗输送中，为了保证钵苗栽植的连续作业，送盘机构至少要有两个同时装载穴盘的工位，且循环工作，而钵苗穴盘的尺寸为 $536\text{mm} \times 276\text{mm}$，空间结构尺寸较大，不适合选用棘轮棘爪机构、槽轮机构、圆柱凸轮分度机构等机构直接驱动，而是采用将穴盘装载在平带、链或同步带上的方案，并采用间歇机构进行驱动。由于步进电动机控制的间歇移动机构具有控制方便、动停比可随意调节、精度高等优点，根据送盘动作要求及送苗精度要求（精度为 0.1mm），采用步进电动机与同步带传动方式作为送盘执行机构。

综上所述，送盘执行机构方案采用步进电动机驱动同步带，同步带装载钵苗穴盘的方式进行单向间歇移动。

4.6.2　驱动元件设计

本系统设计中，送盘动作有比较高的精度要求，使苗盘输送到关键部位，以供取苗机械手取苗。驱动元件及其执行机构的精度、稳定性、成本等因素是本方案设计成败的关键。

本系统设计中选用了 PLC 作为协调控制器，其对应的驱动元件类型为电磁式，主要的驱动元件为电动机、电磁铁或其他驱动元件。其中，电动机主要有交流伺服电动机、直流伺服电动机、步进电动机及其他电动机。根据动作设计要求，送苗和送盘动作是间歇单向运动，且每次运动均产生固定的位移，电动机类型可选择伺服电动机或步进电动机，又因本系统设计的控制系统为开环系统，且运动控制精度为 0.1mm，本系统选择成本相对较低

的步进电动机，即可满足本系统的设计要求。

4.6.3　同步带机构设计

（1）同步带类型选择

同步带传动是由内表面具有等间距齿的封闭环形胶带（常见的胶带材质有橡胶与聚氨酯）和相应的带轮所组成，其传动具有准确的传动比、无滑差、可获得恒定的速比、传动平稳、能吸振、噪声小等特点，传动效率一般可达 98% ~ 99%。因 PU 材质的同步带弹性小，传动精度高，抗拉强度大，是目前主要的使用材质，在本系统设计中均采用 PU 材质的同步带。

按同步带的齿形可分为梯形齿同步带和弧形齿同步带两种，弧形齿同步带除了齿形为曲线形外，其带的结构与梯形齿同步带的结构基本相同，弧形齿的齿高、齿根圆角半径与齿根厚均比梯形齿的相应部分大。弧形带齿受载后，应力分布状态好，减小了齿根的应力集中，提高了齿的承载能力，另外弧形齿同步带耐磨性能好，不需润滑，工作时噪声小，可用于有粉尘的恶劣环境，尤其适合农业机械，故在本系统设计中选用弧形齿同步带。

根据自动送盘设计方案，穴盘要装载在同步带上，要在同步带上安装穴盘定位并固定的装置，通过螺钉将该装置紧固在同步带上，要在同步带的齿槽处安装螺钉，故使用较大节距的同步带，选用 14M 型同步带，即该同步带的节距为 14mm。

综上所述，所选的同步带型号为 HTD14M。

（2）同步带轮的直径设计

依据自动送盘机构的设计方案，穴盘装载在同步带上的结构如图 4-22 所示。同步带轮的直径为 D，同步带轮轴的直径为 d，在同步带上装载穴盘后，穴盘钵苗底部距同步带轮边缘的距离为 s，根据结构要求，为了不产生干涉现象，D、d 和 s 的尺寸应满足以下关系：

$$\frac{D}{2} > \frac{d}{2} + s \qquad (4\text{-}23)$$

在设计中，$d = 30$mm，穴盘装载后，s 值大约在 45mm 左右。可得 $D > 120$mm，查 HTD14M 型带轮的标准值表，确定选用 30 – 14M 型号的标准带轮，其带轮参数见表 4-2。

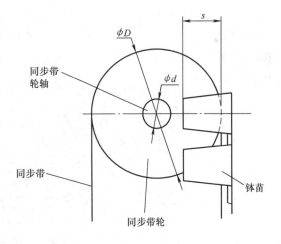

图 4-22　送盘带轮尺寸关系

表 4-2　送盘同步带轮参数

带轮规格	齿数	节径 D	外径 D_0	挡边直径 D_f	挡边内径 d_b	挡边厚度 h
30 – 14M	30	133.69	130.89	139	110	1.5

由于送盘同步带的功能是输送穴盘，故同步带传动比为 1:1，即主动同步带轮和从动同步带轮直径和参数相同。

（3）同步带设计

为保证穴盘装载的连续性，在同步带的紧边上至少设计两个装载穴盘的工位，根据自动送盘设计方案，穴盘是沿着短边的方向输送的，其短边长度约为 300mm，再有其他的结构因素，初始中心距为 800mm。

则同步带的周长

$$l_0 = 2a_0 + \frac{\pi}{2}(D_1 + D_2) + \frac{(D_2 - D_1)^2}{4a_0} \tag{4-24}$$

式中　l_0——同步带的计算周长，单位 mm；

　　　a_0——同步带的初定中心距，单位 mm；

　　　D_1——同步带小带轮节圆直径，单位 mm；

　　　D_2——同步带大带轮节圆直径，单位 mm。

本设计中同步带的大、小带轮的节圆直径相同，$D_1 = D_2 = 133.69$mm，初始中心距 $a_0 = 800$mm。代入求得 $l_0 = 2019.7866$mm。查标准同步带节线周长表，选用标准节线长度 $l_p = 2100$mm，齿数为 150 齿。同步带型号为：2100 − 14M。

为了保证送盘同步带主动轴和从动轴工作的平行度，不采用调整轴间距的方式进行带轮张紧，而是采用压带的方式进行同步带的张紧，故选定主、从带轮实际中心距为 $a = 830$mm，若不张紧时，实际带长为

$$l = 2a + \frac{\pi}{2}(D_1 + D_2) + \frac{(D_2 - D_1)^2}{4a} \tag{4-25}$$

经计算 $l = 2079.7866$mm。

则 $l < l_p$，为同步带的张紧留出余量，实际中心距 $a = 830$mm 符合设计要求。

自动送盘机构中，采用两条平行的同步带装载穴盘，每个穴盘有固定在同步带上的 6 个仿形定位块定位并固定，穴盘通过仿形定位块装载在同步带上，如图 4-23 所示。

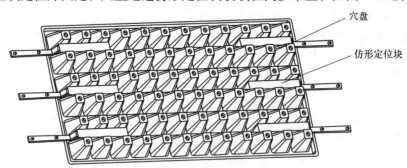

图 4-23　仿形块穴盘定位机构模型

一条同步带上的某个仿形定位块的受力分析如图 4-24 所示。仿形定位块通过两个 M5 的螺栓固定在同步带上，两螺栓之间的距离为 k，单位为 mm，同步带宽度为 w，单位为 mm，F 为钵苗穴盘施加在仿形定位块上的平均重力，单位为 N。

在前文试验中测试栽植的钵苗平均质量为 $m = 50$g 左右。以在同步带上同时装载两盘穴盘进行计算。F 的大小大约为：

$$F = \frac{mg \times n_1 \times n_2}{n_3} = \frac{0.05 \times 9.8 \times 72 \times 2}{6} = 11.76(\text{N}) \tag{4-26}$$

式中　m——单株钵苗的质量，$m = 0.05$kg；

$\qquad g$——重力加速度 9.8 N/kg；

$\qquad n_1$——每个穴盘的穴苗数，$n_1 = 72$；

$\qquad n_2$——工作时，同步带上装载的穴

$\qquad\qquad$盘数，$n_2 = 2$；

$\qquad n_3$——定位每个穴盘的仿形定位块

$\qquad\qquad$个数，$n_3 = 6$。

根据前文受力关系有：

$F \times 150 = f \times k$，则

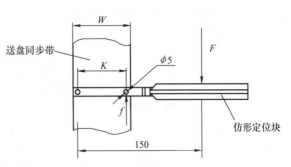

图 4-24　仿形定位块受力分析

$$kf = 150 \times F = 1764 \text{N} \cdot \text{mm} \tag{4-27}$$

由式（4-27）可以看出，两螺栓之间的距离 k 和内侧螺栓所受的剪切力成反比，考虑不同工况下的安全系数，初选 $k = 56$mm，经校核计算，满足设计要求，根据安装设计要求，留出安装螺栓的位置，取同步带宽度 $w = 66$mm。

综上所述，所设计的自动送盘同步带型号为 HTD14M，节线长度为 2100mm，150 齿，同步带宽度为 66mm，共计两条。

4.6.4　穴盘定位机构设计

本研究所选用的穴盘为 72 穴（6 × 12 穴孔）钵盘，其底部排水孔的直径为 7.5mm。穴盘的正面如图 4-25a 所示，穴盘的反面如图 4-25b 所示。

a) 穴盘正面　　　　　　　　　　　　　　b) 穴盘背面

图 4-25　蔬菜钵苗穴盘

该设计方案中，穴盘的送盘动作是通过送盘步进电动机驱动送盘同步带，送盘同步带上装有定位挡块，定位挡块定位并固定穴盘，同步带载着穴盘进行供盘动作，由于穴盘底部的排水孔直径为 7.5mm，而钵苗顶杆的设计直径为 6mm，为了保证顶杆顶出时，不出现顶偏现象，要求送盘动作要精准，从而要求穴盘的定位机构设计时也要定位精准。穴盘定位机构是采用 6 个仿形定位块，从穴盘后面拖住穴盘的穴孔侧壁，仿形块的结构模型如图 4-26 所示。

穴盘模型如图 4-26 所示，穴盘定位时，让仿形块的 A 面与穴盘的 C 面贴合，限制穴盘的横向位移中的一个自由度，因仿形块是对称布置，如图 4-26 所示，另一侧的仿形块也限制横向位移的另一个自由度，使得穴盘横向定位；仿形块的楔形面 B 面与穴盘的对应楔形面 D 面贴合，B 面的对称面与 D 面的对应对称面贴合，即将仿形块的楔形面插入穴盘的两排穴钵中间，实现了纵向定位并夹紧，从而进行了穴盘的定位，作业中，只需要将穴盘放到 6 个仿形块上即可，并用手压紧，让仿形块的楔形面与穴盘的穴钵之间进行楔紧即

可，快速、方便。一盘钵苗完成栽植时，盘脱落也容易。

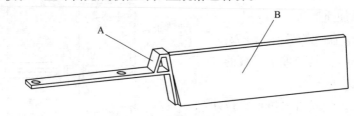

图 4-26　穴盘模型

4.6.5　步进电动机选型

送盘步进电动机在工作中，其负载主要装载在同步带上穴盘的产生的重力与起动及停止时的惯性力的合力产生的转矩。因送盘速度较慢，惯性力可以忽略。根据自动送盘方案，同步带与铅垂方向有大约15°的夹角，其受力如图4-27所示。

送盘工作中，按装载 $n_2 = 2$ 盘穴盘计算，每株钵苗质量为 $m = 0.05\text{kg}$，每盘有 $n_1 = 72$ 株钵苗，同步带倾角 $\alpha = 15°$ 则

$$\begin{aligned} f_p &= mgn_1n_2\cos(\alpha) \\ &= 0.05 \times 9.8 \times 72 \times 2 \times \cos(15) \\ &= gn_1n_2\cos(\alpha) = 68.2\text{N} \end{aligned} \quad (4\text{-}28)$$

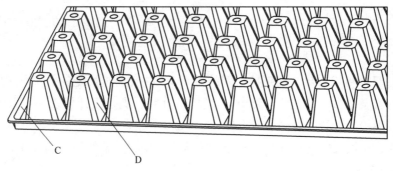

图 4-27　送盘同步带受力分析

钵盘重力产生的阻力矩：

$$M_f = f_p \times D/2 = 68.2 \times 133.69 \times 10^{-3}/2 = 4.56\text{N} \cdot \text{m}$$

以上计算中，没有考虑因机械加工工艺问题而产生的轴不平行、安装误差、摩擦力、传动效率等因素产生的影响。根据自动送盘方案，送盘是单向间歇运动，每次送盘同步带向下移动43mm，按照栽植速度 120 株/min 计算，相邻两排钵苗的顶出时间间隔在6s之内，当顶杆顶出时，顶杆从穴盘孔中心穿过，只有当顶杆退回时，才能进行下一次送盘动作，即顶杆顶出和退回原点的时间与送盘时间之和应在6s时间内完成，根据计算结果，顶杆顶出至退回的最长时间为3s，去除其他影响因素的1.5s时间，送盘动作在1.5s内完成送盘43mm的位移即可满足工作要求，此时，送盘线速度不超过30mm/s。

综合以上因素，本系统选用电动机为北京和利时电机技术有限公司生产的三相混合式

步进电动机与 1∶10 的减速机集成一体的驱动元件，减速机的型号为 PS090 型，步进电动机的型号为：86BYG350CH – SAKSHL – 0301，其参数如表 4-3 所示，其频矩特性曲线如图4-28 所示。

表 4-3　送盘步进电动机参数

相数	步距角	相电流	相电阻	相电感	保持转矩	定位转矩	电压	重量	转动惯量
3	0.6°	3.0A	3.17Ω	19.5mH	7N·m	0.4N·m	DC 80~350V	4kg	3480g·cm²

从图 4-28 中可以看出，该步进电动机驱动电压为 AC 220V，当脉冲频率超过 1kHz 时，即转速超过 100r/min 时，输出转矩开始下降，所以，在使用该电动机时，使得其转速尽量工作在 100r/min 以内。以送盘同步带线速度 $v=30$mm/s 计算，得出同步带的转速为 n_1，单位为 r/min。

$$n_1 = \frac{60v}{\pi D} = \frac{60 \times 30}{\pi \times 133.69} = 4.2r/min$$

（4-29）

式中　v——送盘同步带的线速度，
　　　　　单位 mm/s；
　　　D——送盘同步带轮节圆直
　　　　　径，单位 mm。

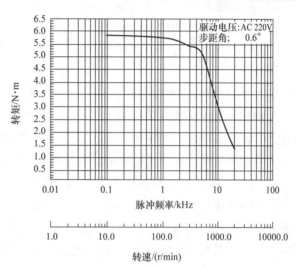

图 4-28　送盘步进电动机频矩特性

因有 1∶10 的减速机，则步进电动机的转速为 42r/min，根据上面步进电动机的频矩特性，在工作范围内。

4.7　控制系统设计与开发

4.7.1　系统机构工艺过程及执行机构协调设计

系统机构工艺动作过程是实现机器创新设计的重要步骤，是依据机构的工作原理，用工艺动作过程来实现工作机理。本系统设计的机构工艺过程如图 4-29 所示。

蔬菜钵苗自动输送机构工艺过程是反映各个分动作之间的动作关系，人工装载穴盘后，通过传感器检测穴盘到指定的取苗位置后，按顺序开始自动顶苗动作、自动接苗动作、自动送苗动作（在此期间，可进行下一次的送盘动作、顶苗动作和接苗动作，为下一次送苗动作做准备）及自动投苗动作。通过各个分动作执行机构的传感器检测各个分动作的运动状态，并输入协调控制系统，协调控制系统控制各个分动作的执行机构驱动元件，按照系统设计要求完成各个分动作的动作。

查阅目前的协调控制系统，可以完成以上协调动作的控制系统主要有以下几种形式：

1）分配凸轮轴方式。在分配轴上安装多个驱动执行构件的凸轮，每个凸轮分别驱动一个执行构件，分配轴每转动一周，完成一个工作循环。

2）辅助凸轮轴方式。辅助凸轮轴是机构中用来实现机构部分空行程动作的机械控制方式，辅助凸轮轴做周期性的间歇转动，并由分配凸轮轴来控制。

3）曲柄轴方式。利用曲柄的错位来使各执行机构按一定顺序来动作，控制各执行机构按顺序进行动作。

4）机电结合程序控制方式。在自动控制机械中，通过采用分配在凸轮轴上的信号凸轮来控制

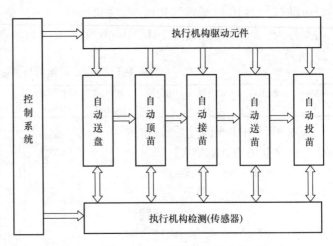

图 4-29　蔬菜钵苗自动输送机构工艺过程图

电路的接通与关断，或是通过通电、停电时间的长短来控制各执行机构的动作。

5）电子控制方式。目前使用最多的是可编程控制器来进行控制。它是一种在工业环境中使用的电子系统。它有存储器，可以存储用户的设计程序指令，通过这些指令来完成控制驱动原动机，实现生产自动化，其特点是控制程序可以根据用户设计意图修改，具有很好的柔性；具有很好的可靠性，易于掌握、便于维修；功能强大，体积小、重量轻、价格低廉。

分析以上协调控制的特点，结合本文设计的动作要求，选用可编程控制器（PLC）作为本系统的控制器，并开发相应的协调控制系统软件。

4.7.2　控制系统总体设计

本文所设计的蔬菜穴盘钵苗自动控制系统电控箱电气元件布置如图 4-30 所示。

该电控箱中包含 1 个接苗步进电动机驱动器、1 个送盘步进电动机驱动器、1 个顶苗步进电动机驱动器、1 个送苗步进电动机驱动器，都是北京和利时电机技术有限公司生产的 SH-32206 型三相混合式步进电动机细分驱动器，分别驱动对应的步进电动机。包含的伺服驱动器型号为 MS0075A，也是北京和利时电机技术有限公司产品，该驱动器由松下 PLC 模拟量模块 FPX-A21 驱动。包含的 PLC 为松下的 FP-XC40T 可编程控制器。包含的触摸屏为北京和利时电机技术有限公司生产的 HT7700T 型 7in 液晶显示屏。另外包含 1 个 24V 的开关电源，若干个开关按钮及接线端子等。布线时，按照将强电与弱电分开的原则进行布线，同时也将伺服驱动器与步进电动机驱动器分开进行布置，减少了不必要的信号干扰，使得 PLC 系统运行可靠。

控制系统的总体组成框图如图 4-31 所示。

4.7.3　PLC 控制系统硬件选型

（1）可编程控制器（PLC）及触摸屏

PLC 选用了性能更加可靠的日本松下 FP-XC40T（NPN）型可编程控制器，松下

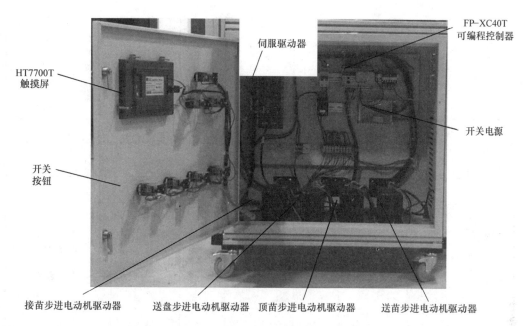

图4-30 样机控制系统电控箱元件布置图

FP－XC40T 型可编程控制器配备标准的 USB 接口，输入：DC 24V，输入 24 点；输出：DC 0.5A/5～24V，晶体管输出 16 点。配备 32bit RISC 处理器，实现了小型 PLC 的超高运算处理 5000 步（基本指令 40%，运算指令 60%）的扫描时间不到 2ms，具有独立的注释存储器，所以注释均可与程序一起存储至 PLC 内，便于对程序进行管理，便于维护。1 台控制单元上最多可连接 8 台扩展单元。为此最大 I/O 点数可达 300 点。此外，如果使用扩展插件与扩展 FP0 适配器，最多可达 382 点。在控制单元内内置了 4 轴脉冲输出功能（晶体管输出型），只使用 1 台单元设备，既可以节省空间，又能降低成本。本样机控制系统硬件设计中，需要驱动 5 轴，为此，增加了松下 PLC 模拟量模块 FPX－A21，使用该模块控制鸭嘴栽植器驱动轴，并使用伺服电动机驱动，为了便于进行数据通信，还增加了松下 PLC 通信模块 FPX－COM4，组成 PLC 控制系统。

由于该松下 FP－XC40T 不带有显示屏，为了进行人机交互，选用了北京和利时电机技术有限公司生产的 HT7700T 型液晶屏，作为显示终端。HT7700T 是一套以嵌入式低功耗 CPU 为核心（ARM CPU，主频 400MHz）的高性能嵌入式一体化触摸屏。该触摸屏支持与绝大多数的 PLC 直接通信，PLC 传输数据不需要运行任何特殊程序。其拥有模拟运行、连机运行大容量用户程序存储空间、简单的脚本程序等贴合客户需求的功能，能迅速有效地完成现场数据采集、运算、控制等。

（2）接近开关传感器

接近开关传感器选用日本欧姆龙接近开关，其型号为 E2E－X5E1－Z，屏蔽型，PVC 导线引出。该传感器检测精度准确，可靠。在本系统中，共计采用 5 个该规格的接近开关传感器，分别为接苗传感器、送盘传感器、送苗传感器、顶苗传感器与投苗传感器。

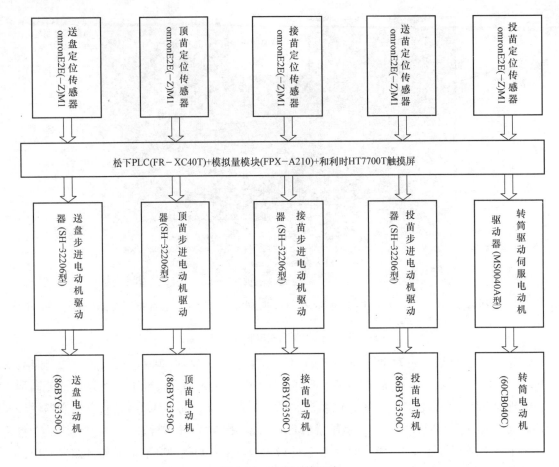

图 4-31 控制系统组成

（3）步进电动机驱动器

步进电动机驱动器选用了北京和利时电机技术有限公司生产的 SH－32206 型三相混合式步进电动机细分驱动器。该驱动器具有三个显著特点：一是采用了独创的柔性细分概念，使驱动器无论设置何种细分，电动机都可保持最佳的运行性能，极大地改善了平稳性与噪声，即使用户由于控制系统输出脉冲频率的限制不能采用较高的细分选择，也可以获得低速平稳性与高速性的兼得，从而降低对控制系统的要求，有利于降低系统的整体成本；二是具有断电记忆功能，断电前，在停止脉冲输入后，驱动器可以记录当前的电动机位置，重新通电后，自动按照原位置信息控制电动机定位，避免了通电时电动机轴的跳动；三是内置控制功能，驱动器内置了点位控制功能，对于简单定位使用的客户，和利时公司还可以提供上位机软件，使用该软件对运动过程进行编程，然后通过串口下载到驱动器后可离线自动执行。

（4）伺服电动机

投苗转筒在实际工作中是通过移栽机的地轮驱动的，试制的样机在实验室中进行试验，为了试验方便，选用控制电动机进行控制，但本控制系统中所选用的 PLC 只能驱动 4 轴，故选用了伺服电动机作为转筒的驱动电动机。选用北京和利时电机公司生产的

60CB040C 型伺服电动机。

（5）伺服电动机驱动器

与 60CB040C 型伺服电动机配合使用的伺服电动机驱动器为北京和利时电机技术有限公司生产的 MS0040A 型伺服电动机驱动器。该驱动器采用了美国 TI 公司最新的 32bit 数字处理芯片（DSP）作为核心控制并采用了先进的全数字电动机控制算法，可以完全以软件方式实现电流环、速度环、位置环的闭环伺服系统控制，具备良好的稳定性与自适应性，可以配合多种规格的伺服电动机，适应需要快速响应的精密转速控制与定位控制的应用系统。

4.7.4 控制系统软件设计

在 PLC 控制系统设计中，输入为 5 个接近开关传感器，分别是接苗传感器、送苗传感器、送盘传感器、顶苗传感器与投苗传感器，输出控制 5 个电动机，分别是送苗步进电动机、送盘步进电动机、顶苗步进电动机、接苗步进电动机与投苗伺服电动机。5 个接近开关传感器在系统中的布置如图 4-32 所示。

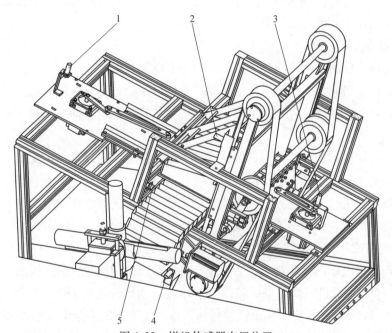

图 4-32 样机传感器布置位置

1—接苗传感器 2—送盘传感器 3—顶苗传感器 4—投苗传感器 5—送苗传感器

接苗传感器检查接苗机构曲柄轴凸起部分的金属轴头。当该金属轴头由接苗驱动步进电动机驱动并运动到该传感器正下方时，传感器产生信号。

送盘传感器检测送盘机构上送盘同步带上一凸起金属块，当检测到该凸起金属块时，传感器产生信号，通过 PLC 控制系统使得送盘动作停止，此位置正是顶杆机构中顶杆正对着穴盘第一排穴孔的位置。送苗传感器检测某一个苗盒上侧边凸起金属块的位置，当检测到该凸起金属块时，传感器产生信号，通过 PLC 控制系统使得送苗动作停止，此位置正是苗盒的中心正对着顶出钵苗的中心，便于钵苗落下时正好落入苗盒中。顶苗传感器检测顶苗机构曲柄轴凸起部分的金属轴头，当该金属轴头由顶苗驱动步进电动机驱动并运动到顶苗传感器正下方时，传感器产生信号。投苗传感器检测投苗转筒的位置，当投苗转筒旋转到该传感器正对着的位置时，传感器产生信号。

样机 PLC 控制系统的 I/O 定义见表 4-4。

表 4-4　样机控制系统 I/O 定义

输入信号	实际含义	输出信号	实际含义
X0	停止开关	Y0，Y1	接苗电动机点动（脉冲方向）
X1	起动开关	Y2，Y3	送盘电动机点动（脉冲方向）
X2	接苗步进电动机点动	Y4，Y5	顶苗电动机点动（脉冲方向）
X3	送盘步进电动机点动	Y6，Y7	送苗电动机点动（脉冲方向）
X4	接苗接近开关传感器	Y8	转筒伺服电动机，模拟量开关量
X5	送盘接近开关传感器		
X6	顶苗接近开关传感器		
X7	送苗接近开关传感器		
X8	投苗接近开关传感器		
X9	顶苗步进电动机点动		
XA	转筒伺服电动机点动		

控制系统流作业的流程图如图 4-33 所示。

（1）控制系统初始化

通电后，PLC 控制系统控制各个执行单元完成以下动作。

送苗步进电动机起动，直到送苗传感器产生信号停止，完成苗盒的定位。

顶杆步进电动机起动，直到顶苗传感器产生信号停止，顶杆回到初始位置，此位置顶杆完全退回。

送盘步进电动机起动，直到送盘传感器产生信号停止，完成穴盘的定位，此位置穴盘的一排穴孔中心正对着顶杆中心，以便后续将钵苗顶出。

接苗步进电动机起动，直到接苗传感器产生信号后步进电动机继续旋转 180°停止，完成接苗板处于初始位置，此位置接苗板完全伸出。

（2）控制系统起动

起动顶苗步进电动机，转动一周后停止，将钵苗顶出，同时也回到初始位置。

起动接苗步进电动机，转动 180°后，停止 2s 后，再继续转动 180°，回到初始位置。第一次转动 180°时，将接苗板完全抽出，使得钵苗落入正下方的苗盒中，停留 2s 的目的是等待钵苗完全落入苗盒。第二次转动 180°，是使得接苗板回到初始位置，等待下次接苗。

起动投苗伺服电动机，驱动投苗转筒转动，当投苗转筒转动到投苗传感器位置时，传感器产生信号，PLC 控制系统立即起动送苗步进电动机转动固定角度后停止，完成一株苗的送苗动作，当下一个投苗转筒转动到该位置时，再次起动送苗步进电动机转动固定角度后停止，如此循环，完成自动间歇送苗动作，同时并计数，当累计送苗 12 株时，重新起动顶苗步进电动机，重复以上步骤。由于控制系统与步进电动机的延时，可以调整投苗传感器的安装位置，使传感器提前产生信号，弥补系统延时问题。

在样机中，为了显示系统的运行状态，如当前的栽植速度，共计栽植多少株钵苗，也

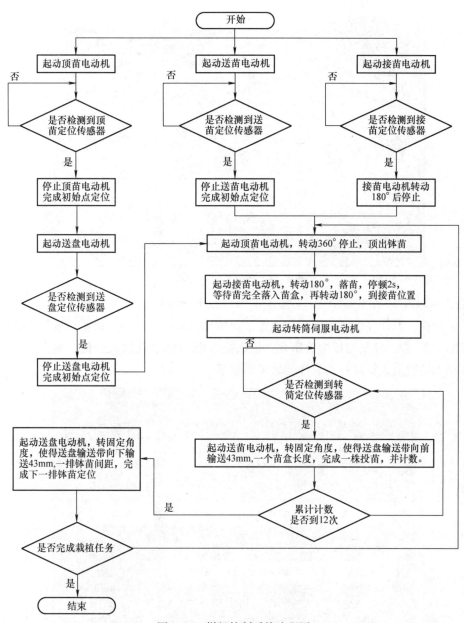

图 4-33　样机控制系统流程图

为了调整系统运行参数，确保实现系统的最佳运行状态，如修改各个电动机的运转速度及各个传感器初始定时的位置偏移量等。本系统使用了北京和利时电机技术有限公司的 HT7000 系列人机界面软件进行了显示界面设计。HT7000 编辑软件采用了全中文、可视化与面向窗口的开发界面。采集现场数据后，通过流程控制、报警处理、动画显示及报表输出等多种方式向用户提供实际工程问题的解决方案，在自动化领域有着广泛的应用。此外还带有一个模拟运行环境，用于对组态后的工程进行模拟测试，方便用户对组态过程的调试。

运用 HT7000 编辑软件设计的系统运行界面如图 4-34 所示，设计的参数设置界面如图 4-35 所示。

图 4-34　样机系统运行界面

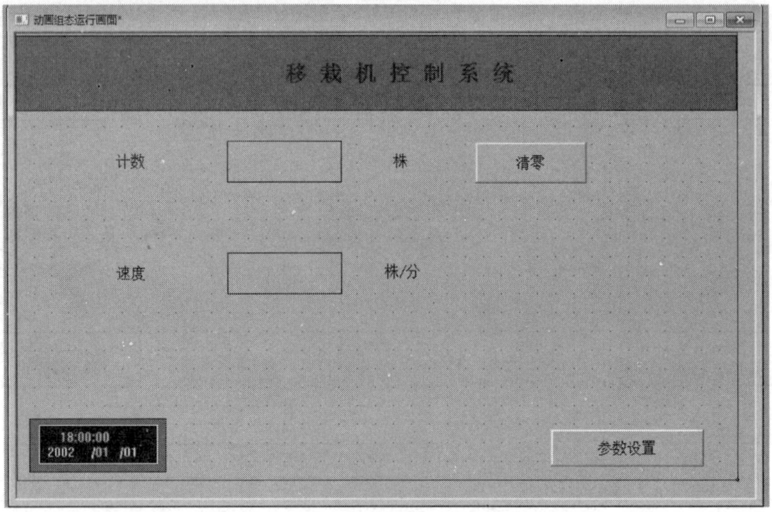

　　在图 4-34 中，系统运行时，会显示出当前栽植速速每分钟多少株与从栽植开始共计栽植了多少株。另外在控制面板上还设置了栽植总数清零的按钮，清零后重新从零计数。

　　在图 4-35 中，控制面板中的所有"输入框"都可以手动输入数值，输入后，系统就会以新输入的数值进行运行。具体参数说明如下。

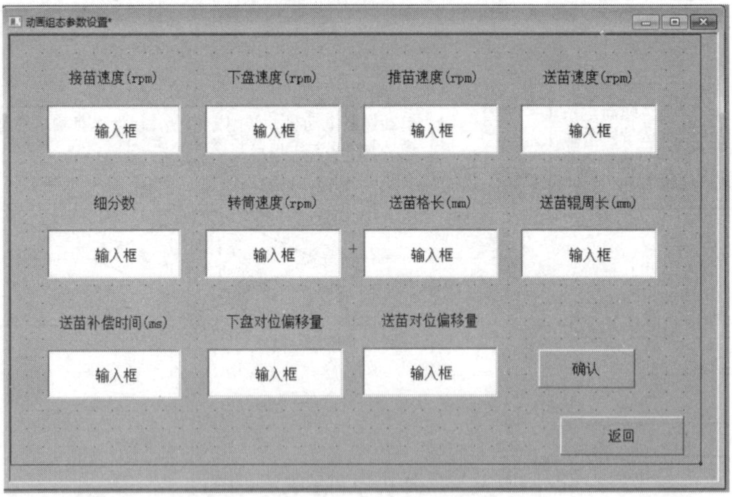

图 4-35　样机系统参数设计界面

　　接苗速度：接苗步进电动机的实际转速，根据具体试验效果进行调整，单位为 r/min。

　　下盘速度：送盘同步带轮的实际转速，因有减速机，而不是送盘步进电动机的转速，单位为 r/min。

　　推苗速度：顶苗步进电动机的实际转速，单位为 r/min。

　　送苗速度：送苗同步带轮的实际转速，因有减速机，而不是送盘步进电动机的转速，单位为 r/min。

　　细分数：将步进电动机驱动器细分数设置为 2000，程序中实际的计算以此数据为准。

　　转筒速度：投苗转筒的实际转速，通过调整这个速度，可以调整整个系统的栽植速度。

送苗格长：送苗同步带每次送一株钵苗时向前移动的距离，在本系统中，是穴盘相邻两穴孔的间距，其值为43mm。

送苗辊周长：送苗主动同步带轮与从动同步带轮大小相同，送苗辊长是指送苗同步带轮的节线周长，送苗同步带轮型号为HTD14M，节距为14mm，齿数为30齿，节径为133.69mm，故其轮辊周长为419.79mm。

送苗补偿时间：安装转筒定位传感器时，选择适当的提前量，使得传感器感应到转筒开始到转筒转到投苗位置时预留的一小段时间，即为送苗补偿时间，该时间可以弥补系统的响应时间，该时间与转筒转速有关，实际试验中在屏幕上调整此数值，使其适合。

下盘对位偏移量：在苗盘定位时，当送盘定位传感器感应到信号时，苗盘还要继续向下移动一段距离后停止，刚好完成盘定位，即此位置顶杆中心与穴盘穴孔中心正对。下盘对位偏移量的值是送盘完成向下这一段距离时送盘步进电动机对应的脉冲数，由于安装送盘定位传感器时不能安装到准确位置，通过此方法，可以在屏幕上设置该脉冲数，即可调整盘的定位，调整方便。

送苗对位偏移量：在苗盒定位时，当送苗定位传感器感应到信号时，苗盒还要继续向前移动一段距离后停止，刚好完成苗盒定位，即此位置苗盒中心与穴盘穴孔中心上下对中。送苗对位偏移量的值是送苗完成这一段距离时送苗步进电动机对应的脉冲数，由于安装送苗定位传感器时不能安装到准确位置，通过此方法，可以在屏幕上设置该脉冲数，即可调苗盒的定位，调整方便。

上述的这些参数的调整均可以在系统控制面板上的触摸屏上直接修改，在主界面上，先单击参数设置，即可进入参数设置界面，单击要修改的参数，激活输入框，输入参数，单击"确定"即可完成参数的修改设置。系统控制面板上还有多个按钮，控制系统的整体运行或是在调试时使用。样机的系统控制面板如图4-36所示，包括"电源""启动""停止""接苗点动""送苗点动""推苗点动""送盘点动"共计7个按钮及一个和利时的HT7700T型触摸屏。

图4-36 样机系统控制面板

4.8 蔬菜钵苗自动输送机构三维建模与性能试验

通过对移栽机输送机构理论模型的分析与参数优化，得到了输送机构模型的最佳参数组合，本节以此参数组合为边界条件，试制样机。随后制定试验指标，针对送盘机构的准确率设计了试验方案，获取了实验数据并对结果进行统计分析。试验表明送盘产生的误差在设计误差的允许范围内，验证了送盘机构设计的合理性。同时，找出了影响试验性能的不利因素，为进一步提高钵苗自动高速输送机构的性能，提出了后续研究的改进措施。

4.8.1 虚拟模型建立与样机试制

基于本蔬菜穴盘钵苗自动输送机构的设计方案，先后设计了两轮三维样机模型，并分别试制了样机。为验证所设计方案的合理性，针对第一轮样机进行了蔬菜穴盘钵苗自动输送试验验证，总结了样机存在的问题，在此基础上进行了改进，设计了第二轮样机模型并试制了样机，本文所叙述的样机性能试验是第二轮样机的蔬菜穴盘钵苗自动输送机构性能试验，针对第二轮样机的各个主要功能分别设计试验进行了验证，同时对其整机性能也进行了试验，取得了较好的试验结果。

（1）第一轮机构模型及样机

第一轮蔬菜穴盘钵苗自动输送机构三维模型如图4-37所示。

该样机模型主要包括送盘机构、顶苗机构、送苗机构、机架、电控系统、鸭嘴栽植装置、同步投苗装置等。顶苗机构由具有高速直线运动的伺服电动缸驱动，每次顶出6株钵苗，钵苗自动输送速度大约为60株/min。送苗机构由带有挡条结构的特制同步带及其驱动步进电动机组成。同步投苗装置由步进电动机、同步带及齿轮等机构组成，控制系统采用PLC系统，对整机进行协调控制。

第一轮样机的试验如图4-38所示。

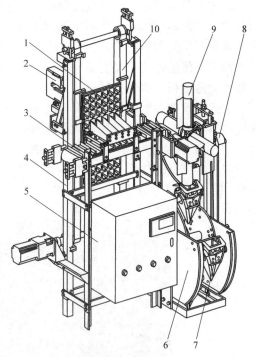

图 4-37　第一轮蔬菜钵苗自动输送样机三维模型
1—穴盘　2—顶苗机构　3—送苗机构　4—机架
5—电控箱　6—鸭嘴栽植装置　7—鸭嘴栽植器
8—同步投苗装置　9—投苗转筒　10—送盘机构

2012年10月，第一轮样机试制完成，并在试验中进行钵苗自动输送试验。经试验表明，该样机存在如下主要设计缺陷：

1）张紧机构设计不合理，Ⅰ型样机中采用了调整两轴的中心距的方法对同步带进行张紧，且分别调整轴的两端，在调整过程中，很容易出现两轴不平行现象。导致传动不平

a)第一轮样机试验正面图　　　　　　　　　b)第一轮样机试验侧面图

图 4-38　第一轮蔬菜钵苗自动输送样机试验

稳，振动较大。

2）机架设计中多用螺栓联接，不是刚性机构，安装中误差较大。

3）送苗同步带挡条高度不够，且在挡条的两侧没用钵苗定位部件，导致在钵苗输送中，钵苗容易在挡条中串动或是从同步带脱落。

4）由于伺服电动缸的伸出与缩回是通过安装在缸体内部的磁性感应块定位的，且在缸体中有多个感应块，伺服电动缸在高速伸出或缩回时，定位不准确。控制系统也存在不完善的地方，导致出现撞缸现象。

5）由于没有设计接苗机构，送苗时需要实现送盘、顶苗等动作，使得钵苗栽植速度较慢，最高速度在 60 株/min 左右。

（2）第二轮机构模型及样机

在第一轮样机的基础上，进行改进设计，解决了上述设计中存在的缺陷，其三维模型结构如图 4-39 所示。

第二轮蔬菜钵苗自动输送样机中主要包括送盘机构、取苗机构（包含顶苗机构和接苗机构）、送苗机构及投苗机构、控制系统等。穴盘通过自动送盘机构送到顶苗位置后，顶苗机构顶出钵苗至接苗机构中的接苗板上，接苗板抽出时，钵苗落入苗盒，通过送苗机构投入到投苗机构的投苗转筒中，再经同步机构将钵苗投入鸭嘴栽植器中，整个过程在 PLC

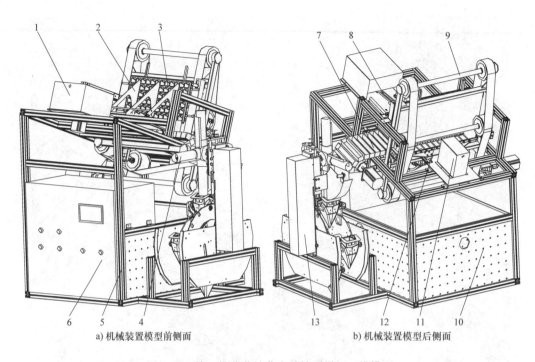

a) 机械装置模型前侧面   b) 机械装置模型后侧面

图 4-39　第二轮蔬菜钵苗自动输送样机三维模型

1—接苗机构防护罩　2—穴盘辅助支撑装置　3—穴盘　4—投苗机构　5—机架　6—电控箱　7—送苗机构
8—接苗机构　9—送盘机构　10—防护罩　11—顶苗机构防护罩　12—顶苗机构　13—投苗机构防护罩

控制系统控制下协调进行。

第二轮样机如图 4-40 所示。

a) 样机侧面   b) 样机正面

图 4-40　蔬菜穴盘钵盘自动输送机械装置样机

4.8.2 样机试制与性能试验指标制定

（1）试验目的

蔬菜钵苗自动输送机构主要包括自动送盘机构、自动取苗机构（包括自动顶苗和自动接苗）、自动送苗机构与自动投苗机构四大部分，各个部分的性能好坏直接影响整机的整体性能。针对每部分机构的具体试验考核指标，分别对其进行验证性考核试验，分析其试验结果，对整机性能指标进行试验分析，为整机的进一步改进提供依据。

（2）评价指标

本系统的功能是蔬菜穴盘钵苗高速自动输送，其评价指标主要是送盘机构的穴盘定位准确率、取苗机构的取苗成功率、送苗机构的送苗成功率、投苗机构的投苗成功率及在不同钵苗输送速度下的整机栽植的漏栽率。

（3）试验条件

1）试验对象及时间地点。

试验对象：在北京市郊区育苗大棚内育的西红柿穴盘钵苗和辣椒穴盘钵苗，如图4-41所示。穴盘规格：72穴（12×6），西红柿苗龄30天左右，辣椒苗龄40天左右，苗钵含水率为40%~60%，培养基质为泥炭与珍珠岩成分3:1体积配比基质。

图4-41 穴盘钵苗

试验时间及地点：2013年12月，在中国农机院的土壤植物机器系统技术国家重点实验室内进行试验。

2）试验设备及仪器。

以本文研制的第二轮蔬菜穴盘钵苗自动输送机械装置为试验设备，该机械装置主要包括自动送盘机构、自动取苗机构、自动送苗机构、自动投苗机构、定位传感器以及整机控制系统等，对其各个机构及整机进行试验研究。

深圳市真尚有科技有限公司的ZLDS100-500型激光位移传感器1个，起始距离为125mm，量程为500mm，精度为0.05mm。

4.8.3 自动送盘机构性能试验

自动送盘机构采用步进电动机驱动同步带实现单向间歇运动,其功能是将穴盘待栽植的一排钵苗输送到顶杆顶苗位置,输送的准确率直接影响顶杆顶出的取苗效果,本试验考核指标是该机构送盘准确性,即穴盘定位的准确率。由于穴盘是在自上向下的方向上送盘,故只分析其垂直方向产生的误差。影响该准确率的因素主要有穴盘输送速度、人工装载穴盘时穴盘定位仿形块的定位精度、穴盘定位传感器定位精度及穴盘移动固定步长(43mm)的累计误差等,送盘机构性能试验测试如图4-42所示。

图 4-42　送盘机构性能试验

根据前文的计算结果,按钵苗自动输送速度 120 株/min 输送时,送盘线速度不超过 30mm/s,电动机转速大约为 42r/min。送盘线速度较低,对送盘定位精度影响不大,故在该机械装置钵苗输送的所有速度的试验中,始终将送盘线速度设定为 30mm/s。该因素不作为穴盘定位精度的影响因素。当送盘时,穴盘定位仿形块的定位误差、穴盘定位传感器的定位误差及穴盘移动固定步长(43mm)的累计误差,这三种误差的影响导致穴盘定位不准确,本试验方案采用激光位移传感器进行测量,其误差测量公式为

$$A_p = \left(1 - \frac{|S - S_0|}{S_0}\right) \times 100\% \qquad (4\text{-}30)$$

式中　A_p——穴盘定位准确率;

　　　S——位移测量值;

　　　S_0——位移理论值。

(1)试验方案

为了测量送盘位移,设计了送盘位移测量定位块,如图4-43所示。

该测量定位块为长方体结构,且带有两个直径与穴盘排水孔直径相同的圆柱定位销,其中心距与穴孔中心距相同,测试穴盘位移时,将送盘位移测量定位块插入穴盘某一排相邻的中间两穴孔中,并与穴盘贴合。当穴盘向下送盘时,激光位移传感器检测送盘位移测量定位块的底部与激光传感器之间的实际距离,并与穴盘应该下移的理论距离比较,分析送盘定位

的准确率。

　　测量穴盘定位准确率的方案如图 4-44 所示。S 值为要检测的送盘实际位移值。送盘时，当穴盘定位传感器产生脉冲时，穴盘被定位，此时的 S 值最大，然后穴盘将要向下 5 次移动送盘（每个穴盘共有 6 排钵苗），理论上每次送盘 43mm（每排钵苗的孔间距），根据激光位移传感器检测的起始位移是 125mm，量程为 500mm，拆去与传感器安装干涉的机构并调整激光位移传感器的安装位置，设定实

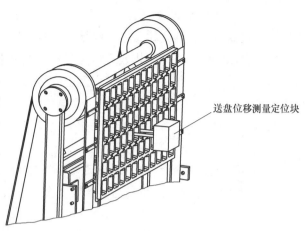

送盘位移测量定位块

图 4-43　送盘位移测量定位块

际测量的 S 值对应的理论值 S_0 分别为 385mm、342mm、299mm、256mm、213mm 和 170mm，这些数值在激光位移传感器的起始测距位移和量程范围之内。

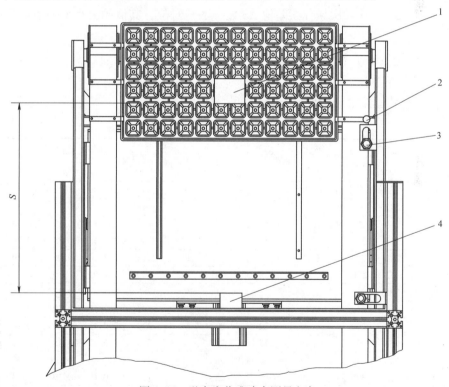

图 4-44　送盘定位准确率测量方案

1—送盘位移测量定位块　2—穴盘定位传感器金属感应块　3—穴盘定位传感器　4—激光位移传感器

　　安装好送盘位移测量定位块和激光位移传感器后，起动送盘步进电动机，当穴盘定位传感器金属感应块遇到穴盘定位传感器时，开始测量并记录激光位移传感器的数值，然后穴盘每次向下移动固定步长（43mm）送盘并记录数据，将测得的实际数值与理论值进行比较，计算出送盘定位的准确率。

穴盘的每组仿形定位块装载 2 次穴盘进行测试，6 组仿形定位块，共计装载 12 次穴盘，每个穴盘有 6 排穴孔，每个穴盘被人工装载后，由送盘同步带载着向下送盘，遇到穴盘定位传感器时停止，第一排穴孔中心正好对着顶杆中心，此时完成第 1 个数据的测量，穴盘向下运动 5 次，每次测量 1 个穴盘定位数据，每个穴盘共测试 6 个穴盘定位数据，在该项试验中共需要测量 72 个穴盘定位数据。

为叙述方便，引入各个符号含义如下：

A——穴盘定位仿形块编号。

B——每组定位仿形块测试时装载第 1 个穴盘时，穴盘下移次数编号，从 1 到 6。

C——每组定位仿形块测试时装载第 2 个穴盘时，穴盘下移次数编号，从 7 到 12。

S_0——穴盘定位的理论值，单位：mm。

S——激光位移传感器测量的实际测量值，单位：mm。

ΔS——累计误差值，单位：mm，$\Delta S = S - S_0$，根据本试验的方案，ΔS 即是送盘累积的误差值。

Δp——同步带下移 43mm 时，产生的误差值，同一穴盘送盘时，其值为后一次累计误差值 ΔS 与前一次累计误差值 ΔS 之差的绝对值，其值的大小反映送盘步进电动机每次下移固定步长（43mm）的精度。

A_p——穴盘定位准确率。

（2）试验结果与分析

送盘位移准确率测试的数据见表 4-5。

表 4-5　送盘准确率试验统计数据

A	B	S_0 /mm	S /mm	ΔS /mm	Δp /mm	A_p （%）	C	S_0 /mm	S /mm	ΔS /mm	Δp /mm	A_p （%）
1	1	385	385.20	0.20		99.95	7	385	384.69	−0.31		99.92
	2	342	342.45	0.45	0.25	99.87	8	342	342.01	0.01	0.32	100.00
	3	299	299.10	0.10	0.35	99.97	9	299	299.19	0.19	0.18	99.94
	4	256	256.27	0.27	0.17	99.89	10	256	256.45	0.45	0.26	99.82
	5	213	213.32	0.32	0.05	99.85	11	213	213.16	0.16	0.29	99.92
	6	170	170.13	0.13	0.19	99.92	12	170	169.91	−0.09	0.25	99.95
2	1	385	385.33	0.33		99.91	7	385	385.37	0.37		99.90
	2	342	342.12	0.12	0.21	99.96	8	342	342.59	0.59	0.22	99.83
	3	299	299.34	0.34	0.22	99.89	9	299	299.45	0.45	0.14	99.85
	4	256	256.19	0.19	0.15	99.93	10	256	256.15	0.15	0.30	99.94
	5	213	213.05	0.05	0.14	99.98	11	213	212.86	−0.14	0.29	99.93
	6	170	170.20	0.20	0.15	99.88	12	170	170.19	0.19	0.33	99.89
3	1	385	384.49	−0.51		99.87	7	385	385.53	0.53		99.86
	2	342	341.83	−0.17	0.34	99.95	8	342	342.29	0.29	0.24	99.92
	3	299	298.62	−0.38	0.21	99.87	9	299	299.17	0.17	0.12	99.94
	4	256	255.93	−0.07	0.31	99.97	10	256	255.87	−0.13	0.30	99.95
	5	213	213.09	0.09	0.16	99.96	11	213	212.79	−0.21	0.08	99.90
	6	170	170.29	0.29	0.20	99.83	12	170	169.91	−0.09	0.12	99.95

（续）

A	B	S_0/mm	S/mm	ΔS/mm	Δp/mm	Ap/（%）	C	S_0/mm	S/mm	ΔS/mm	Δp/mm	Ap/（%）
4	1	385	385.31	0.31		99.92	7	385	384.79	-0.21		99.95
	2	342	342.52	0.52	0.21	99.85	8	342	342.01	-0.01	0.22	100.00
	3	299	299.67	0.57	0.05	99.81	9	299	299.25	0.25	0.24	99.92
	4	256	256.45	0.45	0.22	99.82	10	256	256.05	0.05	0.20	99.98
	5	213	213.28	0.28	0.17	99.87	11	213	213.29	0.29	0.24	99.86
	6	170	170.30	0.30	0.02	99.82	12	170	170.28	0.28	0.01	99.84
5	1	385	385.10	0.10		99.97	7	385	385.18	0.18		99.95
	2	342	342.30	0.30	0.20	99.91	8	342	342.39	0.39	0.21	99.89
	3	299	299.51	0.51	0.21	99.83	9	299	299.55	0.55	0.16	99.82
	4	256	256.62	0.62	0.11	99.76	10	256	256.34	0.34	0.21	99.87
	5	213	213.38	0.38	0.24	99.82	11	213	213.09	0.09	0.25	99.96
	6	170	170.19	0.19	0.19	99.89	12	170	170.36	0.36	0.27	99.79
6	1	385	384.79	-0.21		99.95	7	385	384.38	-0.62		99.84
	2	342	341.59	-0.41	0.20	99.88	8	342	341.69	-0.31	0.31	99.91
	3	299	298.71	-0.29	0.12	99.90	9	299	298.45	-0.55	0.24	99.82
	4	256	255.51	-0.49	0.20	99.81	10	256	255.62	-0.38	0.17	99.85
	5	213	212.39	-0.61	0.12	99.71	11	213	212.78	-0.22	0.16	99.90
	6	170	169.55	-0.45	0.16	99.74	12	170	169.59	-0.41	0.19	99.76
ΔS 最大值		0.62		Δp 最大值		0.35		Ap 平均值			99.88%	

从上表统计出累计误差 ΔS 的最大值为 0.62mm，送盘同步带下移固定步长（43mm）产生的误差 ΔP 最大值为 0.35mm。送盘准确率为 99.88%。送盘累计误差分布如图 4-45 所示，在本试验中共计有 72 个累计误差数据，横坐标代表累计误差的数据个数，纵坐标为累计误差值。

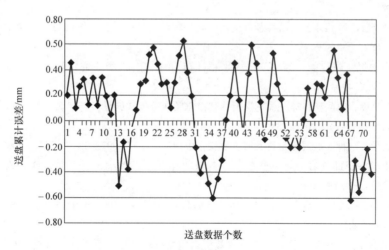

图 4-45　送盘累计误差 ΔS 分布图

根据自动送盘的设计要求，送盘精度要满足顶杆顶出时不与穴孔壁发生干涉，在本设计系统中，顶杆直径为 6mm，穴盘穴孔直径为 7.5mm。所以允许误差范围为（7.5 - 6）/2 = 0.75mm。累计误差的最大值在允许误差范围内，送盘位移准确率满足设计要求。

送盘同步带下移固定步长（43mm）产生的误差 Δp 的分布图如图 4-46 所示。该误差共计有 61 个数据，横坐标代表误差的数据个数，纵坐标代表误差值。

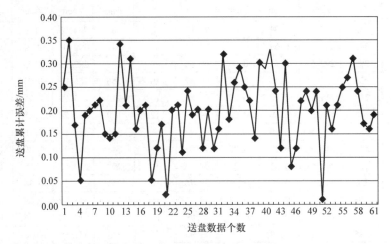

图 4-46　固定步长送盘误差分布图

从表 4-5 中的数据可以看出，固定步长送盘误差的最大值为 0.35mm，绝大多数误差值小于 0.25mm，这是由于采用步进电动机与同步带组合方式进行传动的精度较高，同时也验证了本文设计方案的合理性。

而本试验中累计误差相对较大的原因是通过人工的方式将穴盘装载在仿形定位块上时产生的，穴盘仿形定位块的定位精度不够，不过，产生的累计误差范围仍在允许误差范围内。

参 考 文 献

［1］宋小雨，张晋国，王学良，等. 玉米移栽机自动送苗装置的研究［J］. 农机化研究，2013，35（2）：85－88.

［2］裘利钢，俞高红. 蔬菜钵苗自动移栽机送苗装置的设计与试验［J］. 浙江理工大学学报，2012，29（5）：683－687，692.

［3］原新斌，张国凤，陈建能，等. 顶出式水稻钵苗有序移栽机的研究［J］. 浙江理工大学学报，2011，28（5）：749－752.

［4］符美军，全腊珍，熊耐新，等. 棉花裸苗移栽机自动送苗机构的设计与仿真分析［J］. 湖南农业大学学报（自然科学版），2012，38（4）：451－454.

［5］南京农业大学. 一种旱地穴盘苗自动取苗机构：中国，CN200910029423. 5［P］. 2009－9－23.

［6］田素博，王荣华，邱立春，等. 温室穴盘苗自动移栽输送系统设计［J］. 沈阳农业大学学报，2009，40（5）：620－622.

［7］孙刚，张铁中，郑文刚，等. 生菜自动移苗机的研究［C］. //2005 年中国农业工程学会学术年会论文集. ：298－301.

［8］孙国祥，汪小旵，何国敏，等. 穴盘苗移栽机末端执行器设计与虚拟样机分析［J］. 农业机械学报，2010，41（10）：48－53，47.

［9］吴俭敏，颜华，金鑫，等. 移栽机送盘装置与定位控制系统研究［J］. 农业机械学报，2013，44（z1）：14－18.

［10］F MAX，Mechanical Transplanter for crops in cylindrical，conical and pyramidal sods｜Ferrari costruzioni

Meccaniche［EB/OL］，http：//www. ferraricostruzioni. com/en/series/fmax.

［11］FUTURA，Automatic transplanter for vegetables in modules | Ferrari costruzioni Meccaniche［EB/OL］，http：//www. ferraricostruzioni. com/en/series/futura.

［12］陈达，周丽萍，杨学军. 移栽机自动分钵式栽植器机构分析与运动仿真［J］. 农业机械学报，2011，42（8）：54—57.

［13］王荣华，邱立春，田素博. 我国穴盘苗机械化生产的现状与发展［J］. 农机化研究，2008（7），230～231.

［14］张国凤，王俊军，陈建能，等. 基于 UG 和 VB. NET 的蔬菜移栽装置数字化设计［J］. 农业机械学报，2010，2010（6）：61—64.

［15］韩长杰，杨宛章，张学军，等. 穴盘移栽机自动取喂系统的设计与试验［J］. 农业工程学报，2013，29（8）：51—61.

［16］王君玲，高玉芝，李成华. 蔬菜移栽生产机械化现状与发展方向［J］. 农机化研究，2004（2），22—28.

［17］陈殿奎. 我国蔬菜育苗的现状问题及发展趋势［J］. 中国蔬菜，2000（6）：1—3.

［18］陈风. 钵苗移栽机输送、分苗系统的研究［D］. 石河子：石河子大学，2005.

［19］孙裕晶，等. 2ZT 型移栽机的研究设计［J］. 农机化研究，1999，2（1）：53—54.

［20］巴慧珍. 2ZT－2 型纸筒甜菜移栽机的移栽机构［J］. 农机与食品机械，1996. 244（4）：16—17.

［21］于辉平. 2YZ 系列玉米移栽机的研究［J］. 农机与食品机械，1998，255（3）：10—11.

［22］韩豹. 2Z－2 型玉米育苗移栽机的研制［J］. 现代化农业，1996，208（11）：1—3.

［23］金成谦，吴崇友，袁文胜. 链夹式移栽机栽植作业质量影响因素分析［J］. 农业机械学报，2008，39（9）：196—198.

［24］赖庆辉. 链式纸钵育苗甜菜自动高速移栽机关键技术研究［D］. 长春：吉林大学，2011.

［25］高正路. 2ZY－2 型油菜移栽机的设计［J］. 江苏农机与农艺，2001，97（1）：6—7.

［26］韩豹. 2Z－6 型作物秧苗移栽机的研制［J］. 现代化农业，1998，228（3）：31—33.

［27］王石. 挠性圆盘移栽机数字化设计及试验研究［D］. 沈阳：沈阳农业大学，2013.

［28］耿端阳，张铁中. 2ZG－2 型半自动钵苗栽植机扶正器的研究［J］. 农业机械学报，2002（3）：129—130.

［29］冯福海，陈东升，冯艳辉. 2ZB－4 型杯式钵苗移栽机［J］. 现代化农业，2002，277（8）：32—35.

［30］周良埔. 2ZDF 型半自动导苗管式栽植机［J］. 农业装备技术，2001（3）：27—28.

［31］耿端阳，董锋. 2ZG－2 型带式喂入半自动钵苗栽植机的研制［J］. 机具与设备，1998（5）：21—23.

［32］安凤平，龚丽农，宋洪波，等. 2YZ－40 型吊篮式钵苗栽植机的研究［J］. 现代化农业，1999（2）：35—37.

［33］魏桃芝，安丰弟，肖景文，等. 2ZB－6 型钵苗栽植机简介［J］. 现代化农业，1998（3）：40—42.

［34］李其昀，汪遵元. 双输送带式栽植机［J］. 农机与食品机械，1997（4）：16—18.

［35］李其昀，汪遵元. 双输送带式栽植器的试验研究［J］. 农业工程学报，1997（9）：124—127.

［36］董哲，李树君，颜华，等. 变步长穴苗盘精准步进输送的研究与试验［J］. 农机化研究，2014，（11）：91－94，99. DOI：10. 3969/j. issn. 1003－188X. 2014. 11. 021.

［37］杨传华. 蔬菜穴盘钵苗自动输送技术与机构研究［D］. 北京：中国农业机械化科学研究院. 2014.

［38］赵朋. 双行蔬菜钵苗自动移栽机送苗装置的设计与试验［D］. 杭州：浙江理工大学，2016.

［39］马振，胡斌，李俊虹，等. 移栽机自动化送盘装置的关键部件及送盘方法的设计分析［J］. 农机化研究，2017，39（1）：68－71. DOI：10. 3969/j. issn. 1003－188X. 2017. 01. 014.

第5章　蔬菜移栽取苗机构研究分析

穴盘移栽技术是近年来兴起的一项种植新技术，其优点在于能有效缩短生育期，提早成熟，提高农作物产量，因此具有广阔的推广前景。穴盘苗移栽机是一个复杂的机械系统，其植苗部件已经得到了广泛的推广与应用，因此移栽机取苗部件的研究工作是解决穴盘苗自动化移栽的关键，它是穴盘苗移栽机从穴盘中取出一定数量的穴盘苗投掷给植苗部件的机构。其性能决定了栽植质量、工作可靠性和移栽的效率，也决定移栽机的整体水平和竞争力。因此取苗部件一直以来都是移栽机研究的重要内容之一。

5.1　国内、外取苗机构研究现状

5.1.1　国外取苗机构研究现状

工业发达国家钵苗自动取投技术发展较早且快，从20世纪80年代就已经开始了对自动取苗机构的研究。目前，已有穴盘苗自动取苗装置在实际生产中得到广泛的应用，实现了蔬菜、烟草等经济作物移栽过程的全自动化。尽管如此，国外的自动取、投苗技术的研究发展仍是处于发展阶段。

1987年，美国奥本大学的 L. J. Kutz 等以 Puma560 机器人为载体，气缸和并行的夹取爪组成的平行夹持指夹苗机构为末端执行器，设计研发了一种自动取、移苗机器人，如图5-1所示。该机器人工作时，末端执行机构通过夹苗爪上的夹苗片来对苗钵施加压力，从而将穴盘苗从392孔的穴盘中取出，并移栽至36孔的生长盘中，通过对该过程进行试验研究发现，该移栽机器人在3.3min内能够移栽36株幼苗，且移栽后的幼苗成活率达到了96%。

图5-1　自动取、移苗机器人

1990~1993年间，美国伊利诺伊大学的 K. C. Ting 和 Y. Yang 等通过对一系列取苗机器人的工作单元进行研究，设计开发了一种以 ADEPT – SCARA 工业机器人为载体，以压缩空气进行驱动的带力传感器的滑动针（SNS，Sliding – Needles with Sensor）夹持器为末端执行器的取、移苗机器人。该机器人工作时夹持器以垂直方式接近穴盘中的穴孔位，夹取针下移至幼苗一侧，以斜插方式进入土钵，由机械臂带动将钵苗取出，在取苗过程中，采用视觉传感器来检测钵苗的位置，底部的力传感器来检测加持机构对苗钵施加的夹紧力，以降低夹持器在对钵苗夹持过程中对钵苗造成的损伤。

日本对于移栽机的研究相对较早，其移栽机械化的程度相对较高。1995年，日本研究开发了 PT6000 型穴盘苗移栽机器人，该移栽机器人主要由苗盘输送机构、拔苗机构、移栽机械手、漏播分选器等组成。该移栽机器人能够自动检测穴孔内有无钵苗，并能够通过自身的控制系统来对穴苗的抓取、机械手的移动等过程进行控制。2004 年，日本洋马公司研究开发出了一种自动化程度相对较高的全自动移栽机 PALA，该移栽机拥有取苗、植苗、苗盘输送、栽植深度调节、株距的调节等功能，单行作业，作业效率为 40 株/min。该移栽机的取苗机构采用的是齿轮连杆式取苗机构，通过取苗爪的夹紧作用来完成对钵苗的取、投作业。

美国 RAPID Automated Systems 公司生产的 RTW 系列全自动移栽机，如图 5-2a 所示，其自动取苗机械手具有体积小、自由度大的优点，能够对标准高度或低于、高于标准高度的钵苗进行移栽。该全自动移栽机以宽辊道输送和气缸推送相结合组成输送系统，实现了 4 盘秧苗同时移栽，大大提高了移栽速度。其中该公司生产的 RTW－500S2 型移栽机取苗机械手（图 5-2b）采用由片状夹指、楔形块、喷水管组成的片状夹持具，并利用气压驱动的方式来促使机械手完成对钵苗的夹取，具有结构简单、可靠性高等优点。

a)整机　　　　　　　　　　　　　　　　b)取苗机械手

图 5-2　RTW 全自动移栽机

美国 Frank w. Faulring 等人为实现自动移栽设计的真空泵式取苗系统，工作原理为：取苗时，苗盘（包括底盘）被整体放入定位装置，随后将底盘抽出，所有钵苗稳稳地落在后备托盘上。后备托盘上有一个落苗口孔连接落苗管，当移动钵苗至与这个落苗口孔对中时，钵苗在自重力及小电动机驱动压缩机产生的吸力作用下，将钵苗自穴盘成功吸落，经过导苗管后再完成栽植作业。待取钵苗由相应驱动装置依次移至此落苗口孔，继而实现连续取苗。由于所有力都作用在使苗做向下方向的运动，所以在操作中不存在有钵苗侧向翻转等的问题。此操作能够保证较好地达成取苗栽植来实现增产的效果。

荷兰飞梭国际贸易与工程公司研究开发了一系列自动化移栽机，如图 5-3 所示。该公司研制生产的移栽机产品不仅能够进行多穴盘秧苗同时传送及调整末端执行器的数目，还能够通过 CCD 来对健壮的钵苗及空穴孔进行识别。如图 5-4 所示，该公司生产的 PIC－O－Mat PC－11/4 型自动移栽机，该移栽机的末端执行器为针插入式结构，且每个机械臂上有 4 个夹苗指，移栽效率较高，为人工移栽的 6~7 倍。

澳大利亚 Transplant System 公司研究生产了 XT616 型茶叶穴盘苗专用移栽机，如图 5-5 所示。该移栽机被称为开放式农业机器人的典型，主要体现在通过 PLC 可编程逻辑

图 5-3　荷兰飞梭国际贸易与工程公司生产的系列自动化移栽机

图 5-4　PIC – O – Mat PC – 11/4 型自动移栽机

控制器来实现对驱动装置的控制，并在具有足够接口的情况下，控制足够自由度的机械部分或接收多路传感器检测信号；通过改写控制程序来调整移栽机取苗装置末端执行器的动作幅度；通过在移栽机取苗装置上配备不同型号的末端执行器，来对不同规格的穴盘苗进行取苗作业，大大增加了移栽机对农艺的适应性；将输送平台做成可折叠形式，以节省机器制造成本及减少作业空间。而该公司生产的 HD 系列全自动移栽机可进行 4～8 行移栽作业，如图 5-6 所示，采用气缸驱动取苗末端执行器直接将钵苗以从苗盘正面扎取的方式来完成取苗动作，此后末端执行器进行翻转同时横移至各导苗管处，将钵苗投至导苗管式栽植器内，以完成对钵苗的移栽。

图 5-5　XT616 型移栽机

图 5-6　8HD 系列 8 行全自动移栽机

意大利 Urbinati 公司设计生产了 RW 系列无线联动和单植型全自动移栽机，如图 5-7 所示为 RW 系列移栽机工作过程，该系列移栽机采用无线电驱动，直接终端可进行编程，并能够进行自我诊断，大大减少了使用过程中对机器的维护次数，每个取苗机械手作业效率为可移栽 1000 株/h。

国外移栽机械化的丰富实践表明机械移栽不仅能保证移栽穴盘苗的株行距和移栽深度的一致，而且能在相关技术要求内做一定范围的调整，基本上消除了移栽取苗过程中的伤苗问题。

图 5-7　RW 系列移栽机工作过程

5.1.2　国内取苗机构研究现状

我国从 20 世纪 60 年代开始对旱地移栽机进行研究，起步较早，但是发展较为缓慢。目前，我国的旱地移栽机械多以半自动为主，全自动移栽机还处于起步研发阶段，并未在实际中得到推广应用。近年来，随着人工成本的增加，及政府为推动农业机械的发展所采取的一系列优惠政策等的原因，使得各大院校、科研院所和高新企业纷纷展开了对全自动移栽机械的研究。

浙江理工大学以赵匀教授带领的团队研究的基于 MATLAB、ADAMS、UG 等多种软件分析设计的行星齿轮机构的机械手，在各种参数组合下优化机械手的运动轨迹，使用机械手将钵盘中的秧苗取出，并栽植到地里，取得了较多的研究成果：

2011 年 9 月，赵匀教授团队研发了"非圆齿轮 – 不完全非圆齿轮行星轮系穴盘苗取苗机构"，其结构如图 5-8 所示。同时也研发了"偏心齿轮 – 不完全非圆齿轮行星轮系穴盘苗取苗机构"，并对该机构运动学参数进行了优化分析，得出了结构参数对取苗壁尖点运动轨迹与优化目标的影响规律。该机构的共同特点是：相对中心轮有两组行星轮系齿轮传动，每组带动一个取苗壁运动，齿轮箱转一圈，实现两次取苗，工作效率高，结构简单，体积小，重量轻，振动小，但该机构结构复杂，非圆齿轮加工成本高。

2012 年 4 月，赵匀教授团队研发了"旱田钵苗顶出落苗机构"，如图 5-9 所示。该机构采用十字滚子滑道顶出机构与落苗机构的配合，顶出钵苗，精准可靠，自动化程度高，该机构可以在钵苗下落过程中对其产生缓冲作用，使土钵不易散开，不伤根，直立度好，工作效率高，工作可靠。

2012 年 5 月，赵匀教授团队研发了"一种钵苗连续顶出装置"，其结构如图 5-10 所示。该装置结构合理，钵苗顶出作业连续性好，振动小，作业效果与质量好，工作效率高。

2012 年 6 月，赵匀教授团队研发了"钵苗移栽机取苗机构移动式取苗臂"，其结构如图 5-11 所示。

该机构中，凸轮槽推动推苗杆与维持架沿着取苗爪移动，维持架与两取苗爪接触位置的变化控制两取苗爪的张开角度，实现钵苗的夹取与放苗动作。通过回转槽的设计使得取苗爪在钵苗箱中的取苗动作与送钵装置的移动同步，从而实现取苗爪在钵体中的横向位移

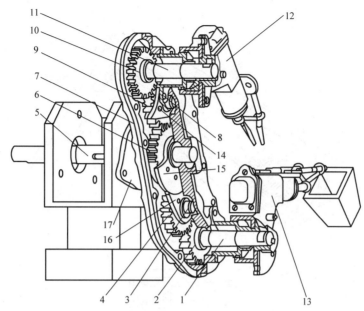

图 5-8　非圆齿轮-不完全非圆齿轮行星轮系穴盘苗取苗机构

1—下行星轮轴　2—下行星非圆齿轮　3—下中间轴　4—下中间非圆齿轮　5—中心轴　6—不完全非圆齿轮
7—齿轮箱　8—上中间轴　9—上中间非圆齿轮　10—上行星非圆齿轮　11—上行星轮轴　12—上取苗臂
13—传动轴　14—上凹锁止弧　15—凸锁止弧　16—下凹锁止弧　17—法兰

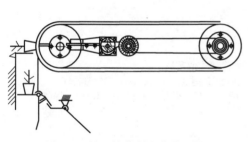

图 5-9　旱田钵苗顶出落苗机构

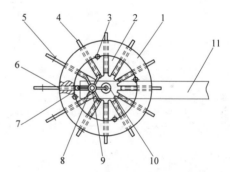

图 5-10　一种钵苗连续顶出装置

1—外圆盘　2—内槽盘　3—螺栓　4—顶杆
5—限位挡片　6—回位弹簧　7—滚子　8—滚子架
9—支架轴　10—中心轴　11—U 形支撑架

在理论上为零。可以使得钵苗移栽的取苗臂随送钵装置横向移动适应移栽机在任何转速下作业。

　　2013 年 1 月，赵匀教授团队研发了"钵苗移栽不等速连续移箱机构"，其结构如图 5-12 所示，在保证主动轴连续转动的同时，使螺旋轴获得不等速传动动力，从而使横向移箱实现有规律的不等速连续直线往复运动，可以解决各种移栽取苗机构取苗时与连续横向移动的秧箱干涉问题。同时还研发了"一种钵苗移栽机变速箱横向移箱双螺旋轴"，该装置的功能是：当移栽机械部件从秧钵中取秧块时，移箱的速度减慢与移箱位移量减少，当移栽机械部件取出秧块后，移箱的速度加快与移箱位移量增加，该装置具有机构简单、作业质量好与作业效率高的优点，提高了秧块取出的成功率，同时减少了秧盘的破损程度。

　　2012 年 11 月，江苏大学毛罕平教授团队研发了"一种自动移栽机取苗装置"，其结

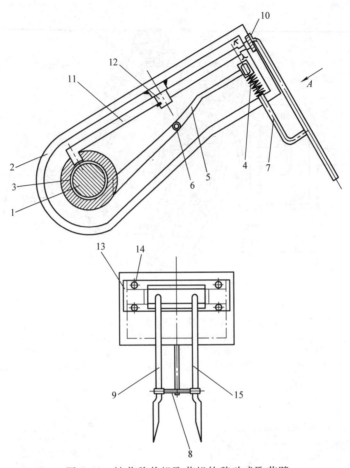

图 5-11　钵苗移栽机取苗机构移动式取苗臂

1—取苗臂驱动轴　2—取苗臂壳体　3—凸轮　4—受拉弹簧　5—杠杆　6—拨叉轴　7—推苗杆
8—维持架　9—左取苗爪　10—支撑平台　11—摆杆　12—连臂轴　13—压板　14—销钉　15—右取苗爪

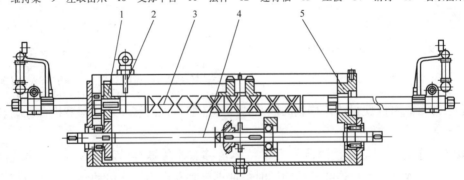

图 5-12　钵苗移栽不等速连续移箱机构

1—从动非圆齿轮　2—主动非圆齿轮　3—螺旋轴　4—主传动轴　5—移箱总成

构如图 5-13 所示。

　　该装置采用了曲柄导杆机构，使得取苗爪在取苗与推苗时，夹苗针速度较慢，在带苗及空程返回时，夹苗针速度较高，提高了取苗质量与效率，同时采用了门形机构，可在门形横梁上安装多个取苗爪，提高了移栽效率，该装置结构简单，成本低，移栽质量好。

2009 年 4 月，南京农业大学尹文庆教授团队研发了"一种旱地穴盘自动取苗机构"，其结构如图 5-14 所示。

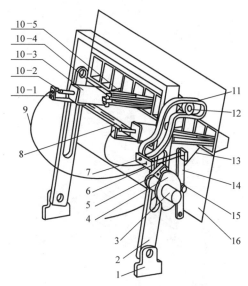

图 5-13 一种自动移栽机取苗装置
1—机架 2—门形摇杆 3—曲柄轴 4—凸轮
5—曲柄 6—滚子 A 7—拉丝架 A 8—门形横梁
9—拉丝 10-1—拉丝架 B 10-2—推杆
10-3—爪座 10-4—爪销 10-5—夹苗针
11—仿形滑槽 12—滚子 B 13—取苗轨迹
14—凸轮摆杆 15—凸轮滚子 16—穴盘

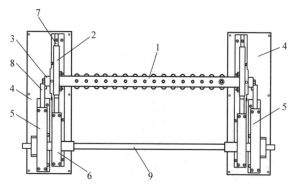

图 5-14 一种旱地穴盘自动取苗机构
1—取苗架 2—滑块 3—摆臂 4—底板
5—外不完全齿轮机构 6—内不完全齿轮机构
7—燕尾槽滑轨 8—联动杆 9—传动轴

该机构包括滑块、取苗架与内、外两组不完全齿轮机构。将多个取苗器安装在取苗架上，取苗架安装到滑块上，在取苗架的转轴上安装摆臂，并与两组不完全齿轮机构中的其中一组不完全齿轮机构的齿条架相连接，将另一组不完全齿轮安装到滑块上，由驱动轴分别驱动两组不完全齿轮机构，从而带动取苗器的取苗针实现转向动作、伸缩动作及收回动作，最终实现自动取苗的目的。

2011 年 6 月，南京农业大学尹文庆教授团队研发了"翻转式气动取苗机构"，其结构如图 5-15 所示。

该机构采用了翻转式机械手取苗，能够自动完成苗盘中苗的取出，并在最小的空间内完成从取苗位到放苗位的转移，节省了机器占用空间，有利于在多行移栽机中配置应用，整个机器通过使用机、电、气相结合的控制方式，自动程度高，动作准确。另外，固定安装在定横梁上的导管，采用固定间距，与对应穴盘间距一致，不考虑调整问题，这种方式从制造工艺上保证了间距精度，使取苗更准确。

2012 年 12 月，南京农业大学尹文庆教授团队研发了"旱地秸秆苗钵苗自动移栽机"，其结构如图 5-16 所示。

钵苗通过输送机构送到传送机构上，传送机构由底板与底板上装有电动机驱动的传动链组成，传动链上装有多个挡板，通过挡板将钵苗传送到安装在传动链外侧的落苗机构中，再落入落苗机构下方的吊篮式栽植器中，完成钵苗自动栽植过程。该机所使用的秸秆钵苗是指由秸秆为主要原料制成的上大下小可降解的方形苗钵。该机的特点是以机器代替手工操作自动完成旱地秸秆钵苗移栽，性能稳定、移栽株距可调、生产效率高，能很好地实现旱地秸秆钵苗移栽作业，但该机使用的是方形苗钵的钵苗，作业时需要人工将钵苗放置到输送带上，不能实现自动取苗功能。

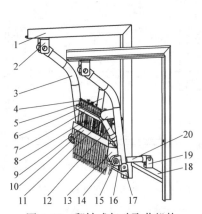

图 5-15　翻转式气动取苗机构
1—机架　2—摆臂座　3—摆臂　4—调整螺栓　5—螺母
6—扎苗气缸　7—动横梁　8—取苗针　9—导杆　10—定横梁
11—翻转气缸座　12—翻转气缸　13—拐臂　14—导管
15—短轴　16—翻转支座　17—摆臂横梁　18—机架横梁
19—拔苗气缸座　20—拔苗气缸

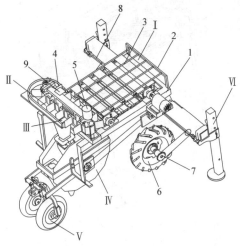

图 5-16　旱地秸秆苗钵苗自动移栽机
Ⅰ—钵苗输送机构　Ⅱ—钵苗传送机构　Ⅲ—落苗机构
Ⅳ—吊篮栽植器　Ⅴ—镇压轮　Ⅵ—机架
1—支架1　2—支架2　3—导向杆　4—挡板
5—步进电动机　6—地轮　7—从动链轮
8—主动轴　9—支撑板

2010 年 6 月，石河子大学罗昕、胡斌、程前等人研发了"穴盘倒置式自动取苗分苗装置"，该装置结构示意图如图 5-17 所示。

该装置由机架、翻转穴盘架、倾斜滑轨、分苗输送机构、栽植器、翻苗装置等组成，作业时，将秧苗盘插进可翻转的穴盘架内，在梳状挡苗条的作用下，秧苗不会落下。秧苗穴盘沿着倾斜穴盘架下滑到穴盘架尾部，使得一排秧苗露出并处于悬空状态，通过振动装置的振动，迫使这一排秧苗脱离秧苗盘，落入倾斜滑轨内，再落入分苗输送装置的托苗架上，由分苗输送机构向后输送至分苗输送机构的尾部，再经翻苗装置的横向阻挡作

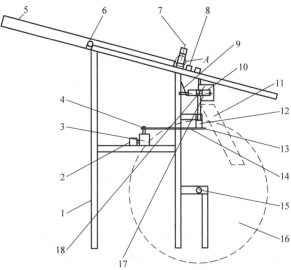

图 5-17　穴盘倒置式自动取苗分苗装置
1—机架　2—电动机　3—减速机　4—传动轮　5—翻转穴盘架
6—穴盘架翻转轴　7—振动板限位杆　8—穴盘　9—倾斜滑轨
10—分苗输送机构　11—接苗管　12—分苗输送结构传动轴
13—分苗输送机构传动轮　14—传动带　15—栽植器连接轴
16—栽植器　17—翻苗装置　18—导苗板

用，在秧苗根部重力的作用下实现秧苗翻转，最后落入栽植器内。

2011 年 3 月，石河子大学胡斌、罗昕、李庭等人研发了"穴盘立式气吹式自动取苗投苗装置"，其结构如图 5-18 所示。

该装置由穴盘架、气吹装置、穴盘移动控制装置、秧苗输送装置等组成。工作中，将穴盘插入到穴盘架与轴承形成的空隙中，通过穴盘移动控制装置将穴盘移动到指定位置，通过气吹装置的气吹器将秧苗吹出，气吹器是由一排气嘴组成，每个气嘴可以单独连接气泵，也可以连接在一个气泵上，气嘴的角度可以调节，根据穴盘的角度来调节合适的气嘴角度，吹出的秧苗落在安装在穴盘前面的秧苗输送带上，当秧苗被带到输送带的尽头时，在输送带末端的矫正器作用下，将秧苗的根部调整为竖直向下的状态，然后落入栽植器上，该装置保证秧苗不受损伤，提高了生产效率，节省了人力与物力，结构简单，适用于多种作物，便于操作，可实现连续、高效与自动化作业。

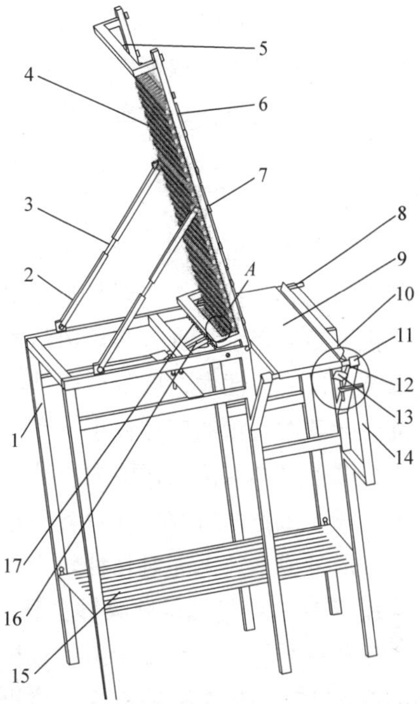

吉林工业大学范云翔等设计了一种温室移栽机，该机采用真空自动化投苗装置，将秧苗从塑料苗盘中移栽到花盆中，通过对工作过程的测试分析，建立了数学模型，优化了结构参数。

图 5-18　穴盘立式气吹式自动取苗投苗装置

1—机架　2—穴盘架支撑杆　3—穴盘角度调节螺杆
4—穴盘　5—穴盘架握柄　6—穴盘架
7—穴盘架上的滑动轴承　8—输送带驱动轴
9—秧苗输送带　10—秧苗挡板　11—秧苗输送轴座
12—秧苗输送轴　13—秧苗直立矫正器
14—弧形矫正器架　15—穴盘回收架
16—穴盘移动控制装置上的 U 形架　17—气吹器

中国农业机械化科学研究院杨传华开展了基于 PLC 自动控制技术的钵苗蔬菜移栽机自动输送装置的相关研究，其主要方式是用顶杆将苗顶出至输送带，输送带将基质苗逐个输送到栽植机构，顶出和输送的动力来自于 PLC 控制的步进电动机，在基质苗育苗质量较高的情况下可以较好地完成自动喂苗，但是仅限于室内作业，在田间很难实现步进电动机的供电。

北京工业大学韦康成对移栽机的夹持机构进行了综合性能指标体系的研究，将 TRIZ 理论引入到移栽机性能指标的评价体系中。

5.2　取苗机构分类及特点

取苗机构是将穴盘苗取出并最终释放至栽植机构的工作部件，它是蔬菜自动移栽机械的核心部件，其工作性能的好坏，直接影响蔬菜的栽植质量。国内众多科研院所、高校都曾对蔬菜移栽取苗机构展开过研究，并设计了一系列适用于不同移栽机械的取苗机构。蔬菜移栽取苗机构将穴盘苗从育苗盘中取出来，根据穴盘穴孔形状不同，可将取出方式分为拔出、顶出和吸出。取苗机构根据取苗方式的不同分为机械手式取苗机构、顶杆式取苗机构和气吸式取苗机构，下面对几种取苗方式进行分析比较。

5.2.1 机械手式取苗机构

机械手式取苗机构，目前在小型蔬菜移栽机上应用广泛。该机构主要由取苗执行器和控制机构组成，其工作原理是通过控制机构，控制取苗执行器完成进给、入钵夹取、拔钵、投苗等动作，实现将穴盘苗从育苗盘中取出。此种机构虽然结构相对复杂，但比顶杆式取苗设计灵活性大，取苗准确性高，能够合理有效地避免损伤苗叶，往复运动取苗效率较高，并且对穴盘的破坏较小，利于二次使用。

机械手式取苗机构在国内蔬菜移栽机上应用较多，国内多家科研机构对机械手式取苗机构展开了细致的研究，并对各种取苗机构进行优化设计，降低了取苗机构夹苗损失率，大大降低了成本，下面对几种较为常见的机械手式蔬菜取苗机构进行介绍和分析。

1. 反转式共轭凸轮蔬菜钵苗移栽机构

反转式共轭凸轮蔬菜钵苗移栽机构是以变性椭圆齿轮、正圆齿轮和共轭凸轮为传动机构的反转式蔬菜钵苗移栽机构，该机构是以非圆行星轮系与共轭凸轮组成的传动系统驱动移栽机构完成取苗动作，可以将非圆行星轮系传动的优点与共轭凸轮的优点相结合，达到传动比大幅度变化的效果，使得移栽机构的移栽臂形成满足设计要求的工作轨迹和姿态，从而避免了单一非圆齿轮节曲线出现的严重变形问题。

反转式非圆行星轮系移栽机构，可以用一套机构替代欧共体和日本的多套机构，由于用纯机构替代机电一体化，大大降低了成本，提高了效率，使高效、轻简化钵苗移栽装置得以实现。但是，由于蔬菜钵苗移栽作业要求的工作轨迹比较复杂，折点多、突变大，这就要求机构的传动比能实现大幅度的波动，而非圆齿轮的传动比要实现大幅度变化，齿轮节曲线会出现严重变形，导致齿轮难以加工及动力学性能变差等问题。因而单靠非圆齿轮传动难以实现蔬菜移栽机械要求的复杂轨迹和姿态。

针对上述问题，提出了一种新型的移栽机械——反转式共轭凸轮蔬菜钵苗移栽机构，利用共轭凸轮的传动特性，将非圆行星轮系的运动与共轭凸轮形成的相对摆动合理地叠加在一起，达到传动比大幅度变化效果，使得移栽机构的移栽臂形成满足设计要求的工作轨迹和姿态，从而避免了单一非圆齿轮节曲线出现的严重变形问题。该装置用一套机构完成3个动作（取苗、输送、栽植）。该机构在旋转的齿轮壳体上布置1个移栽臂，每旋转一周移栽一次，每行移栽效率预计可达到120株/min，移栽装备的工作效率相比较欧共体的全自动移栽机提高了大约一倍。东北农业大学赵匀等人研制了一种能够一次性完成自动取苗、送苗、栽植动作的以变性椭圆齿轮、正圆齿轮和共轭凸轮为传动机构的回转式蔬菜钵苗移栽机构，该机构采用弹簧片夹取式取苗方式，通过夹取靠近基质的钵苗茎秆来完成对钵苗的夹取，每行移栽效率可达120株/min。国内外蔬菜移栽机核心工作部件均由不同功能的机构组合而成，以完成取苗、送苗和投苗等栽植动作。为简化机构，提高移栽效率，该团队提出一种以变性椭圆齿轮、正圆齿轮和共轭凸轮为传动机构的反转式蔬菜钵苗移栽机构，实现了用一套机构完成多个动作的要求。使蔬菜移栽机械达到自动、高效率的移栽水平。

（1）工作原理

如图 5-19 所示，该蔬菜移栽传动系统由行星轮系牵引机构、共轭凸轮摆动机构和移栽臂三部分组成，可以使蔬菜钵苗运动轨迹满足设计要求。行星轮系由 2 对齿轮传动组成，第 1 对采用二阶变性椭圆齿轮传动，太阳轮套装在行星架上，并固定于坐标原点 O 处，行星架可绕太阳轮回转中心转动，中间轮经行星轴套装在行星架上，可绕其回转中心转动，与太阳轮相啮合形成一级齿轮传动，两个中间轮同轴且固定连接于行星轴上，与套装在行星架上的行星轮相啮合形成二级齿轮传动；共轭凸轮摆动机构由共轭凸轮、摆杆及扇形齿轮和正圆齿轮共同组成，共轭凸轮固定于行星轮的轴线上，摆杆安于行星轮上，与共轭凸轮相配合，扇形齿轮与摆杆固定，与套装在行星轮轴线上的正圆齿轮相啮合；移栽臂与正圆齿轮通过牙嵌固定，内有推秧凸轮、拨叉、推秧杆等部件。当中心轴带动行星架做匀速逆时针转动时，行星轮将随行星架也绕 O 点做匀速逆时针转动。同时行星轮还相对于行星架绕其回转中心做非匀速顺时针转动。行星轮运动由上述各种运动复合而成。取苗阶段，共轭凸轮摆动机构处于休止阶段，摆杆与行星轮之间没有相对运动，在扇形齿轮作用下正圆齿轮将随行星轮一起转动，从而移栽臂也将跟行星轮一起转动。栽植阶段，当行星架转过一定角度时，共轭凸轮摆动机构进入升程阶段，摆杆与行星轮之间会产生规律性的摆动，摆动经正圆齿轮被放大，并传递给移栽臂，移栽臂产生摆动使夹苗片尖点运行至地面形成移栽所需的工作轨迹。回程阶段，当摆杆相对行星轮摆至最大位置处后，共轭凸轮摆动机构进入降程段，摆杆相对行星轮做反向摆动直至恢复到原来位置，移栽臂也恢复到先前与行星轮之间的位置关系。

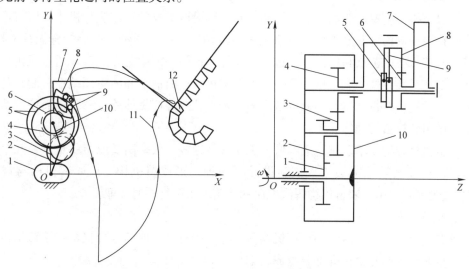

图 5-19　共轭凸轮行星轮系蔬菜钵苗移栽机构结构简图

1—太阳轮　2、3—中间轮　4—行星轮　5—共轭凸轮　6—正圆齿轮　7—移栽臂　8—扇形齿轮
9—摆杆　10—行星架　11—取苗轨迹　12—穴盘苗

（2）设计优点

反转式共轭凸轮蔬菜钵苗移栽机构可以同时完成取苗、送苗、投苗功能，其中取苗部

件静工作轨迹和相对地面运动的动轨迹如图5-20所示。该机构取苗方式为弹簧片夹取式取苗,夹秧片沿轨迹逆时针方向转动,从图中可看出,当夹秧片沿轨迹从 C 点运行至 D 点时,由于夹秧片是从秧苗靠近基质的茎秆位置处夹取秧苗的,所以有效地避免了夹秧片与钵苗叶片的干涉。取苗段 DE 处形成的"环扣状"降低了夹秧片夹取秧苗时刻的线速度,保证了夹取秧苗时动作的稳定性,沿取苗轨迹运动,以一定姿态夹紧秧苗,将苗从钵盘中拔出,不难看出 EF 段轨迹近似直线的部分要大于营养钵的高度,保证了秧苗能够被完全取出;另外当夹苗片沿轨迹从 F 点运行至 B 点时,夹苗片在水平方向的速度分量的方向与机

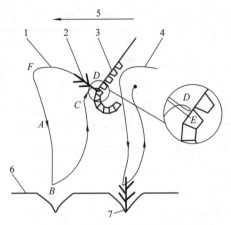

图 5-20 蔬菜钵苗移栽轨迹要求
1—静轨迹 2—钵苗 3—钵盘 4—动轨迹
5—机器前进的方向 6—地面 7—土穴

器移动的方向相反,两者相互抵消一部分,从而降低了 B 点投苗时水平方向上的速度,有效地避免了钵苗倒伏的状况。

该机构的工作过程为:呈张开状态的夹秧片沿工作轨迹到达 D 位置时开始收紧,到达 E 位置时夹秧片夹紧距钵盘穴孔内基质10mm(如图5-20放大部分)处苗的茎秆根部,从穴盘中拔出钵苗,再沿 EFAB 夹持钵苗至图中的 B 位置,在推秧杆作用下,迫使夹秧片松开,释放并推出钵苗,钵苗在重力的作用下下落至开穴机构已开好的土穴中,然后夹秧片经图中 C 位置到达 D 位置,为下次取苗做准备,完成一次移栽周期。

2. 门形取苗机构

门形取苗机构主要由曲柄门形导杆和凸轮仿形滑槽组成的轨迹执行机构、取苗爪和苗爪开合凸轮控制机构等部分组成。该机构进行取苗时,由曲柄带动门形导杆做往复摆动,进而带动取苗爪在取苗点和投苗点间进行往复运动;门形横梁上方的滚子通过在仿形滑槽内的运动来使门形导杆和取苗爪按照一定的轨迹运动;曲柄轴和凸轮固结在一起,利用凸轮的特性来通过摆杆带动拉丝和取苗爪内的弹簧来控制推杆做伸缩运动,进而使取苗爪完成取苗、送苗和投苗的动作。

从取苗机构结构简单、制造成本低、工作可靠性好、效率高及取苗质量好等几个方面综合考虑,江苏大学毛罕平等人创新设计了一种门形取苗机构。该取苗机构与规格为 6×12孔穴盘配套使用,取苗机构每次取两株钵苗,可两行同时作业。

(1)工作原理

门形取苗机构主要是由转动导杆机构和连杆滑槽机构组成的组合机构、取苗爪机构和控制取苗爪开合的凸轮机构等部分组成,如图5-21所示。

取苗时,曲柄5逆时针转动,通过曲柄滚子6在门形导杆2一侧的直线滑槽内滑动,带动门形导杆2左右往复摆动,实现取苗爪10从穴盘取苗点向投苗点往复运动的功能。此外,门形导杆2的摆动带动固结有取苗爪的门形横梁8上端的连杆滚子12在仿形滑槽11内滑动,整个机构的复合运动形成取苗所需的取苗轨迹。

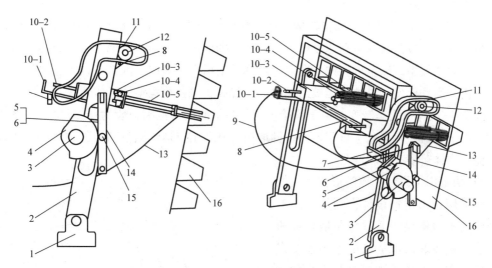

图 5-21　门形取苗装置结构简图

1—机架　2—门形导杆　3—曲柄轴　4—凸轮　5—曲柄　6—滚子 A　7—拉丝架 A　8—门形横梁　9—拉丝　10-1—拉丝架　10-2—推杆　10-3—爪座　10-4—爪销　10-5—夹苗针　11—仿形滑槽　12—滚子 B　13—穴盘　14—凸轮摆杆　15—凸轮滚子　16—钵苗盘

具体步骤为：当曲柄 5 向右侧取苗极限位置转动时，由于曲柄导杆机构的运动特性，取苗爪 10 的运动速度逐渐变慢，与曲柄轴 3 相固结的凸轮 4 推动凸轮滚子 15 做升程运动，摆杆 14 通过拉丝 9 拉动推杆 10-2 收缩，推杆 10-2 的收缩通过推杆的环形套使铰接在爪座 10-3 上的夹苗针 10-5 做闭合动作，即实现夹苗功能；曲柄 5 从右侧取苗极限位置向左侧投苗极限位置转动时，凸轮滚子 15 开始在凸轮 4 远休止弧段运动，取苗爪 10 由于拉丝 9 的牵引仍保持夹苗状态，在此运动过程中取苗爪运动速度急剧增大到很大值，实现快速送苗功能；曲柄 5 转动到左侧投苗极限位置时，此时取苗爪 10 近似竖直向下垂直于地面，凸轮滚子 15 从凸轮 4 的远休止段迅速回到近休止段，拉丝 9 被释放，推杆 10-2 被爪座内的弹簧瞬时推出，取苗爪张开并将钵苗向下推出，完成投苗动作；投苗后，曲柄 5 继续转动，凸轮滚子 15 仍在凸轮 4 近休止段运动，取苗爪保持张开状态并快速向穴盘取苗点运动，准备下一次取苗。

（2）设计优点

1）摆动式组合机构设计。由于取苗机构是利用机械机构替代人手取苗的复杂动作，因此对机构设计的灵巧性提出了很高要求，取苗机构需要满足具有稳定的往复运动、急回运动特性等要求，该取苗机构中的摆动式组合机构设计（图 5-22）可以很好地满足上述要求。

摆动式组合取苗机构工作时可按照特定轨迹，完成从穴盘取苗到定向投苗的往复动作，该取苗机构可以满足以下特点：

① 能够稳定地往复运动。取苗机构的工作过程为不断重复取苗和投苗的动作，为实现顺利取苗和投苗的工作循环，此取苗机构可以稳定地往复运动。

图 5-22　摆动式组合取苗机构示意图

② 具有急回运动特性。取苗机构工作过程中，为了保证取苗成功率和投苗的精准性，取苗爪在取苗和投苗段的运动速度要尽可能低，即取苗机构应具有两个零速极限位置。同时为提高取苗效率，取苗爪在向投苗点送苗和投苗后空程返回，准备下次取苗的过程中应具有较快的运动速度，以减少无效运动时间，提高了取苗机构整体工作效率。

③ 能完成钵苗姿态转变。由于移箱上穴盘与地面夹角范围一般为 0°~90°，取苗爪取苗时垂直于穴盘，投苗时垂直于地面，即取苗爪从取苗点运动到投苗点的过程中，该取苗爪应能完成钵苗姿态的转变。

2）仿形滑槽设计。该门形摆动式取苗机构采用仿形滑槽设计，利用仿形滑槽形状的不规则性，通过与曲柄导杆机构配合，完成取苗爪从取苗点到投苗点姿态的转变。仿形滑槽是取苗机构的重要组成部分，工作时来限制门形横梁连接杆滚子的运动。由于仿形滑槽滑道的不规则性，滑道轨迹设计困难，该团队对仿形滑槽轨道轨迹曲线设计进行了求解，最终设计出较为科学的仿形滑槽形状，如图 5-23 所示。

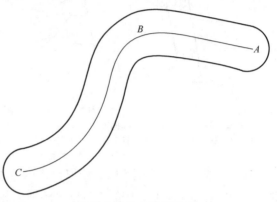

图 5-23 仿形滑槽形状

3）推杆套针式取苗机构设计。取苗爪是取苗机构的执行部件，因为其工作时直接与钵苗相接触，故取苗机构设计的合理与否对取苗结果有较大影响。如图 5-24 所示的推杆套针式取苗机构，在推杆的门形架末端都设有限制夹苗针运动的环形套，夹苗针一端的夹苗段分别套在对应环形套内，另一端铰接在取苗爪座上，夹苗针可随着推杆的伸缩做张开闭合动作。为保持夹苗的稳定性，两针取苗爪的夹苗针直径应大于四针取苗爪夹苗针直径。此外，夹苗针末端应做成楔形，以减少夹苗针插入基质时产生的阻力及对钵体的伤害。

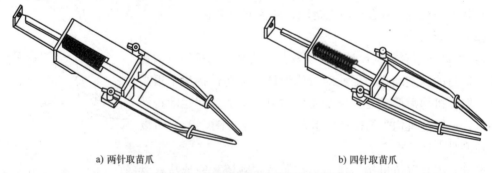

a) 两针取苗爪　　　　　　　　　　　　　　b) 四针取苗爪

图 5-24 推杆套针式取苗机构结构图

3. 模块化移栽机取苗机构

设施农业是现代农业工厂化生产的代表，是未来我国农业发展的主要方向之一。农业自动化装备也随着设施农业发展的需求而快速发展。在农业机械生产领域，企业一方面必须利用产品的批量化、标准化和通用化来缩短上市周期、降低产品成本、提高产品质量；

另一方面，还要不断地进行产品创新以使产品越来越个性化，满足客户的定制需求。因此，如何平衡产品的标准化、通用化与定制化、柔性化之间的矛盾，已成为企业赢得竞争的关键。

解决这一问题的有效方法就是模块化设计，模块化设计包括模块划分和模块设计重组，是对企业产品进行功能分析并将其划分为一系列功能不同的模块。根据客户需求对模块进行设计和重组、产生功能或性能不同的产品族的一种设计方法。北京工业大学高国华等人把自动化穴盘苗移栽机分为夹持机构、控制机构、移栽机支架、横向平移机构、传送装置和间隔调整机构六大模块，以对其进行模块化设计。其中，夹持机构集合了气动技术和自动控制技术对移栽爪进行了设计，并通过双气缸联动的方式控制取苗爪的移动和取苗、放苗动作，该研究主要是针对温室内穴盘苗的移栽作业。

在移栽机的各个模块中，夹持爪作为对穴苗进行抓取的机构，是移栽机的关键模块，也是穴盘移栽机设计中变动最大的部分。不同的温室工厂使用的穴盘不同，夹持爪的尺寸需要随着穴盘格的大小而变动。其次，夹持爪的夹持角度、夹持力度、钢针伸缩长度都将影响夹取穴苗的成功率。

（1）工作原理

夹持爪机构如图 5-25 所示，设计的基本要求是夹持爪能顺利将穴苗从密穴盘（128 穴）中提取出来，且在把穴苗移植到疏穴盘（72 穴）后能与穴苗良好地脱离。为了实现夹持、提取、移栽、收回等动作的独立控制，夹持爪采用双气缸联动的方式移植穴苗。夹持爪动作过程为：大、小气缸之间的连接主要依靠中间的连接板。

第 1 步是大气缸先运动，小气缸整体随着大气缸推杆向下移动；第 2 步是小气缸推杆的运动，它推动钢针从套筒中伸出，实现幼苗的夹取；第 3 步是大气缸推杆收回，使小气缸整体实现移植；

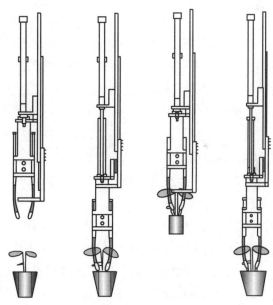

图 5-25　夹持爪动作过程

第 4 步是当幼苗被移动到空穴盘上指定位置后，大气缸将小气缸整体推下，然后小气缸收回推杆，幼苗被放在穴盘中，整个移植过程结束。

（2）设计优点

该团队在前期研究的基础上，将模块化设计的思路引入移栽机的结构设计中，以 Access 数据库为工具创建了移栽机模块参数数据库，对 SolidWorks 的二次开发方法进行了研究，运用 VB 编辑语言设计了应用程序，对移栽机关键模块进行参数化设计，为其他农业机械的模块化设计提供了参考。本研究把模块化设计应用到设施农业的制造中，通过模块和知识的重用可以大大提高设计效率、降低整机制造成本，提升企业的竞争力。

1）模块化设计平台搭建。在模块化设计思想的基础上，该团队设计开发完成了模块化设计平台，如图 5-26 所示。为了实现平台功能，根据零件的结构特性，建立零件的尺寸参数数据库，运用 VB 语言调用 SolidWorks 的 API 函数，对 SolidWorks 进行二次开发，并通过数据库对尺寸参数进行赋值。在软件平台上，本研究只需要选择需要设计的零件，确定相应的参数，即可自动生成零件模型，实现了系统零件的参数化设计，由零件尺寸的改变带动整体模块的结构尺寸改变，实现模块化设计。

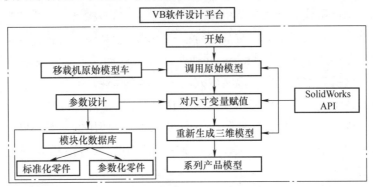

图 5-26　模块化设计平台结构图

2）模块化数据库的创建。在对零件进行设计时，本研究需要调用数据库对其参数数值进行赋值或者更新。Access 是可视化的数据库管理系统，操作简单，使用方便。在建立数据库的过程中，将用户信息单独作为一类，然后根据零件的结构特性将零件分类，针对每一类型的零件，本研究分析特定零件的尺寸特征，确定尺寸基准，提取主要尺寸设置参数变量，并在数据表中记录信息，为后期的模块化零件设计提供数据支持。

根据移栽机模块化设计的需要，对 Access 数据库表的结构进行了设计规划。数据库表一共有 3 类：①用户登录表，用来存放默认的用户名和密码，用来验证登录指令；②标准化零件的尺寸参数表，用来记录标准件的尺寸参数，如垫圈、螺栓等，标准件的尺寸参数参照国家标准，引用机械设计手册中的数据；③参数化零件的尺寸参数表，用来记录结构比较复杂，还未形成统一标准的零件的尺寸参数，如夹持连接板、大小连接板等。

3）模块的参数化建模。对零件进行参数化设计有很多方法，本研究采用的方法主要有两种：利用 SolidWorks 中的宏录制和 SolidWorks 方程式驱动。本研究在 SolidWorks 中使用宏录制功能记录零件的设计过程，然后提取宏文件的代码，并将其转换成 VB 语法形式的程序代码，使之符合 VB 的编程语法，将代码加入 VB 的程序中，就可以通过 VB 操作 SolidWorks，对零件模型进行参数化修改。对于结构特性比较复杂的零件，研究者可以结合方程式驱动方法建模，在零件模型尺寸之间可以使用尺寸名称作为变量来生成方程式。被方程式所驱动的尺寸在模型中以编辑尺寸值的方式来改变。方程式由左到右，位于左侧的尺寸会被右侧的值驱动，多个方程式的求解按编辑方程式中所列顺序逐一解出。

对于标准化零件，零件多为对称结构，程序设计比较简单，主要采用宏录制的方法。同时通过 VB 绑定 ADO 控件连接数据库，在软件界面上，通过 VB 控件调用数据库中的数据，再通过 VB 程序调用 SolidWorks 的 API 函数，运行相应的已修改好的宏代码，在 Solid-

Works 环境下完成零件的建模。

对于参数化零件，该设计主要采用方程式驱动的方法，分析零件的结构特性，对独立的尺寸参数单独赋值，找出互相关联的尺寸参数，选择一个特征尺寸参数作为建模基准参数，将基准参数作为自变量，其他尺寸参数作为因变量，形成尺寸链。以基准参数为起点，通过使用方程式将有尺寸关联的尺寸参数连接起来。在软件界面，研究者只要确定了独立参数和特征参数的数值，通过尺寸链的联动计算即可确定零件各个尺寸的数值。通过 VB 控件提取相应的数值，调用 SolidWorks 的 API 函数，将数值赋给函数的各参数，即可实现零件的重新建模。

4. 指针夹紧式穴盘苗移栽爪

指针夹紧式穴盘苗移栽爪一般由驱动机构、夹持指针，安装定位装置等构成，夹持指针由 3 个到多个不等，工作时采用气缸驱动指针来控制进行钵苗的夹取、移动与钵苗的释放等过程。沈阳农业大学邱立春等人研制了一种如图 5-27 所示的指针夹紧式穴盘苗移栽爪，该移栽爪主要由驱动气缸、指针安装定位块、移栽爪安装定位块、弹簧套、指筒和夹持指针组成。气缸缸体固接指针安装定位块，气缸活塞杆固接移栽爪安装定位块，移栽爪安装定位块上通过销轴连接 4 个指筒，指针穿过指筒接在指针安装定位块上，弹簧套卡在 4 个指筒上端的凹槽中，在机械爪安装定位块上设置带螺孔的侧板。

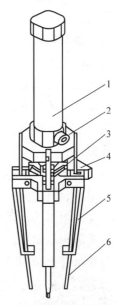

图 5-27　指针夹紧式穴盘苗移栽爪
1—驱动气缸　2—指针安装定位块
3—移栽爪安装定位块　4—弹簧套
5—指筒　6—夹持指针

（1）工作原理

移栽爪工作时安装在机械臂的滑块上。初始状态，移栽爪位于单个穴苗的正上方，指针伸出指筒 5mm；移栽爪整体下降至指定点后，气缸驱动指针沿指筒向下运动，插入苗坨中，当气缸即将满行程时，指针向里回收 2～3mm，夹紧苗坨；移栽爪上移，将穴苗从穴盘中取出，水平移动到生长盘的正上方；移栽爪下降，气缸反行程运动，指针张开、收回。穴苗被植入生长盘中；移栽爪整体上升，回到初始位置。

指针入土过程为：夹苗时，指针连接板在缸体的驱动下向下运动。到达一定位置后，连接板圆柱倒角面推动指筒绕销轴旋转一定角度，指筒施力于指针，使指针变形，向里夹紧苗坨。放苗时，气缸反行程作业，缸体向上运动。指筒在弹簧套的作用下向内旋转一定角度，指针恢复变形，松开苗坨。

（2）设计优点

设计中采用 SolidWorks 软件对移栽爪进行数字化建模，最终得到各零件的配套方案和设计参数。指针的长度为 130mm，指针横截面设计为扁平状，尺寸为 3mm×1.5mm。通过基于 Cosmosxpress 插件对指针进行有限元分析，表明弹性模量为 750MPa 的 65Mn 作为指针材料时，指针能够满足夹紧时所需的变形量要求。指筒长度 $L=60$mm，指筒作用面与竖直方向的夹角经模拟计算取7°。移栽爪安装定位块的最大设计尺寸为40mm，均匀分布的4个凹槽用来安装指筒。为了减轻移栽爪的重量，同时考虑受力的要求，材料选用铝合金。指针安装定位块的设计有两个关键因素：一是安装指针后，指针中心与指筒上端的孔同心；二是定位块柱状结构端面倒角应与指筒上端侧面倾角一致。气缸行程应大于指针入土深度30mm，根据安装方式和驱动力要求，选用SMC公司生产的型号为CDJ2B16—50的基本型气缸，气缸径为16mm，行程为50mm。

5. 翻转摆位式取苗机械手

新疆移栽种植面积较大，人工移栽成本高、周期长，需要高速的自动移栽机械，快速完成辣椒、番茄等作物的移栽。为了适应新疆地区地缘辽阔的种植特点，必须要设计高效、可靠的栽植机构才能满足田间作业需要。翻转摆位式取苗机械手利用扎苗、放苗气缸控制取苗爪的取苗、放苗，翻转气缸和摆位气缸控制机械手在取苗位和投苗位的姿态变换，可以高效低损地完成取苗动作。新疆农业大学韩长杰等人设计的多组气缸驱动的翻转摆位式取苗机械手，通过室内取苗试验得出，系统取喂苗总可靠率达98.92%，平均基质损失质量9.26%，取喂速度达70株/min。

工作原理

多组气缸驱动的翻转摆位式取苗机械手主要由摆臂、后滑杆、前滑杆、长夹片、短夹片、支座组成，其机构简图如图5-28所示。其中，前滑杆和后滑杆安装在两端的支座上，并能够在支座里滑动，滑杆间距 d 为56mm；摇杆转动中心 O 相对支座固定不动，摇杆上的2个长孔分别与前滑杆与后滑杆铰接，长夹片固定安装在后滑杆上，短夹片安装在前滑杆上，每个滑杆上相邻的2个夹片中心距 $2b$ 为64mm，夹片夹苗部位宽度15mm。当摆臂与滑杆垂直时，任意相邻两个夹片间距 b 为32mm（同穴盘的苗穴间距）；当摆臂向右摆动时，长夹片随后滑杆向右移动，短夹片随前滑杆向左移动，相邻长夹片与短夹片间的穴盘苗被夹持，此时可取出穴盘一排中相互间隔的穴盘苗；当摆臂向左摆动时，长夹片随后滑杆向左移动，短夹片随前滑杆向右移动，相邻长夹片与短夹片间的穴盘苗被夹持，此时可取出穴盘一排中其余相互间隔的穴盘苗，摆臂从两侧向中间回位时夹片打开进行放苗。

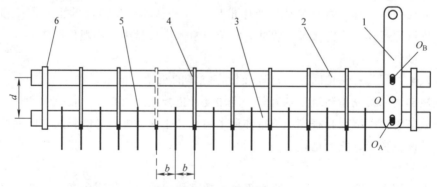

图5-28　机械手机构简图

1—摆臂　2—后滑杆　3—前滑杆　4—长夹片　5—短夹片　6—支座

6. 五杆–定轴轮系组合式自动取苗机构

中国农机院李树君、金鑫等人研制了一种五杆–定轴轮系组合式自动取苗机构，并对该取苗机构进行了运动学及动力学分析，获得了结构参数对机构的影响规律及最佳参数组合，该机构具有良好的取苗效果和动力学性能，且取苗工作效率达到了 60~90 株/min。

蔬菜钵苗自动移栽机结构如图 5-29 所示。其主要由车架、驱动机构、传动机构（同时驱动送苗装置间歇运动、取苗机构和栽植机构运动）、苗盘输送装置、吊篮式栽植机构和取苗机构等部件组成。移栽机由 22kW 拖拉机带动，采用后三点式悬挂。全部工作装置的动力由地轮提供，通过 3 级链传动、变速箱将动力传递到苗盘输送装置、栽植机构和取苗机构，保证了机器行走与送苗、取苗、喂苗间的同步。

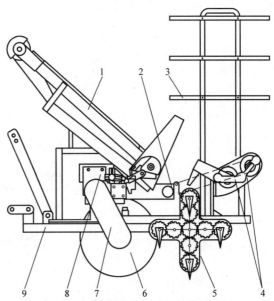

图 5-29 蔬菜钵苗自动移栽机结构图
1—苗盘输送装置 2—链传动Ⅱ 3—苗盘架 4—取苗机构
5—吊篮式栽植机构 6—地轮 7—链传动Ⅰ
8—变速箱 9—车架

取苗机构与车架成一定角度安装，其安装角度可调，同时保证与吊篮式栽植机构良好配合。取苗机构和栽植机构均由链传动驱动，具有一定的运动关系。随着机组的前进，动力由地轮传动到各级传动机构，取苗机构在链传动作用下往复运动。其运动一个周期栽植机构旋转 1/4 圈，始终保证吊杯与取苗臂在投苗位置的匹配。与此同时，取苗机构取苗 1 次，苗盘输送装置横向移动一个穴距，当一排苗取完时送苗装置在棘轮和链传动作用下纵向进给 1 个穴距，然后又在槽轮和双螺旋机构作用下横向间歇移动，实现钵苗进给与取苗、喂苗、栽苗间的同步，完成蔬菜钵苗自动移栽过程。

（1）工作原理

图 5-30 为双曲柄齿轮连杆式钵苗取苗机构示意图（X 轴方向为水平方向）。

该蔬菜钵苗取苗机构是由一个自由度为 1 的齿轮机构（一对传动比为 1 的直齿圆柱齿轮组成）封闭一个自由度为 2 的平面铰链五杆机构组合而成的封闭式传动机构。

齿轮 2 由链驱动，齿轮 1 和齿轮 2 旋转中心的连线与 X 轴方向成一定角度，连杆机构的曲柄 OA 和曲柄 DC 分别与齿轮 1 和 2 轴上的输出端 O 点和 D 点铰接。工作时，链传动驱动齿轮 2 带动齿轮 1 运动（齿轮 2 顺时针转动），使得五杆机构的两曲柄做速度相等方向相反的匀速旋转运动，同时带动取苗臂以特定轨迹运动，最终形成取苗臂尖点 F 的运动轨迹，以保证取苗要求。

取苗臂尖点的运动轨迹与两齿轮的大小、两齿轮的初始安装位置、各杆长度、杆 AB 与杆 AE 的夹角 θ_1 以及两曲柄的初始相位角 α_{10}、α_{40} 等参数有关。此外，取苗臂的 EF 杆与水平方向夹角 β 会影响取苗、投苗时取苗臂的状态。

（2）设计优点

齿轮 - 五杆机构设计使齿轮 - 五杆机构在不同周期情况下能描绘出完整封闭的连杆曲

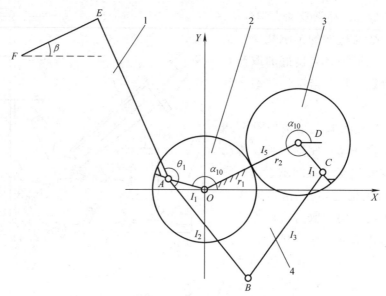

图 5-30　钵苗取苗机构示意图

1—取苗臂　2—圆柱齿轮1　3—圆柱齿轮2　4—连杆机构

线，该团队对该机构进行了运动学和动力学建模，分析了主要运动参数变化对机构运动和动力学特性的影响规律，优选出了一组最佳的运动参数组合，使机构不仅具有符合穴盘取苗和投苗要求的运动轨迹，同时具备较佳的动力学性能即对机架振动较小。

在保证装配关系和满足双曲柄存在的条件下，该机构使取苗臂有要求的运动轨迹，通过优化机构运动参数，可以改善取苗入钵、取苗姿态和投苗状态，使蔬菜钵苗以较低的损伤顺利进入植苗器中，从而满足移栽的农艺要求。

7. 柔性取苗机械手

取苗机械手关键部位的机构参数和钵苗基质的物理特性直接影响到钵苗基质在取苗过程中出现变形和损伤的程度，进而影响栽植效率。鉴于国内外学者对自动取苗机构做了大量的研究，但多偏重于对取苗机构的设计，而对取苗机构参数和钵苗基质物理性质对取苗效率影响的研究较少。本研究通过对比2种常见的取苗机构，选取柔性取苗机构为研究对象，对该机构建立数学模型，对关键部位进行有限元分析，通过试验探究了取苗机构凸轮参数和基质含水率在取苗过程中对钵苗基质体的影响。

河南科技大学姬江涛、王东洋等对柔性取苗机械手进行了仿真分析。为了探究取苗机械手结构参数和钵苗基质物理特性在取苗过程中对钵苗变形和损伤程度的影响，对2种不同的取苗机构进行了讨论，通过对比分析，选取柔性取苗机械手为研究对象，建立了该机械手的运动学模型，根据所建立方程对该装置关键部位进行有限元分析。以凸轮宽度为试验因素、基质变形率和基质损失量为试验指标，选取3种不同含水率的钵苗进行夹取试验。结果表明，3种不同含水率下，凸轮宽度对基质损失量影响很小，最大平均值为1.14g，并且含水率和凸轮宽度对基质损失量没有明显的影响；基质的挤压变形率随着凸轮宽度和含水率的增加具有显著上升的趋势，在含水率为51.81%、凸轮宽度为37mm时，挤压变形率为12.66%，对应的压缩量为6.08mm。

柔性取苗机械手的结构如图 5-31 所示，其结构相对简单，只有 2 个取苗爪和 1 个铰链，可以看作是 2 个杠杆相对放置，将苗爪上端较小的位移放大成苗爪末端较大的位移。工作时，凸轮将苗爪上端撑开，苗爪末端夹住基质苗，苗爪翻转到落苗位置，凸轮脱离苗爪上端，回位弹簧将苗爪末端撑开，基质苗脱落。苗爪采用柔性材料，在撑开力和基质苗钵体抗压力的作用下，苗爪会产生变形，而基质体也会产生一定的压缩变形。要求苗爪材料有一定的弹性，在保证夹持力的同时，不使基质变形或损坏。

曲柄滑块式取苗机械手属于刚性部件，很难保证在夹持力足够的情况下不对苗造成损伤，并且其机构较多，结构相对复杂。由于加工和安装误差的存在，很难保证其精

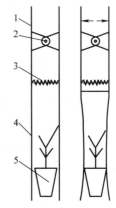

图 5-31　柔性取苗机械手简图
1—撑开位置　2—固定位置
3—回位弹簧　4—柔性苗爪　5—基质苗

度，在工况较差时，容易出现卡死的情况。与曲柄滑块式取苗机构相比，柔性取苗机械手结构简单，其柔性特点可以使基质苗对苗爪夹持力有一定的适应范围，减少对基质的损伤。

5.2.2　顶杆式取苗机构

顶杆式取苗机构，目前在欧美国家集机、电、气与一体的大型蔬菜全自动移栽机上有应用（如法拉利 FUTURA 型蔬菜移栽机），而国内在水稻秧苗抛秧机上应用较多，基于此机构蔬菜自动移栽机则未见使用。该机构结构图如图 5-32 所示，是由顶杆、顶杆驱动器、夹苗喂入器等部件构成的。其工作原理是当苗盘输送装置将带苗穴盘输送到指定位置时，通过顶杆驱动器控制顶杆向前运动，穿过穴盘底部透水孔，将苗体从穴盘中顶出，同时夹苗器夹持住钵体，然后旋转向下投苗，达到取苗目的。

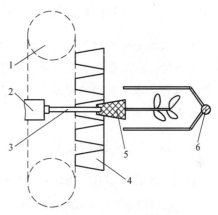

图 5-32　顶杆式取苗机构简图
1—苗盘输送装置　2—顶杆驱动器　3—顶苗推杆
4—育苗穴盘　5—穴盘苗　6—夹苗喂入器

5.2.3　气吸式取苗机构

气吸式取苗机构，目前由吉林大学进行过试验研究，机构结构图如图 5-33 所示，主要由苗盘定位装置、吸力装置、落苗管等部件构成。此种机构取苗采用的育苗盘穴格形状为上下端相通的圆锥或方锥形，而不是常用的上大下小的倒锥形。其工作原理是先将带苗穴盘（包括底盘）放入定位

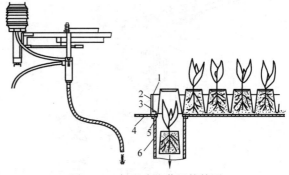

图 5-33　气吸式取苗机构简图
1—苗盘定位装置　2—边缘定位　3—底部定位
4—后备托盘　5—落苗口　6—落苗管

装置，抽出底盘使所有穴盘苗落在后备托盘上，后备托盘上的落苗口连接着落苗管，当苗钵输送装置将苗钵移至落苗口，穴盘苗在自身重力及吸力装置产生的吸力作用下落入落苗管内，实现自动取苗。

由于取苗过程中穴盘苗是通过落苗管下落的，为使苗叶尽量少受损伤，对穴盘苗的苗叶宽度有一定限制，另外育苗成本较高，取苗作业工序复杂，速度较慢，两个穴盘苗间隔落下的速度不能太快，否则容易造成重叠苗，影响栽植效果。

综合分析，鉴于机械手式取苗机构和顶杆式取苗机构较为常见，本章将着重介绍该两种取苗机构。

5.3 机械手式取苗机构理论分析与设计仿真

在对蔬菜穴盘苗物理力学特性和穴盘取苗苗钵拉拔力试验研究的基础上，本章将探讨蔬菜自动移栽机械的核心工作部件——穴盘苗自动夹取机构的工作机理，并对其进行运动学和动力学优化分析，实现高性能自动取苗，为蔬菜自动移栽机械的设计提供依据。

5.3.1 蔬菜穴盘苗取苗机理分析

取苗机构是将穴盘苗取出并最终释放至栽植机构的工作部件，它是蔬菜自动移栽机械的核心部件，其工作性能的好坏，直接影响蔬菜的栽植质量。首先我们从取苗机理分析将穴盘苗从育苗盘中取出的可能方案。若将穴盘苗从育苗盘中取出，根据穴盘穴孔形状的不同主要有三种途径：即采用顶出、吸出和拔出的形式。

5.3.2 取苗机构结构设计

本研究设计采用对称齿轮–连杆机构来实现蔬菜穴盘苗的自动取喂，其结构形式如图5-34所示。该机构主要由齿轮传动箱、双曲柄、连杆、取苗臂、取苗爪（一对夹苗指针、推杆和套环组成）、凸轮、拨叉和压缩弹簧等部件组成。两曲柄一端分别固接于两齿轮传

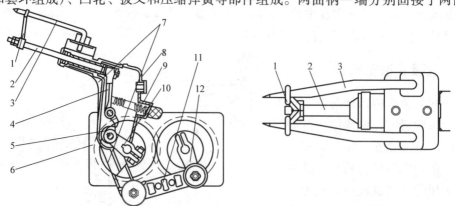

图5-34 对称齿轮–连杆式取苗机构图

1—套环 2—推杆 3—夹苗指针 4—拨叉 5—凸轮 6—齿轮箱（内有两对称圆柱齿轮） 7—取苗臂
8—取苗臂盖 9—压缩弹簧 10—曲柄Ⅰ 11—连杆 12—曲柄Ⅱ

动轴的端部，另一端曲柄Ⅰ（凸轮固定其上）与取苗臂铰接，曲柄Ⅱ与连杆一端铰接；连杆另一端与取苗臂铰接；推杆与取苗臂滑动配合，一端固定套环，另一端被拨叉（铰接于取苗臂内）通过弹簧压住；两取苗指针端部与取苗臂铰接，尖端部分穿过套环内实现点－线接触。两夹苗指针的开合（夹苗、放苗）是通过推杆带动套环前后运动，进而促使两指针内外旋转来实现的；推杆的前后运动是通过凸轮和弹簧共同作用于拨叉来实现的；可以通过调节取苗臂盖上的旋钮（控制弹簧座伸缩）来调整弹簧的压缩量。

取苗作业时，齿轮箱传递机构所需动力，两对称齿轮带动曲柄Ⅰ和曲柄Ⅱ同步进行逆时针和顺时针的匀速圆周运动，曲柄Ⅰ直接作用于取苗臂，而曲柄Ⅱ带动连杆运动，在曲柄Ⅰ和连杆的带动下，取苗臂以一定的轨迹做往复运动；取苗爪（两夹苗指针、套环和推杆）随取苗臂的运动来实现对苗钵的夹取和释放，其过程为：初始运动阶段弹簧压缩拨叉使推杆伸出，两夹苗指针开合；当取苗臂运动到取苗位时，凸轮促使拨叉带动推杆回缩，凸轮达到最大行程时推杆缩至最底端，与此同时，夹苗指针插入苗钵并快速夹紧；取苗臂继续运动，取苗爪将苗钵拔出，并保持夹紧状态，当凸轮到达最低行程时，取苗臂转至投苗位，在弹簧的作用下推杆复位，将苗钵推出投苗。

对称齿轮－连杆式自动取苗机构采用回转式入钵夹取方式取苗，具有对秧苗和钵体损伤较小、机构简单、结构参数便于调整、工作较平稳可靠、作业效率高等优点。

5.3.3 取苗机构运动学和动力学分析

本节将针对设计的蔬菜穴盘苗对称齿轮－连杆机构进行运动学和动力学建模，分析主要结构参数变化对机构运动轨迹的影响规律，以及对支座振动受力的影响情况，优选出一组最佳参数组合，使机构不仅具有符合农艺要求的运动轨迹，同时具有最佳的动力学特性。

图 5-35 为对称齿轮－连杆式取苗机构的运动简图。从图中可以看出，该机构是由一对传动比为 1 的直齿圆柱齿轮机构和自由度为 2 的平面五杆机构组合而成。其原动件是齿轮 D，顺时针旋转带动齿轮 O 以相同的转速逆时针旋转。杆 OA 和杆 DC 分别与两齿轮固接，为五杆机构的两曲柄。因此，机构可以简化为以 O、D 两点为支座，原动件曲柄 OA 和曲柄 DC 匀速反向转动的双曲柄五杆机构。其中，杆 AB、杆 AE 和

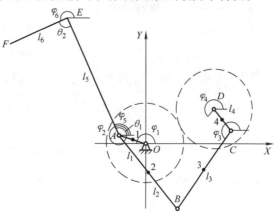

图 5-35 对称齿轮－连杆式取苗机构运动简图

杆 EF 为一根杆件（取苗臂和夹苗指针），当动力传递到取苗臂 A 点后在连杆 BC 的共同作用下，夹苗指针尖点 F 以一定轨迹运动。

1. 运动数学模型

建立坐标系，以 O 为原点、水平方向为 X 轴、垂直方向为 Y 轴。

（1）机构位移方程

对机构进行运动学正解分析，得出其轨迹方程。

A 点位移方程为

$$\begin{cases} x_A = l_1\cos(\alpha_{10} + \varphi_1) \\ y_A = l_1\sin(\alpha_{10} + \varphi_1) \end{cases} \qquad (5\text{-}1)$$

式中　l_1——曲柄 OA 的长度；

　　φ_1——曲柄 OA 转过的角度；

　　α_{10}——曲柄 OA 初始相位角。

C 点位移方程为

$$\begin{cases} x_C = x_D + l_4\cos(\alpha_{40} + \varphi_4) \\ y_C = y_D + l_4\sin(\alpha_{40} + \varphi_4) \end{cases} \qquad (5\text{-}2)$$

式中　l_4——曲柄 DC 的长度；

　　φ_4——曲柄 DC 转过的角度，$\varphi_4 = -\varphi_1$；

　　α_{40}——曲柄 DC 初始相位角。

由矢量方程 $l_{OA} + l_{AB} = l_{OD} + l_{DC} + l_{CB}$，得 B 点位移方程为

$$\begin{cases} x_B = x_A + l_2\cos\varphi_2 = x_C + l_3\cos\varphi_3 \\ y_B = y_A + l_2\cos\varphi_2 = y_C + l_3\sin\varphi_3 \end{cases} \qquad (5\text{-}3)$$

式中　l_2——曲柄 DC 的长度；

　　l_3——曲柄 BC 的长度；

　　φ_2——曲柄 DC 转过的角度；

　　φ_3——曲柄 DC 初始相位角。

移项消去 φ_3 得：

$$a\cos\varphi_2 + b\sin\varphi_2 - c = 0$$

其中，$a = 2l_2(x_C - x_A)$，$b = 2l_2(y_C - y_A)$，$c = l_2^2 - l_3^2 + (x_C - x_A)^2 + (y_C - y_A)^2$。

从而得到 $\varphi_2 = 2\arctan\left(\dfrac{b - \sqrt{a^2 + b^2 - c^2}}{a + c} \right)$。

再将 φ_2 代入式（5-3）可得出 B 点坐标，进而得到 $\varphi_3 = \arctan\left(\dfrac{y_B - y_C}{x_B - x_C} \right)$。

E 点位移方程为

$$\begin{cases} x_E = x_A + l_5\cos\varphi_5 \\ y_E = y_A + l_5\sin\varphi_5 \end{cases} \qquad (5\text{-}4)$$

其中，$\varphi_5 = \theta_1 - (2\pi - \varphi_2)$。

式中　l_5——杆 AE 的长度；

　　φ_5——杆 AE 角位移；

　　θ_1——杆 AE 与杆 AB 的夹角。

F 点位移方程为

$$\begin{cases} x_F = x_E + l_6\cos\varphi_6 \\ y_F = y_E + l_6\sin\varphi_6 \end{cases} \tag{5-5}$$

其中，$\varphi_6 = \varphi_5 + \pi - \theta_2$。

式中　l_6——杆 EF 的长度；

　　φ_6——杆 EF 角位移；

　　θ_2——杆 EF 与杆 AE 的夹角。

（2）机构速度方程

将位移方程对时间 t 求导，得：

A 点速度方程为

$$\begin{cases} \dot{x}_A = -\dot{\varphi}_1 l_1\sin(\alpha_{10} + \varphi_1) \\ \dot{y}_A = +\dot{\varphi}_1 l_1\cos(\alpha_{10} + \varphi_1) \end{cases} \tag{5-6}$$

式中　$\dot{\varphi}_1$——曲柄 OA 的角速度。

C 点速度方程为

$$\begin{cases} \dot{x}_C = -\dot{\varphi}_4 l_4\sin(\alpha_{40} + \varphi_4) \\ \dot{y}_C = +\dot{\varphi}_4 l_4\cos(\alpha_{40} + \varphi_4) \end{cases} \tag{5-7}$$

式中　$\dot{\varphi}_4$——曲柄 CD 的角速度。

连杆 AB 的角速度

$$\dot{\varphi}_2 = \frac{(\dot{x}_C - \dot{x}_A)\cos\varphi_3 + (\dot{y}_C - \dot{y}_A)\sin\varphi_3}{l_2\sin(\varphi_3 - \varphi_2)} \tag{5-8}$$

连杆 CB 的角速度

$$\dot{\varphi}_3 = \frac{(\dot{x}_C - \dot{x}_A)\cos\varphi_2 + (\dot{y}_C - \dot{y}_A)\sin\varphi_2}{l_3\sin(\varphi_3 - \varphi_2)} \tag{5-9}$$

E 点速度方程为

$$\begin{cases} \dot{x}_E = \dot{x}_A - \dot{\varphi}_2 l_5\sin\varphi_5 \\ \dot{y}_E = \dot{y}_A + \dot{\varphi}_2 l_5\cos\varphi_5 \end{cases} \tag{5-10}$$

F 点速度方程为

$$\begin{cases} \dot{x}_F = \dot{x}_E - \dot{\varphi}_2 l_6\sin\varphi_6 \\ \dot{y}_F = \dot{y}_E + \dot{\varphi}_2 l_6\cos\varphi_6 \end{cases} \tag{5-11}$$

以上各式中的参数符号含义与位移方程相同。

（3）机构加速度方程

将位移方程对时间 t 求二阶导数，得

A 点加速度方程为

$$\begin{cases} \ddot{x}_A = -\dot{\varphi}_1^2 l_1\cos(\alpha_{10} + \varphi_1) \\ \ddot{y}_A = -\dot{\varphi}_1^2 l_1\sin(\alpha_{10} + \varphi_1) \end{cases} \tag{5-12}$$

C 点加速度方程为

$$\begin{cases} \ddot{x}_C = -\dot{\varphi}_4{}^2 l_4 \cos(\alpha_{40} + \varphi_4) \\ \ddot{y}_C = -\dot{\varphi}_4{}^2 l_4 \sin(\alpha_{40} + \varphi_4) \end{cases} \tag{5-13}$$

连杆 AB 的角加速度为

$$\ddot{\varphi}_2 = \frac{\left[\begin{array}{l}(\ddot{x}_C - \ddot{x}_A)\cos\varphi_3 + (\ddot{y}_C - \ddot{y}_A)\sin\varphi_3 + \\ l_2 \dot{\varphi}_2{}^2 \cos(\varphi_3 - \varphi_2) - \dot{\varphi}_3{}^2 l_3\end{array}\right]}{l_2 \sin(\varphi_3 - \varphi_2)} \tag{5-14}$$

连杆 CB 的角加速度为

$$\ddot{\varphi}_3 = \frac{\left[\begin{array}{l}(\ddot{x}_C - \ddot{x}_A)\cos\varphi_2 + (\ddot{y}_C - \ddot{y}_A)\sin\varphi_2 - \\ l_3 \dot{\varphi}_3{}^2 \cos(\varphi_3 - \varphi_2) + \dot{\varphi}_2{}^2 l_2\end{array}\right]}{l_3 \sin(\varphi_3 - \varphi_2)} \tag{5-15}$$

E 点加速度方程为

$$\begin{cases} \ddot{x}_E = \ddot{x}_A - \ddot{\varphi}_2 l_5 \sin\varphi_5 - \dot{\varphi}_2{}^2 l_5 \cos\varphi_5 \\ \ddot{y}_E = \ddot{y}_A + \ddot{\varphi}_2 l_5 \cos\varphi_5 - \dot{\varphi}_2{}^2 l_5 \sin\varphi_5 \end{cases} \tag{5-16}$$

F 点加速度方程为

$$\begin{cases} \ddot{x}_F = \ddot{x}_E - \ddot{\varphi}_2 l_6 \sin\varphi_6 - \dot{\varphi}_2{}^2 l_6 \cos\varphi_6 \\ \ddot{y}_F = \ddot{y}_E + \ddot{\varphi}_2 l_6 \cos\varphi_6 - \dot{\varphi}_2{}^2 l_6 \sin\varphi_6 \end{cases} \tag{5-17}$$

以上各式中的参数符号含义与位移方程和速度方程相同。

2. 动力学模型

（1）受力分析

机构动力由一对直齿圆柱齿轮传递到连杆机构，进而使得取苗臂带动取苗爪以一定轨迹往复运动，完成取苗、投苗过程。动力学建模的目的是为了分析机构运动过程中结构参数对固定支座受力大小和振动波动的影响，从而得出受力峰值和振动波动较小的参数组合。因此，为了使计算简便，将机构简化为封闭五杆机构，并做以下假设：

1）O、D 点分别为曲柄 OA 和曲柄 DC 的固定支点，所受驱动力 F_z、F'_z 大小相等方向相反，作用点在两齿轮啮合点，且与 OD 连线垂直。

2）各杆件为细长匀质杆，质心在杆长 1/2 处，不发生弹性变形，且不考虑运动过程所受的摩擦力。

基于以上假设，采用动力学方程序列求解法对机构进行动力学建模。各杆件受力分析如图 5-36 所示（图中 i 点为各杆件质心点，m_i 为各质心点质量，$i = 1$，2，3，4）。

利用已建立的运动数学模型，基于假设条件首先可得出各质心点的坐标和加速度方程如下：

质心点 1 位移方程为

$$\begin{cases} x_1 = (l_1/2)\cos(\alpha_{10} + \varphi_1) \\ y_1 = (l_1/2)\sin(\alpha_{10} + \varphi_1) \end{cases} \tag{5-18}$$

质心点 2 位移方程为

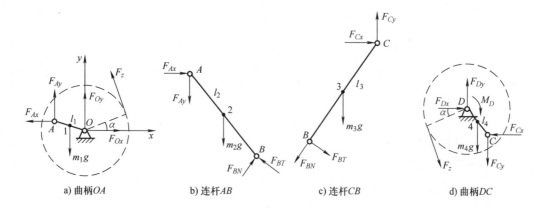

a) 曲柄 *OA*　　　b) 连杆 *AB*　　　c) 连杆 *CB*　　　d) 曲柄 *DC*

图 5-36　各杆件受力分析图

$$\begin{cases} x_2 = x_A + (l_2/2)\cos\varphi_2 \\ y_2 = y_A + (l_2/2)\sin\varphi_2 \end{cases} \tag{5-19}$$

质心点 3 位移方程为

$$\begin{cases} x_3 = x_C + (l_3/2)\cos\varphi_3 \\ y_3 = y_C + (l_3/2)\sin\varphi_3 \end{cases} \tag{5-20}$$

质心点 4 位移方程为

$$\begin{cases} x_4 = (l_4/2)\cos(\alpha_{40} + \varphi_4) \\ y_4 = (l_4/2)\sin(\alpha_{40} + \varphi_4) \end{cases} \tag{5-21}$$

质心点 1 加速度方程为

$$\begin{cases} \ddot{x}_1 = -\dot{\varphi}_1{}^2(l_1/2)\cos(\alpha_{10} + \varphi_1) \\ \ddot{y}_1 = -\dot{\varphi}_1{}^2(l_1/2)\sin(\alpha_{10} + \varphi_1) \end{cases} \tag{5-22}$$

质心点 2 加速度方程为

$$\begin{cases} \ddot{x}_2 = \ddot{x}_A - \dot{\varphi}_2{}^2(l_2/2)\cos\varphi_2 \\ \ddot{y}_2 = \ddot{y}_A - \dot{\varphi}_2{}^2(l_2/2)\sin\varphi_2 \end{cases} \tag{5-23}$$

质心点 3 加速度方程为

$$\begin{cases} \ddot{x}_3 = \ddot{x}_C - \dot{\varphi}_3{}^2(l_3/2)\cos\varphi_3 \\ \ddot{y}_3 = \ddot{y}_C - \dot{\varphi}_3{}^2(l_3/2)\sin\varphi_3 \end{cases} \tag{5-24}$$

质心点 4 加速度方程为

$$\begin{cases} \ddot{x}_4 = -\dot{\varphi}_4{}^2(l_4/2)\cos(\alpha_{40} + \varphi_4) \\ \ddot{y}_4 = -\dot{\varphi}_4{}^2(l_4/2)\sin(\alpha_{40} + \varphi_4) \end{cases} \tag{5-25}$$

以上各式中的参数符号含义与运动学方程相同。

（2）动力学方程

以曲柄 *OA* 为研究对象，动力学平衡方程为

$$\sum F_x = F_{Ox} - F_{Ax} - F_z\sin\alpha - m_1\ddot{x}_1 = 0 \tag{5-26}$$

$$\sum F_y = F_{Oy} - F_{Ay} - F_z\cos\alpha - m_1\ddot{y}_1 - m_1g = 0 \tag{5-27}$$

$$\sum M_O = F_z r - F_{Ay}x_A + F_{Ax}y_A + m_1gx_1 = 0 \tag{5-28}$$

其中，$\alpha = \arctan\dfrac{y_D}{x_D}$。

式中　α——OD 两点连线与 x 轴夹角；

F_z——齿轮 O 所受驱动力；

r——两齿轮节圆半径。

以连杆 AB 为研究对象，动力学平衡方程为

$$\sum F_x = F_{Ax} + F_{BN}\cos\left(\varphi_2 - \frac{3}{2}\pi\right) - F_{BT}\cos(2\pi - \varphi_2) + m_2\ddot{x}_2 = 0 \tag{5-29}$$

$$\sum F_y = F_{Ay} - F_{BN}\sin\left(\varphi_2 - \frac{3}{2}\pi\right) - F_{BT}\sin(2\pi - \varphi_2) - m_2\ddot{y}_2 + m_2g = 0 \tag{5-30}$$

$$\begin{aligned}
\sum M_A = {} & F_{BN}l_2\sin(\varphi_3 - \varphi_2) - F_{BT}l_2\cos(\varphi_3 - \varphi_2) - m_2g(x_2 - x_A) \\
& - m_2\ddot{y}_A(x_2 - x_A) + m_2\ddot{x}_A(y_2 - y_A) - J_{2A}\ddot{\varphi}_2 = 0
\end{aligned} \tag{5-31}$$

其中，$J_{2A} = \dfrac{1}{3}m_2l_2^2$。

式中　F_{BN}——B 点作用力在其与另一点连线方向的分力；

F_{BT}——B 点作用力在其与另一点垂直方向的分力；

J_{2A}——以 A 点为矩心，连杆 AB 的转动惯量。

以连杆 CB 为研究对象，动力学平衡方程为

$$\sum F_x = F_{Cx} + F_{BT}\sin(\varphi_3 - \pi) - F_{BN}\cos(\varphi_3 - \pi) - m_3\ddot{x}_3 = 0 \tag{5-32}$$

$$\sum F_y = F_{Cy} - F_{BT}\cos(\varphi_3 - \pi) - F_{BN}\sin(\varphi_3 - \pi) + m_3\ddot{y}_3 - m_3g = 0 \tag{5-33}$$

$$\sum M_C = -F_{BT}l_3 - m_3g(x_3 - x_C) - J_{3C}\ddot{\varphi}_3 + m_2\ddot{x}_C(y_3 - y_C) + m_2\ddot{y}_C(x_3 - x_C) = 0 \tag{5-34}$$

其中，$J_{3C} = \dfrac{1}{3}m_3l_3^2$。

式中　J_{3C}——以 C 点为矩心，连杆 CB 的转动惯量。

以曲柄 DC 为研究对象，动力学平衡方程为

$$\sum F_x = F_{Dx} - F_{Cx} + F_z'\sin\alpha - m_4\ddot{x}_4 = 0 \tag{5-35}$$

$$\sum F_y = F_{Dy} - F_{Cy} - F_z'\cos\alpha - m_4\ddot{y}_4 - m_4g = 0 \tag{5-36}$$

$$\sum M_D = -F_z'r + F_{Cy}x_C + F_{Cx}y_C + m_1gx_4 + M_D = 0 \tag{5-37}$$

式中　F_z'——齿轮 D 所受驱动力；

M_D——驱动力矩。

联立方程式（4-26）~式(4-37)，即可求出各点受力。其中支座 O、D 点所受合力分别为 F_1、F_2，即

$$\begin{cases} F_1 = \sqrt{F_{Ox}^2 + F_{Oy}^2} \\ F_2 = \sqrt{F_{Dx}^2 + F_{Dy}^2} \end{cases} \tag{5-38}$$

5.3.4　人机交互优化软件的开发

依据 5.3.3 小节所建立的数学模型，基于 Visual Basic. NET 开发了可视化的对称齿轮 – 连杆式蔬菜穴盘苗取苗机构的计算机辅助分析与优化软件（已获国家软件著作权登记，著作权号：2013SR117472）。软件分析的主界面如图 5-37 所示。

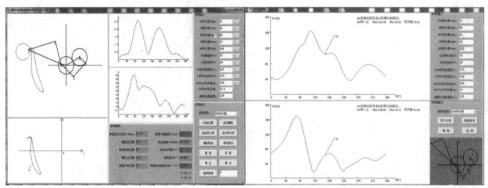

a)运动学分析界面　　　　　　　　　　　　b)动力学分析界面

图 5-37　对称齿轮 – 连杆式取苗机构辅助分析软件人机交互主界面

通过该人机交互界面，不仅能够在计算机屏幕上直接输入和调整机构参数值，还可以在屏幕上实时看到参数值调整后的目标数据及运动和力波动的轨迹图形。可输入和调整的参数（变化量）有：各杆件的长度、齿轮中心点的坐标、两曲柄的初始相位角、取苗臂与夹苗指针间的夹角、曲柄的转速等。显示的输出内容有：取苗段近似直线长度、取苗点位置、推苗点位置、轨迹高度、取苗段夹苗指针与秧苗夹角、支座受力大小等；显示的图形有：取苗指针尖点的运动轨迹、速度曲线、取苗和推苗位置时取苗爪的姿态以及支座受力曲线等。

利用该软件可以方便地分析机构各参数变化对优化目标、取苗爪运动和支座受力的影响，进而可以为优化得出较佳的机构参数组合（使夹苗指针具有满意的运动轨迹和姿态，同时机构具备良好的动力学性能）提供依据。

5.3.5　机构参数对运动和动力学特性影响分析

根据所建立的数学模型和人机交互优化软件，选取几个主要参数对机构进行运动仿真，分析其对机构运动轨迹和支座 O、D 点振动（选取曲柄 OA 和连杆 AB 进行分析）的影响。设定曲柄转速 $n = 120\mathrm{r/min}$、各杆件线密度 $\rho = 0.03\mathrm{kg/mm}$，即质量 $m_i = l_i \cdot \rho$（$i = 1，2，3，4$）。参数影响分析结果如图 5-38 和图 5-39 所示，图 5-39 中 θ 为曲柄 OA 转角，F_1、F_2 分别为支点 O、D 所受作用力。

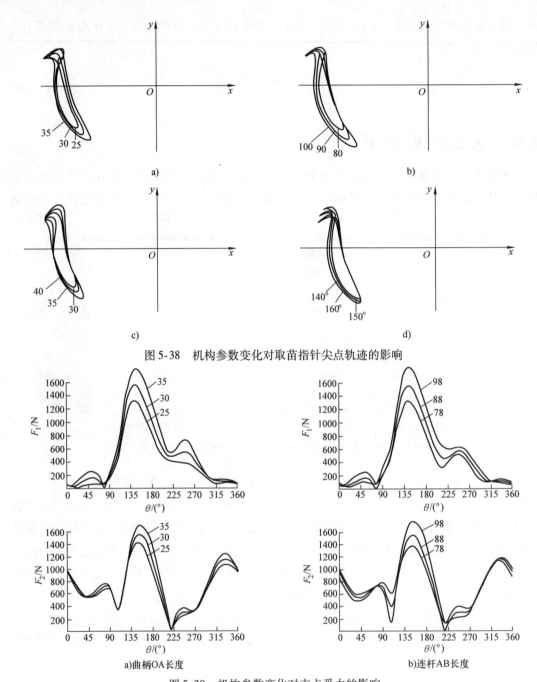

图 5-38　机构参数变化对取苗指针尖点轨迹的影响

图 5-39　机构参数变化对支点受力的影响

从图 5-38 中可以看出单一参数的变化对取苗指针尖点 F 运动轨迹的影响。在各参数选定的变化范围内：① 曲柄 OA、连杆 AB 长度及两曲柄相位差变化对轨迹高度影响较大，均随着其增大而增加，而曲柄 DC 长度变化对轨迹高度影响不显著；② 曲柄 OA 和曲柄 DC 长度的变化对取苗指针尖点入穴取苗、拔出苗段的轨迹影响较大，随着曲柄 OA 长度的增加，取苗尖嘴的宽度先减小后增大，取苗段近似直线段长度也先减小后增加，而曲柄 DC 长度的增加，则使得取苗尖嘴宽度和取苗段近似直线段长度均减小；③ 曲柄 OA 和曲柄 DC

长度的变化对入穴取苗轨迹与苗盘垂直度影响较大，均是随着其长度的增大，垂直度先上升后下降；④ 连杆 AB 长度和两曲柄相位差的改变，对取苗尖嘴宽度及取苗段轨迹与苗盘垂直度有一定影响，其中两曲柄相位差的改变影响了取苗点的位置，直接决定了苗盘的安装位置。

由图 5-39 可知曲柄 OA 和连杆 AB 长度的变化对支点 O、D 所受振动的影响。在参数变化范围内，随着曲柄 OA 长度的增加，对支点 O、D 的作用力增大，振动波动变大；连杆 AB 长度增加，使得 O、D 所受最小力先减小后增大，振幅增加。

5.3.6　机构运动参数优化

1. 优化目标

采用复优化方法对取苗机构运动参数进行优化，即获得一组最佳机构参数组合，使得机构满足要求的运动轨迹和姿态，同时又具有较好的动力学特性，降低机器的振动。具体思路是：先进行运动学优化，获得满足工作要求的机构参数范围，而后以其为约束条件，以机构支点 O、D 受力峰值和力波动最小为目标，进行动力学优化，最终得到一组最佳参数。

蔬菜穴盘苗取苗机构参数优化以移栽农艺与农机相结合为原则，需实现以下目标：

1）取苗臂入穴取苗近似直线段轨迹长度 25 ~ 40mm。

2）取苗后轨迹线段与苗盘架间的最小距离大于 30mm，以避免苗钵与苗盘间的干涉。

3）入穴取苗、拔苗轨迹与穴盘面尽量垂直。

4）取苗角与投苗角（分别是取、投苗点处取苗爪 EF 杆与水平线的夹角）的角度差值，约等于穴盘的安装倾角。

5）整个轨迹必须要有一定高度，避免取苗机构、供苗装置和栽植机构三者间的干涉。

2. 优化结果分析

根据参数对机构运动学和动力学特性影响分析以及所编写的辅助分析和仿真软件，通过人机对话和农艺要求的判断，在设定曲柄 OA 转速 $n = 120\text{r/min}$（即曲柄 DC 转速 $n' = -120\text{r/min}$）的情况下，得到了一组最佳参数组合为：$l_1 = 29\text{mm}$、$l_2 = 90\text{mm}$、$l_3 = 93\text{mm}$、$l_4 = 42\text{mm}$、$l_5 = 180\text{mm}$、$l_6 = 126\text{mm}$、$x_D = 74\text{mm}$、$y_D = 27\text{mm}$（即两齿轮半径为 39mm）、$\alpha_{10} = 169°$、$\alpha_{40} = 319°$、$\theta_1 = 165°$、$\theta_2 = 90°$。其运动轨迹如图 5-40 所示，轨迹高度 234.5mm，入穴取苗段轨迹直线段长度 30.1mm，入穴取苗、拔苗段轨迹与穴盘面几乎垂直（为 89.7°），保证了取苗质量和成功率。一个周期内取苗指针尖点 F 的速度曲线如图 5-41 所示，曲柄转角由 307°到 346°为取苗阶段，速度逐渐降低，当取苗指针尖点 F 插入苗钵最深处（即到达轨迹线最左点位置），速度降为最低（0.02m/s），有利于减小取苗时相对穴盘苗的碰撞；曲柄转角由 346°到 60°为拔苗至最高点阶段，速度先缓慢上升后下降，便于穴盘苗平稳顺利地取出；曲柄转角由 60°到 162°为取苗臂下降投苗阶段，速度先快速上升，有利于提高移栽效率，后减小至最低（0.32m/s），便于稳定投苗；接下来取苗臂上升，完成一个循环。

支点 O、D 受力如图 5-42 所示，支点 O 所受作用力最大为 1603N，最小为 5N，均方差 475N；支点 D 所受的最大作用力为 1581N，最小为 17N，均方差 394N，此时两点受力波动和力峰值相对较小，具有较好的动力学特性。可见该组机构参数满足蔬菜穴盘苗取苗要求，且具有良好的动力学性能。

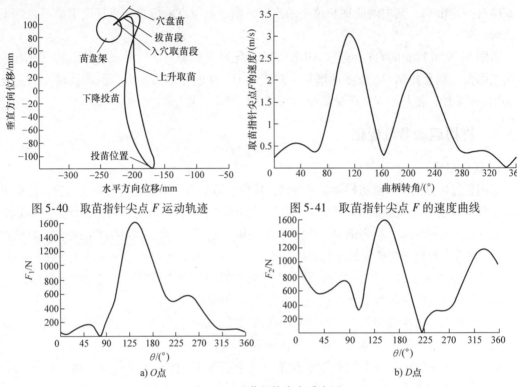

图 5-40　取苗指针尖点 F 运动轨迹

图 5-41　取苗指针尖点 F 的速度曲线

a) O点

b) D点

图 5-42　取苗机构支点受力图

5.3.7　取苗执行部件分析与设计

5.3.6 小节中已优化得出了取苗机构最佳的运动参数组合，通过此组合可以确定机构中对称齿轮箱组件的尺寸参数、各杆件的尺寸长度、两曲柄的初始相位角度以及取苗臂与夹苗指针间的安装角度等。本节将在此基础上，结合苗钵抗压和拉拔力试验研究，对取苗执行部件（取苗爪、凸轮及拨叉的尺寸参数）进行分析与设计计算。

1. 取苗爪的理论分析与设计计算

从对称齿轮 – 连杆式取苗结构图 5-43a 中可以看出，取苗爪由一对夹苗指针、套环和推杆组成，在入钵夹取穴盘苗的过程中，苗钵的受力如图 5-43b 所示。

取苗爪执行取苗动作时，一对夹苗指针以一定角度插入苗钵，同时在推杆、套环的回缩作用下，夹苗指针向内收紧，当两指针插入到取苗深度（约 30mm）后，两夹苗指针压缩至最紧以 β 角度夹持钵体，在取苗机构带动下将穴盘苗从穴格中拔出。

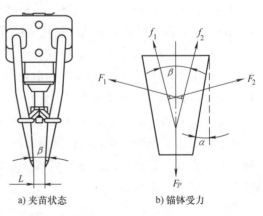

a) 夹苗状态

b) 锚钵受力

图 5-43　取苗机构夹苗状态及苗钵受力图

取苗时，两夹苗指针对钵体产生两侧夹持力 F_1、F_2，拔取苗钵时夹苗指针与钵体相对静止，接触面产生静摩擦力 f_1、f_2，不考虑钵体蠕变及不均匀等影响，理论上 $F_1 = F_2$，$f_1 = f_2 = \mu F_1$，μ 为钵体与夹苗指针间的静摩擦因数。成功取苗时，在取苗方向上，夹取力应能克服苗钵从穴盘穴格里拉拔出来的力 F_P，同时提供夹取力的夹持力不能过大，否则会夹坏苗钵；但也不能太小，太小则会达不到夹取穴盘苗的力度要求。因此，可得出穴盘苗顺利夹取需满足的条件：

$$f_1 \cos \frac{\beta}{2} + f_2 \cos \frac{\beta}{2} + F_1 \sin \frac{\beta}{2} + F_2 \sin \frac{\beta}{2} = F_P \qquad (5\text{-}39)$$

从式（5-39）中可以看出，克服穴盘苗的拉拔力 F_P，取决于夹持力 F_1、静摩擦因数 μ 和夹持角度 β。其中夹持力 F_1 是作用力，大小为

$$F_1 = \sigma A_1 \qquad (5\text{-}40)$$

式中　σ——钵体抗压强度，Pa；

　　　A_1——夹持钵体的面积，mm^2。

经过钵体抗压特性的试验研究，钵体抗压强度为

$$\sigma = F/A \qquad (5\text{-}41)$$

式中　F——钵体抗压力，N；

　　　A——试验中两针夹持钵体的面积（$116.46mm^2$）。

由式（5-39）~式（5-41）联立可得，

$$F_P = 2FA_1 \left(\mu \cos \frac{\beta}{2} + \sin \frac{\beta}{2} \right) / A \qquad (5\text{-}42)$$

2. 夹苗指针参数的确定

单根夹苗指针的尺寸参数设计原则是：在与穴格不发生干涉和不损坏钵体的情况下，指针入钵部分端部尽量尖细，便于插入，夹持苗钵时与钵体接触面积尽量大，减小压强；满足运动参数优化结果中所涉及的角度与尺寸数值。本设计夹苗指针结构如图 5-44a 所示。图中显示了右侧取苗指针（左侧取苗指针与其对称）的主要结构参数。设计直径 $\phi 6$，不锈钢 304 轴，大于抗压试验中的取苗针直径 $\phi 4.5mm$，前端 5mm 处做成尖锥状，35mm 处切出平面，这样既保证了入钵顺利，且与苗钵接触面积更大，为 $145.24mm^2$（插入苗钵 30mm 深时）；确定取苗指针尖与旋转中心距离 $L_1 = 105mm$。

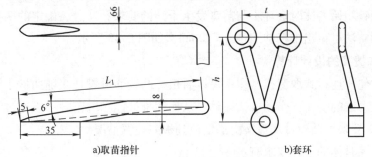

a)取苗指针　　b)套环

图 5-44　右侧取苗指针和套环结构图

图 5-45 为取苗执行部件的运动简图，从图中可以看出，取苗指针的开合是由推杆带

动套环在两指针上滑动来实现的，而推杆的伸缩则是由凸轮和弹簧共同来控制的。

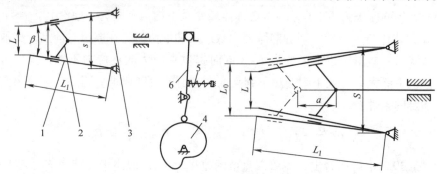

图 5-45　取苗执行部件运动简图

1—取苗指针　2—套环　3—推杆　4—凸轮　5—弹簧　6—拨叉

根据苗钵的尺寸（上端 30mm×30mm，下端 15mm×15mm），可以选取插入苗钵时两夹苗指针的开口距离 $L_0 = 18$mm，两夹苗指针位于取苗臂上铰接点的距离 $s = 40$mm；取苗指针插入苗钵 30mm 深并夹持苗钵时，两指针夹角 β 与指针开度 L 间的关系为

$$\sin \frac{\beta}{2} = \frac{s - L}{2L_1} \tag{5-43}$$

选取基质 FNZ 含水率 55% 的穴盘苗所需拉拔力 $F_P = 2.67$N，基质压缩位移 10mm（$L = 8$mm），并结合方程式（5-42）和式（5-43），将确定的参数值（其中 μ 取 0.52）代入，可得出苗钵抗压力 $F = 1.62$N，小于测定的苗钵最大抗压力 4.70N，此时两指针夹角 $\beta = 17.5°$，小于苗钵锥角 19°，因此夹苗指针的各参数设计较为合理，满足不损坏钵体情况下顺利取苗的原则。

3. 套环和推杆参数的确定

套环与推杆固定连接，通过推杆的伸缩，在两夹苗指针上来回滑动，促使指针的开、合。套环的设计原则是保证两圆环能在取苗指针上滑动顺畅，两圆环间距满足两夹苗指针的开度和夹苗角度要求，位置高度符合夹苗指针相对推杆间的安装位置要求。本设计选取套环两圆环间距 $t = 24$mm，高度 $h = 40$mm，结构见图 5-44b 所示。

推杆为 $\phi 8$mm 的不锈钢杆，其前端与套环固接，后端通过拨叉座与拨叉接触，其长度设计应符合拨叉运动和套环往复的位置要求，本设计选取长度 135mm；推杆初始位置设计应满足取苗指针初始入钵时套环不与苗盘发生干涉的要求；通过已确定的两夹苗指针开度大小，利用图解法可得出推杆伸缩量 $a = 20$mm，如图 5-45 所示。

4. 凸轮和拨叉的设计计算

从对称齿轮—连杆式取苗机构图中可以看出，凸轮通过键连接随曲柄Ⅰ同步运转，其作用是通过轮廓线的变化，带动拨叉摆动，从而使推杆能在取苗各个工作过程中处于相应位置。图 5-46 反映了凸轮带动拨叉由最低位到极限位置情况。

凸轮与拨叉具体的设计要求有：

1）取苗时，取苗爪能够缓慢夹紧钵苗；在投苗位时，取苗爪能迅速释放并退出苗钵。

2）投苗结束到取苗爪下一次取苗之间，保证两取苗指针是张开状态，以便下一次取苗。

3）满足推杆有 20mm 的伸缩量，即拨叉从 *B* 位置到 *A* 位置，在推杆沿线方向的行程为 20mm（见图 5-46）。

4）拨叉运动与取苗臂不发生干涉。

5）满足凸轮中心与拨叉中心横、纵向距离 28mm、14mm，拨叉两个极限位置（从 *B* 位置到 *A* 位置）转过的角度 $\delta = 30°$（见图 5-46）。

本设计最终确定凸轮与拨叉结构如图 5-47 所示。根据设计要求确定拨叉高度 $H = 50mm$，宽度 $B = 35mm$，凸轮运动 I 阶段为取苗爪入钵缓慢夹苗阶段，II 阶段为拔出苗钵保持夹持状态继续向下运动，II 阶段末与 III 阶段初迅速投苗，而拨叉在弹簧作用下复位，致使夹苗指针保持张开姿态直至 I 开始取苗。根据 4.2.4 小节机构运动参数优化结果，确定 I 阶段角度为 39°、II 阶段角度为 176°、III 阶段角度为 145°；设计确定凸轮基圆半径 12mm，凸轮有效行程 3mm。

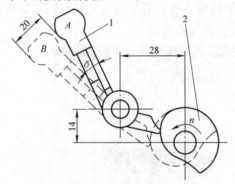
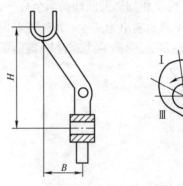

图 5-46　凸轮与拨叉运动极限位置图
1—拨叉　2—凸轮

图 5-47　凸轮与拨叉结构图

5.3.8　取苗机构三维建模与仿真分析

通过前面的理论分析与设计计算，得出了取苗机构各部件的运动和结构参数，本节对取苗机构进行三维建模设计，并通过仿真运动，分析其设计的合理性。

1. 取苗机构的三维模型

严格按照确定的各部件参数尺寸及设计计算要求，综合考虑机构的重量和紧凑性，利用 inventor 三维造型软件，建立了自动取苗机构的三维模型，如图 5-48 所示。通过干涉检验和运动过程中的接触识别检验，验证了机构的顺畅运转；同时通过添加相切、滑移、过渡等约束，模拟出凸轮带动拨叉进而促使取苗指针开合的过程，验证了设计计算中的取苗爪参数值。从图中也可以看出，取苗机构设计较为紧凑，计算得出除固定于机架上的齿轮箱组件（齿轮箱体和一对模数为 2 齿数为 39 的直齿圆柱齿轮）以外的取苗机构总质量 1.21kg，重量较轻，有利于减小机构的转动惯量。

2. 取苗机构的仿真分析

通过三维建模分析，校验了设计，并进一步改进和优化了参数。使取苗机构的各零部件可制造、可装配性得到提高。同时利用 inventor 软件自带的运动仿真程序对取苗机构运

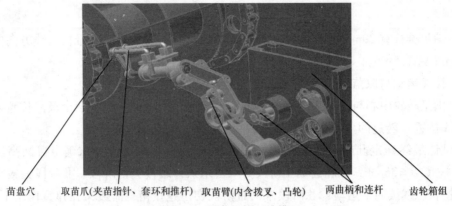

苗盘穴　　取苗爪(夹苗指针、套环和推杆)　取苗臂(内含拨叉、凸轮)　两曲柄和连杆　齿轮箱组

图 5-48　取苗机构三维模型

动过程进行分析，得出机构运动过程中的夹苗针尖尖点的运动轨迹、速度和加速度，如图 5-49 和图 5-50 所示。此时取苗机构的左右两侧曲柄分别以逆时针和顺时针 120r/min 的速度同步运转，速度和加速度曲线的横坐标—曲柄转角，其数值是通过时间与转动角度对应得出（inventor 原始输出为速度、加速度与时间的对应关系）。

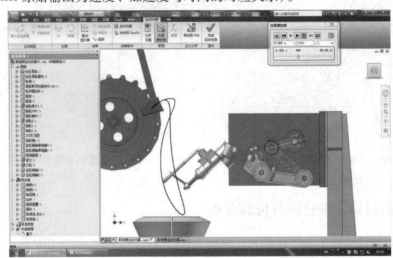

图 5-49　取苗机构运动仿真

a) 速度

b) 加速度

图 5-50　取苗指针尖点速度和加速度曲线

由图 5-49 和图 5-50 可知，机构仿真运动所产生的两夹苗指针尖点运动轨迹与理论设计得出的轨迹基本一致，轨迹高度相差 5.2mm（理论分析的轨迹高度 234.5mm，仿真运

动轨迹高度239.7mm）；取苗指针尖点在一个周期内的运动速度规律与理论分析的结果也基本相同，在最左位置（即入钵最深处，此时曲柄转角349°）和投苗点（曲柄转角165°）速度偏差较小，分别为 0.02m/s 和 0.05m/s（理论分析速度值分别为 0.02m/s 和 0.32m/s，仿真运动结果为 0.04m/s 和 0.37m/s），同时在下降投苗过程中的最大速度稍有偏差（理论分析为3.05m/s，仿真分析为3.32m/s）。这主要是由于在机构三维模型设计过程中，为便于加工和提高装配精度，进一步优化了部分参数，同时取苗机构的运动仿真结合凸轮拨叉带动夹苗指针的开、合运动，造成了较理论分析数值略大。因此，机构模型的仿真运动分析验证了机构理论分析与设计计算的合理性，同时也说明了该取苗机构能够满足自动取苗要求，实现较好的作业功能。

从图 5-50b 取苗指针尖点加速度曲线可以看出，当机构两曲柄转速为 120r/min（即每分钟取120株苗）时，一个取苗周期内的取苗指针尖点加速度相对较大，从动力学角度分析，惯性力对机构运动影响较大，对机架的振动有一定的影响，与理论分析机构支点所受振动波动影响相符。

从图 5-51 中可看出，曲柄转速为 120r/min 时机构两支点受力的波动规律与理论分析基本一致，但其受力的大小与均方差都小于理论分析值；仿真分析的支点 O 所受作用力最大为 155.6N，最小为 1.9N，均方差 45.9N，而理论分析的支点 O 所受作用力最大为 1603N，最小 5N，均方差 475N；仿真分析的支点 D 所受作用力最大为 136.8N，最小为 3.4N，均方差 33.4N，而理论分析的支点 D 所受作用力最大为 1581N，最小为 17N，均方差 394N。造成这一情况的主要原因是，理论分析时机构各部件均按照简化后的细长均质杆计算，尤其是密度设定过大，导致计算质量与三维模型的质量相差较大。若是根据取苗机构三维模型质量来减小理论模型中杆件质量的设定，则两支点受力的理论分析值与仿真分析结果能基本吻合。

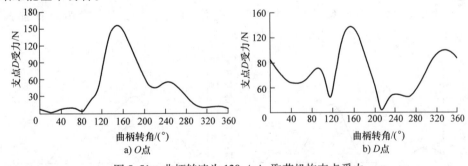

图 5-51 曲柄转速为 120r/min 取苗机构支点受力

综上所述，通过质量修正取苗机构的理论模型分析与仿真分析的结果基本一致，验证了机构理论模型的合理性，同时也说明机构建立的理论分析模型能够满足自动取苗条件，为机构的设计提供了理论依据。

当机构两曲柄转速为 90r/min（即每分钟取 90 株苗）时，一个取苗周期内的取苗指针尖点速度和加速度曲线如图 5-52 所示，从图中可以看出，取苗指针尖点的运动速度和加速度均有所降低，尤其是加速度峰值小于 40m/s²，在取苗段（曲柄转角310°～349°）加速度先上升后下降，最大值8.84m/s²，对苗钵的冲击较小，有利于减小苗钵损伤；而在下降投苗段（曲柄转角 63°~165°），加速度有一定波动，总体较大，投苗点加速度为 23.95m/s²，提高作业效率，同时有利于快速推苗投出。机构仿真分析说明了，该取苗机构在曲柄转速为 90r/min 时，运动状态较好，满足自动取苗的各项要求，同时动力学特性较佳，能够稳定可靠地实现每分钟 90 株穴盘苗的自动取、喂，较人工移栽大幅提高了栽植效率。

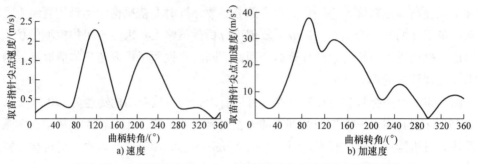

图 5-52　曲柄转速为 90r/min 时取苗指针尖点速度和加速度曲线

从不同转速下的取苗爪尖点速度和加速度曲线可以看出，当取苗机构两曲柄转速增大时，一个取苗周期内与曲柄转角对应的取苗爪尖点的速度和加速度均增大，当曲柄转速为 120r/min（即每分钟取 120 株苗）时，速度和加速度较大，尤其是在下降投苗阶段（曲柄转角 63°~165°）速度较快，加速度过大，容易造成穴盘苗脱离现象。从动力学角度分析，此时惯性力对取苗机构影响较大，加剧机构支座的振动；机构两支点的受力波动随曲柄转速的增大而增大。

如图 5-53 所示，当机构两曲柄转速为 60r/min（即每分钟取 60 株苗）时，一个取苗周期内取苗爪尖点的运动速度和加速度均较低，在取苗段（曲柄转角 310°~349°）加速度先上升后下降，最大值为 3.95m/s²，对苗钵的冲击较小，有利于减小苗钵损伤；而在下降投苗段（曲柄转角 63°~165°）加速度有一定波动，总体较大，投苗点处加速度为 10.88m/s²，提高作业效率，同时有利于快速投苗。

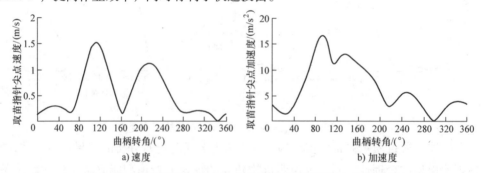

图 5-53　曲柄转速为 60r/min 时取苗爪尖点速度和加速度曲线

由图 5-54 可知，当机构两曲柄转速为 90r/min（即每分钟取 90 株苗）时，一个取苗周期内取苗爪尖点的运动速度和加速度最大分别为 2.29m/s、37.51m/s²，在取苗段（曲柄转角 310°到349°）速度小于 $0.5\text{m} \cdot \text{s}^{-1}$，加速度先上升后下降，最大值 $9.84\text{m} \cdot \text{s}^{-2}$，而在下降投苗段（曲柄转角 63°到165°）加速度有一定波动，加速值较大，投苗点处加速

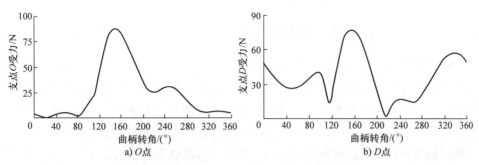

图 5-54　曲柄转速 90r/min 时取苗机构支点受力

度 $23.95\mathrm{m \cdot s^{-2}}$，总体来讲此时取苗机构作业效果适中，能够满足自动高效取苗要求。

由图 5-55 可知，当取苗机构曲柄转速为 60r/min（即每分钟取 60 株苗时），支点所受作用力最大为 38.9N，最小为 0.5N，均方差 11.4N，支点 D 所受作用力最大为 34.2N，最小为 1.0N，均方差 8.4N；曲柄转速为 90 r/min 时，机构支点 O 所受作用力最大为 87.5N，最小为 1.1N，均方差 25.8N，支点 D 所受作用力最大为 76.9N，最小为 1.8N，均方差 18.9N。因此，取苗频率越快，机构振动就会加剧，这是由于回转式取苗机构速度增加，转动惯量增大，惯性力加大导致支座受力波动变大；取苗机构两支点均在下降投苗段受力较大，波动也较为明显，同时在取苗段支点 D 受力变化较大，出现峰值。

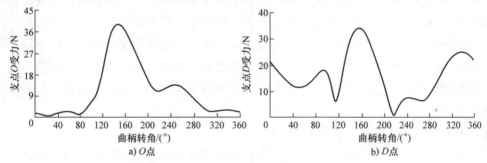

图 5-55　曲柄转速 60r/min 时取苗机构支点受力

比较而言，五杆-定轴轮系组合式取苗机构在取苗频率小于等于 90 株/min 时，作业效果较好，能够满足蔬菜穴盘苗的自动取苗要求，且动力学性能良好，相比人工喂苗速度大幅提升。

5.4　顶杆式取苗机构研究分析

顶出—夹取方式取苗对基质苗损伤较小，保证钵体的完整性，以纯机械传动为动力来替代气动装置，可以降低机具成本，保证效率，提高稳定性，并且易于匹配技术较为成熟的吊杯式和导苗管式栽植机构。本小节以顶出—夹取式取苗机构为例，对取苗机构关键部位研究分析，对蔬菜穴盘苗全自动取苗装置进行三维建模和虚拟装配，通过运动仿真分析等手段验证装置的可行性。最后，试制蔬菜穴盘苗机械式自动取苗装置，进行室内试验，通过试验考察装置的工作性能，以及基质含水率和取苗速度等因素对试验装置取苗效果的影响规律。

5.4.1　顶杆式自动取苗装置的整体设计

针对目前的机械移栽现状，要实现穴盘苗的无损伤分苗、取苗技术以及带土钵苗有序输送。取苗动作包括苗盘的步进输送、基质苗的顶出、基质苗的夹取、取苗爪的翻转以及落苗等动作。具体的设计要求有：①有序、精准输送苗盘，能够实现苗盘的精确定位和准确步进，定位精度控制在1mm以内，且无累计误差；②可连续工作。能实现16×8规格穴盘的连续供盘作业；③无损取苗、送苗，降低对基质块和幼苗的损伤，整个过程的基质损失率要在30%以下，漏苗率控制在5%以下；④样机用电动机提供动力，验证可行后，可由地轮驱动；⑤高速取苗，取苗速度达到120株/min；⑥有一定适应性，可以与现有的半自动栽植机具匹配，通过简单改进，能直接安装到吊杯式和导苗管式半自动移栽机上；⑦减少人工劳作，工作时，取苗机构只需一名工作人员将苗盘放到指定位置，即可实现两行移栽机的供苗。

1. 顶杆式自动取苗装置评价指标

顶杆式自动取苗装置有取苗频率、取苗成功率、竖直度等评价指标。取苗频率是全自动移栽机优于半自动移栽机的重要特点，目前欧美的全自动移栽机栽植效率为每个取苗单元7000~8000株/h（一个投苗单元对应2行），日本和韩国的全自动移栽机的栽植效率为40~50株/（min·行），我国全自动取苗机构的研究中，在保证取苗成功率的前提下，室内试验最快可以达到90株/min。取苗机构需要达到一定的取苗成功率，减少漏栽，根据我国机械行业标准《JBT 10291-2001旱地栽植机械》中的要求，漏栽率应小于5%。钵苗在移栽过程中，需要基质块的重力作用使钵苗保持竖直状态，所以取苗时应尽量保持基质块的完整性。

2. 顶杆式自动取苗装置取苗动作分解

实现机械功能的工艺动作，可以将复杂的动作拆分成多个相对简单的动作组合。利用功能-动作过程-动作法（F-P-A法），即由机械的所要实现的功能去构思机械的工艺动作过程，然后将工艺动作过程进行动作分解得到相应的执行动作。为了便于机构选型和机构综合，常将复杂的工艺动作分解成机械最容易实现的运动形式，顶苗-夹取式自动取苗系统的动作复杂，如果要实现纯机械传动，就要先分解各个动作，分析各个动作的要求与运动规律，才能确定相应的执行机构。本书将自动取苗系统分解为穴盘步进输送动作、顶苗动作、取苗手翻转动作和取苗手开合动作，其动作原理简图如图5-56所示。

各个分解动作的运动要求如下：

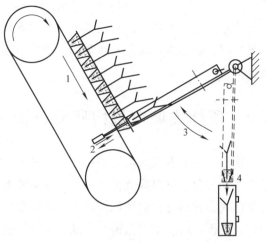

图 5-56　取苗动作原理图

1—苗盘输送动作　2—顶苗动作
3—苗爪翻转　4—夹取苗动作

1）穴盘纵向步进动作。需要满足顶苗时，苗盘静止不动，顶完一排，苗盘纵向运动一个穴距的位移，并保持动作稳定、定位准确，其动作为间歇步进运动。

2）苗盘横移动作。苗爪夹取顶出的基质苗需要一定的空间，而所用的 16×8 规格的穴盘两穴之间的棱边间隙为 32.5 – 30 = 2.5mm，空间较小，两相邻的取苗爪会产生干涉。所以本书采用间隔顶苗的取苗方式，如图5-57所示，即顶杆间隔布置，一次顶出一排苗的一半，然后苗盘横移一次，再顶出其余的基质苗。这样就需要增加一个苗盘横移的动作，要求在顶苗时苗盘保持静止不动，在顶苗的间隙时间完成横移动作，该动作是一个间歇直线往复动作。

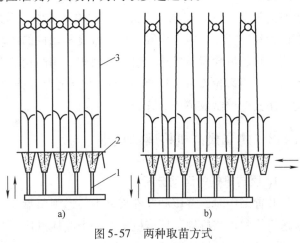

图 5-57　两种取苗方式

1—顶杆　2—基质苗　3—取苗爪

3）顶苗动作。要求用成排的顶杆将基质苗从穴盘中顶出，在顶杆没有进入苗盘的时候，有一定的时间进行穴盘的步进纵向输送，即苗盘的步进输送动作与顶苗动作不能产生干涉，其运动为直线往复动作。

4）取苗爪翻转动作。顶杆将苗顶出后，用取苗爪夹住基质苗，然后摆动到导苗机构上方，对准导苗筒之后，取苗爪打开，基质苗落入到导苗筒当中，要求机械手能摆动一定的角度，并且在两个摆动的极限位置有一定的停留时间，其动作可以看作是一个间歇摆动运动。

5）取苗爪开合动作。取苗爪应以张开状态到达顶苗位置，当顶杆将苗顶出后，取苗爪闭合，并一直以闭合状态到达落苗位置，在对准导苗筒后，取苗爪打开，基质苗落入到导苗筒当中，并继续以打开状态摆动到顶苗位置，完成一个循环，其动作可以看作是凸轮回转运动。

3. 工艺动作过程的设计

为了使机构设计更加合理，在设计初期阶段根据工艺动作不同选择相匹配的执行机构。常见的执行机构输出动作形式及对应的实现机构如表5-1所示。

表 5-1　常见的执行机构输出动作形式及对应的实现机构

执行构件运动形式		实现运动形式的常用执行机构
旋转运动	连续旋转运动	双曲柄机构、转动导杆机构、齿轮机构、轮系、摩擦传动机构、挠性传动机构、双万向联轴节
	间歇旋转运动	棘轮机构、槽轮机构、不完全齿轮机构、凸轮式间歇运动机构等
	往复运动	曲柄连杆机构、摇块机构、双摇杆机构、摆动导杆机构、摆动从动件凸轮机构
直线运动	往复运动	曲柄滑块机构、移动导杆机构、正弦机构、正切机构、移动从动件凸轮机构、齿轮齿条机构、螺旋机构、
	间歇往复运动	棘齿条机构、摩擦传动机构、从动件做间歇往复运动的凸轮机构、利用连杆曲线的圆弧段实现间歇运动的连杆机构等
	单向间歇移动	棘齿条机构、液压机构等

表 5-1 中列出了常见的执行机构输出动作形式及对应的实现机构，本节根据设计要求对机构的选型做了如下分析：①顶苗动作每个动作循环顶出 8 株，按照上文速度计算，顶苗时间为 4s，初选曲柄滑块机构实现顶苗动作，因为其具有一定的可调节性，便于通过改变曲柄和连杆以及偏心距等的尺寸改变从动件的运动轨迹；②取苗爪翻转为间歇摆动，可以用凸轮和齿轮齿条机构的组合来实现，用凸轮的轮廓轨迹来控制取苗爪的停留时间和摆动时间，用齿轮齿条机构将直线运动转化为旋转运动；③取苗爪开合运动，利用杠杆结构，用凸轮控制取苗爪的开合。

5.4.2　建立顶苗机构理论模型

1. 顶苗机构的运动分析

装置工作时，链传动部件将动力传递到苗盘输送机构和顶苗机构，顶苗机构为一个曲柄滑块机构驱动推苗杆做周期性直线往复动作，将基质苗从穴盘中推出，如图 5-58 顶苗机构结构图所示。苗盘输送机构经过槽轮机构使苗盘输送机构做间歇进给运动，将苗盘输送到顶苗位置。由于苗盘的穴距较小，如果一次全部顶出，不便于分苗导苗，所以采用间隔顶出的方式，由凸轮控制苗盘的横向移动，顶杆顶出一次，苗盘横移一次，间隔将苗从苗盘中顶出。

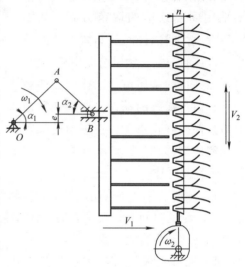

图 5-58　顶苗机构结构图

图中 A、B 点的位移方程为

$$\begin{cases} x_A = a\cos\alpha_1 \\ y_A = a\sin\alpha_1 \end{cases} \tag{5-44}$$

$$\begin{cases} x_B = x_A + b\cos\alpha_2 \\ y_B = x_B + b\sin\alpha_2 \end{cases} \tag{5-45}$$

式中　a——曲柄 OA 的长度，mm；

$\quad\quad\ b$——连杆 AB 的长度，mm。

$$\alpha_1 = \omega_1 t；\ a\sin\alpha_1 = b\sin\alpha_2 + e；$$

$$\cos\alpha_2 = \sqrt{1 - \left(\frac{a\sin\alpha_1 - e}{b}\right)}$$

式中　ω_1——曲柄的角速度，rad/s；

$\quad\quad\ e$——偏心距，mm。

B 点质心运动方程为

$$\begin{cases} x_B = a\cos\omega_1 t + b\sqrt{1 - \left(\dfrac{a\sin\omega_1 t - e}{b}\right)^2} \\ y_B = e \end{cases}$$

B 点的速度方程为

$$\begin{cases} \ddot{x}_B = -a\omega_1\sin\omega_1 t - \dfrac{a\omega_1(\sin\omega_1 t - e)\cos\omega_1 t}{b\sqrt{1 - (\dfrac{a\sin\omega_1 t - e}{b})^2}} \\ \dot{y}_B = 0 \end{cases} \tag{5-46}$$

B 点的加速度方程为

$$\begin{cases} \ddot{x}_B = -a\omega_1\sin\omega_1 t - \dfrac{a\omega_1(a\sin\omega_1 t - e)\cos\omega_1 t}{b} \\ \ddot{y}_B = 0 \end{cases} \tag{5-47}$$

2. 顶杆式取苗机构力学分析

取苗机构包括顶杆机构和接苗机构，均是采用偏置曲柄滑块结构，顶杆机构的工作段是滑块的推程段，顶杆顶出钵苗，而接苗机构的工作段是滑块的回程段，当接苗板抽回时，钵苗落入正下方的送苗装置中。

设曲柄的驱动力矩为 M，已知 OA 杆为质量为 $m_1\,\mathrm{kg}$，AB 杆为 $m_2\,\mathrm{kg}$，滑块为 $m_3\,\mathrm{kg}$，OA 杆对转轴中心 O 的转动惯量为 J_D，AB 杆对质心轴转动惯量为 J_2，滑道与滑块间的摩擦系数为 f。

OA 杆受力分析如图 5-59 所示，滑块受力分析如图 5-60 所示。

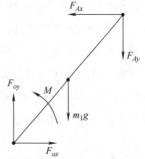

图 5-59　OA 杆受力分析

AB 杆受力分析如图 5-61 所示。

对 OA 杆动力学方程为

$$\sum F_x = 0, F_{0x} - F_{Ax} + m_1\omega^2 x_1 = 0 \tag{5-48}$$

$$\sum F_y = 0, F_{0y} - F_{Ay} + m_1\omega^2 y_1 = 0 \tag{5-49}$$

$$\sum M_0(F) = 0, M - F_{Ax}a\sin\omega t - $$
$$F_{Ay}a\cos\omega t - \frac{1}{2}m_1ga\cos\omega t = 0 \tag{5-50}$$

对 AB 杆动力学方程为

$$\sum F_x = 0, F_{Ax} + F_{BN}\cos\beta - $$
$$F_{BT}\sin\beta - m_2\ddot{x}_2 = 0 \tag{5-51}$$

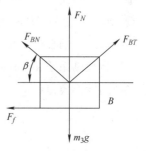

图 5-60　滑块受力分析

$$\sum F_y = 0, F_{Ay} - m_2g - F_{BN}\sin\beta - F_{BT}\cos\beta - m_2\ddot{y}_2 = 0 \tag{5-52}$$

$$\sum M_c(F) = 0, -J_2\ddot{\beta} - \frac{b}{2}F_{BT} - \frac{b}{2}F_{Ax}\sin\beta - \frac{b}{2}F_{Ay}\cos\beta = 0 \tag{5-53}$$

滑块动力学方程：

$$\sum F_x = 0, F_{BT}\sin\beta - F_{BN}\cos\beta - F_f - m_3\ddot{x}_B = 0 \tag{5-54}$$

$$\sum F_y = 0, F_N + F_{BN}\sin\beta + F_{BT}\cos\beta - m_3g = 0 \tag{5-55}$$

其中 F_f 的方向与滑块 B 的运动方向相反。

3. 顶苗机构的精度综合

（1）顶苗机构的尺寸参数和运动参数分析

曲柄滑块顶苗机构作为一种单移动副的四杆机构，虽然结构简单，但是由于运动副之间的间隙和构件制造的误差等因素，装配后会使从动件产生一定的输出误差。而顶苗机构需要顶杆从苗盘底部的排水孔穿出，排水孔的直径略大于顶杆直径，顶杆如果和孔壁发生干涉将会影响整机的正常工作，所以需要曲柄滑块顶苗机构到达一定的精度。下面将对曲柄滑块顶苗机构进行运动分析和精度综合，通过概率计算，构件制造尺度的随机变化，保证顶苗机构的运动精度在排水孔允许的范围之内。

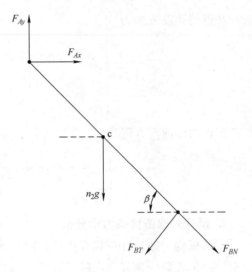

图 5-61　AB 杆受力分析

郭仁生（2011）提出的大批量构件制造统计数据显示线性尺寸的变化服从正态分布，在区间（-3σ，3σ）中的概率为 99.73%，所以顶苗机构中的曲柄、连杆和偏心距线性尺寸偏差的 1/3 为标准离差：

$$\begin{cases} \sigma_r = \Delta r / 3 \\ \sigma_b = \Delta b / 3 \\ \sigma_e = \Delta e / 3 \end{cases} \tag{5-56}$$

式中　σ_r——曲柄 OA 的尺寸偏差，mm；

　　　σ_b——连杆 AB 的尺寸偏差，mm；

　　　σ_e——偏心距 e 的尺寸偏差，mm。

定义尺度系数 $\lambda = a/b$，$\varepsilon = e/b$，根据正态分布二元随机变量的综合方法，可以得到尺度系数的标准离差：

$$\begin{cases} \sigma_\lambda = \dfrac{\sqrt{(\mu_r \sigma_b)^2 + (\mu_r \mu_b)^2}}{\mu_b{}^2} \\ \sigma_\varepsilon = \dfrac{\sqrt{(\mu_e \sigma_b)^2 + (\sigma_e \mu_b)^2}}{\mu_b{}^2} \end{cases} \tag{5-57}$$

式中　μ_r——曲柄 OA 的尺寸均值，mm；

　　　μ_b——连杆 AB 的尺寸均值，mm；

　　　μ_e——偏心距 e 的尺寸均值，mm。

滑块 B 点的位移 s 及均值为

$$\begin{cases} s = r(1 - \cos\alpha_1 - \varepsilon\sin\alpha_1 + 0.5\lambda\sin^2\alpha_1) \\ \mu_s = \mu_r(1 - \cos\alpha_1 - \mu_\varepsilon\sin\alpha_1 + 0.5\mu_\lambda\sin^2\alpha_1) \end{cases} \tag{5-58}$$

滑块 B 点的速度 v 及其均值为

$$\begin{cases} v = r\omega_1(\sin\alpha_1 - \varepsilon\cos\alpha_1 + 0.5\lambda\sin 2\alpha_1) \\ \mu_v = \mu_r\omega(\sin\alpha_1 - \mu_\varepsilon\cos\alpha_1 + 0.5\mu_\lambda\sin 2\alpha_1) \end{cases} \tag{5-59}$$

滑块 B 点的加速度 a 及其均值为

$$\begin{cases} a = r\omega_1^2(\cos\alpha_1 + \varepsilon\sin\alpha_1 + \lambda\cos 2\alpha_1) \\ \mu_a = \mu_r\omega(\cos\alpha_1 + \mu_\varepsilon\sin\alpha_1 + \mu_\lambda\cos 2\alpha_1) \end{cases} \tag{5-60}$$

曲柄滑块机构运动学参数的标准离差为

$$\begin{cases} \sigma_s = \sqrt{[1 - \cos\alpha_1 + (0.5\mu_\lambda\sin\alpha_1 - \mu_\varepsilon)\sin\alpha_1]^2\sigma_r{}^2 + (0.5\sigma_\lambda{}^2\sin^2\alpha_1 - \sigma_\varepsilon{}^2)^2\mu_r{}^2\sin^2\alpha_1} \\ \sigma_v = \omega\sqrt{(\sin\alpha_1 - \mu_\varepsilon\cos\alpha_1 + 0.5\mu_\lambda\sin 2\alpha_1)^2\sigma_r{}^2 + (0.5\sigma_\lambda{}^2\sin^2\alpha_1 - \sigma_\varepsilon{}^2\cos^2\alpha_1)^2\mu_r{}^2} \\ \sigma_v = \omega^2\sqrt{(\cos\alpha_1 - \mu_\varepsilon\sin\alpha_1 + \mu_\lambda\cos 2\alpha_1)^2\sigma_r{}^2 + (\mu_\lambda\sigma_\lambda\cos 2\alpha_1)^2 - (\sigma_\varepsilon\mu_r\cos\alpha_1)^2} \end{cases} \tag{5-61}$$

根据正态分布随机变量的 3σ 原则，得到 B 点的运动参数的偏差为

$$\begin{cases} \Delta s = 3\sigma_s \\ \Delta v = 3\sigma_v \\ \Delta a = 3\sigma_a \end{cases} \tag{5-62}$$

（2）顶苗机构等影响法精度综合

顶苗机构在顶杆顶苗的方向，即 x 轴方向的误差不会对机构造成较大影响，但是其在 y 轴方向上的误差会在顶杆末端放大，产生较大误差，影响顶苗准确率。机构误差主要来自于各构件的尺寸公差和各个铰链之间的间隙，其中以滑块和导轨之间的间隙最大。

若顶苗机构中 n 个构件的尺寸参数 L_i（$i = 1, \cdots, n$）和输入参数 θ 是随机变量，那么输出函数 Ψ 也是随机变量，且

$$\psi = f(\theta, L_1, L_2, \cdots, L_n) \tag{5-63}$$

将上式在 $\mu_x = (\mu_{L1}, \mu_{L2}, \cdots, \mu_{Ln})$ 展开成泰勒级数，那么输出参数的标准偏差为

$$\sigma_\psi = \sqrt{\sum_{i=1}^n \left(\frac{\partial f}{\partial L_i}\bigg|_{\mu_x}\Delta L_i\right)} \tag{5-64}$$

式中　ΔL_i——机构中第 i 个参数的偏差。

ΔL_i 反映了尺寸公差和机构间隙的共同影响，$\partial L_i{}'^{\mu_x}$ 是输出参数对机构尺寸在点 μ_x 处的偏导数，它反映了输出参数变化时，机构各个参数的相对重要程度，可以看作是机构尺寸参数影响系数。

机构每一个参数所允许的输出偏差不同，按等参数偏差允许程度，应用等影响分配法有：

$$\left(\frac{\partial f}{\partial L_1}\right)\Delta L_1 = \left(\frac{\partial f}{\partial L_2}\right)\Delta L_2 = \cdots = \left(\frac{\partial f}{\partial L_n}\right)\Delta L_n \tag{5-65}$$

即曲柄、连杆和偏心距的尺寸公差和铰链间隙对输出偏差具有相同的影响。

当机构尺度 $\dfrac{\partial f}{\partial L_i}$ 影响较大时，相应允许的偏差值 ΔL_i 就会较小，使各个乘积相对保持一致，因此输出参数的标准差：

$$\sigma_\psi = \sqrt{n\left(\left.\frac{\partial f}{\partial L_i}\right|_j \Delta L_i\right)^2} \tag{5-66}$$

式中　j——输入位置。

在满足精度的条件下，使各个参数允许的偏差为最大值，即

$$\Delta L_i\,|_{\max} = \frac{\sigma_\psi}{\sqrt{n}\,(\,\partial f/\partial L_i\,)_{\max}} \tag{5-67}$$

计算顶苗机构中滑块沿 x 轴方向位移函数 x_B（a, b）关于曲柄长度 a 和连杆长度 b 的偏导数，得

$$\frac{\partial x_B}{\partial a} = \cos\theta + \frac{\sin\theta}{b}(e - a\sin\theta) \tag{5-68}$$

$$\frac{\partial x_B}{\partial b} = 1 + \frac{(a\sin\theta - e)^2}{2b^2} \tag{5-69}$$

取输入参数 θ_j（$j = 1°$, $2°$, $\cdots$, $360°$）时绝对值最大的偏导数值为 $\left.\dfrac{\partial x_B}{\partial a}\right|_{\max}$，$\left.\dfrac{\partial x_B}{\partial b}\right|_{\max}$：

$$\Delta a\,|_{\max} = \frac{\sigma_\psi}{\sqrt{n}\,(\,\partial x_B/\partial a_j\,)_{\max}} = \frac{\sigma_H}{\sqrt{2}\left[\cos\theta + \dfrac{\sin\theta}{b}(e - a\sin\theta)\right]_{\max}} \tag{5-70}$$

$$\Delta b\,|_{\max} = \frac{\sigma_\psi}{\sqrt{n}\,(\,\partial x_B/\partial b_j\,)_{\max}} = \frac{\sigma_H}{\sqrt{2}\left[1 + \dfrac{(a\sin\theta - e)^2}{2b^2}\right]_{\max}} \tag{5-71}$$

在本研究中所用苗盘底部的排水孔直径为 10mm，而顶杆直径为 6mm，在 y 轴方向上允许误差为 2mm，除去振动等效应产生的误差，滑块位置的允许误差 $\sigma_H = 1$mm，利用数学软件 MATLAB 进行编制计算，其结果如图 5-62 所示，其机构尺度影响系数曲线如图 5-63 所示，得出顶苗机构曲柄长度 a 和连杆长度 b 的允许最大偏差 $\Delta a = 0.594$mm 和 $\Delta b = 0.51$mm。

利用运动学分析软件 ADAMS（Automatic Dynamic Analysis of Mechanical Systems）得出此时顶苗机构的顶杆位移曲线、速度曲线以及加速度曲线如图 5-64 所示，偏置曲柄滑块机构具有慢进急回的特点，位移曲线显示在到达顶苗位置时速度逐渐降低，在顶苗结束后，加速度增大，减少空程时间。在取苗速度为 240 株/min 时，即每 8 株苗的顶苗周期 $T = 2$，曲柄转速为 30rad/min，最大速度出现在顶杆到达顶苗位置之前，最大线速度 $v_{\max} = 305.64$mm/s，加速度最大值出现在顶苗结束后，$a_{\max} = 1789$mm/s^2，故在顶苗过程中顶杆对基质苗无明显冲击。

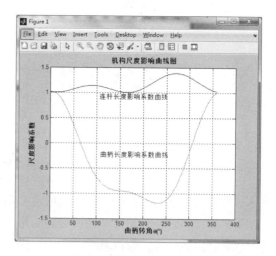

图 5-62　MATLAB 计算结果　　　　图 5-63　机构尺度影响系数随曲柄转角的变化曲线

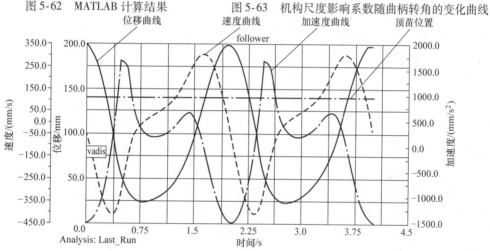

图 5-64　顶杆的位移、速度和加速度曲线

5.4.3　夹取苗机构工作流程

基质苗从苗盘中顶出后，要经由夹取苗机构将基质苗夹入到导苗装置中，夹取苗机构要完成苗爪的翻转和开合两个动作，如图 5-65 所示。苗爪在凸轮机构和齿轮齿条机构的合成运动下做往复翻转运动，控制苗爪开合的凸轮做圆周运动，其动作流程如下。

第一步：当翻转凸轮转动到近休止角，苗爪到达并停留在顶苗位置，此时，顶杆将基质苗顶出到苗爪托板上，然后苗爪开合凸轮与苗爪上端的触点接触，苗爪上端撑开，末端闭合，夹住基质苗。

第二步：当翻转凸轮继续旋转到推程运动角，凸轮带动齿条齿轮机构运动，并带动苗爪向下翻转，与此同时，苗爪开合凸轮与苗爪翻转凸轮以同样角速度继续旋转，所以始终保持苗爪末端闭合。

第三步：当翻转凸轮转动到远休止角时，苗爪到达并停留在落苗位置，苗爪开合凸轮继续转动，并最终脱离苗爪上端的触点，在回位弹簧的作用下，苗爪末端张开，基质苗

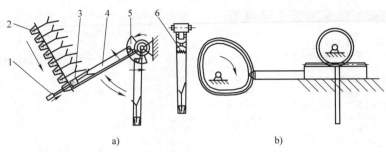

图 5-65 苗爪翻转机构原理图

1—顶杆 2—苗盘 3—基质苗 4—苗爪 5—苗爪开合凸轮 6—回位弹簧

依靠自身重力下落到导苗机构中，完成落苗动作。

第四步：当翻转凸轮转动到回程运动角时，凸轮带动齿条齿轮机构运动，并带动苗爪向上翻转到顶苗位置，等待基质苗顶出，进入下一次循环。

苗爪在夹持基质苗翻转时，应保持夹紧稳定，翻转冲击小，不至于将苗甩脱，为避免冲击采用加速度突变较小的正弦加速度曲线，苗爪翻转凸轮的运动方程为

$$
\begin{cases}
h_{\mathrm{p}}\left(\varphi/90° - \sin\dfrac{2\pi\varphi}{90°}\right)/2\pi & 0° \leqslant \varphi \leqslant 90° \\[2mm]
h_{\mathrm{p}} & 90° \leqslant \varphi \leqslant 180° \\[2mm]
h_{\mathrm{p}}\left[1 - \dfrac{\varphi - 180°}{90°} + \sin\dfrac{2\pi(\varphi - 180°)}{90°}/2\pi\right] & 180° \leqslant \varphi \leqslant 270° \\[2mm]
0 & 270° \leqslant \varphi \leqslant 360°
\end{cases}
\tag{5-72}
$$

式中 h_{p}——苗爪翻转凸轮的行程，mm。

行程 h_{p} 的取值取决于取苗位置与落苗位置的夹角，苗盘的放置角度要尽量竖直并且不至于倾覆，设苗盘放置角度与水平面夹角为 γ，落苗位置选取竖直位置。则：

$$
h_{\mathrm{p}} = \frac{\gamma \pi m z_{\mathrm{p}}}{2\pi}
$$

式中 m——齿轮齿条机构的模数，mm；

z_{p}——齿轮的齿数。

根据前阶段的研究，取苗盘与水平面夹角为 $\gamma = 60°$，根据空间位置选取齿轮齿数 $z_{\mathrm{p}} = 22$，模数 $m = 2.5$ mm，那么

$$
h_{\mathrm{p}} = \frac{60 \times \pi \times 2.5 \times 22}{360} \approx 28.798 \text{mm}
$$

取苗爪翻转凸轮的行程 $h_{\mathrm{p}} = 29$ mm，在取苗速度为 240 株/min 的时候，苗爪翻转的周期 $T = 2$ s，凸轮的转速为 30 rad/min，利用 ADAMS 得出此时苗爪翻转机构凸轮从动件的位移、速度和加速度曲线如图 5-66 所示，最大加速度 $a_{\max} = 182.198$ mm/s^2，出现在刚刚翻转时和夹持基质苗快要到竖直位置的时候，此时将会出现冲击。

5.4.4 钵苗顶出力试验研究

穴盘苗的自动取苗过程是一个系统工程，以往的研究偏重于取苗机构的设计，而穴盘苗作为目标物，无论是秧苗的物理特性，还是基质块的力学特性都会影响到取苗质量，这

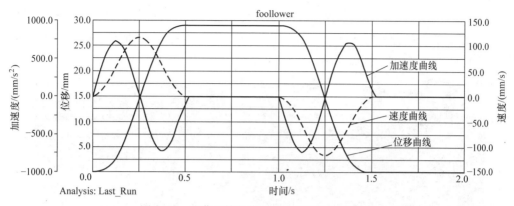

图 5-66   取苗凸轮的位移、速度和加速度曲线

也是取苗机构设计的重要依据，所以对秧苗和基质块进行力学分析和试验研究是很有必要的。本节在实践经验的基础上选取三个因素：设计参数——顶杆直径 D_d、操作参数——顶出速度 v_d、物性参数——基质含水率和性能指标——顶出成功率进行顶苗试验，找出这些因素和指标之间的影响规律。

1. 试验条件

试验设备：基于 PLC 控制的蔬菜穴盘苗自动输送试验台，i2000 型电子天平，DZG - 6020 型真空烘箱，游标卡尺（量程 200mm，精度 0.02mm）。

试验对象：番茄穴盘苗，品种为以色列 1918，苗龄 50 天（2014 年 9 月 7 日—10 月 27 日），基质主要成分及比例为：泥炭 70%、珍珠岩 15%、蛭石 15%，在北京魏善庄蔬菜育苗基地完成育苗，出苗率 98% 以上，盘根情况良好。随机取 30 株进行测量，苗高为 12.1 ~ 15.8cm，苗径为 2.86 ~ 2.32mm，苗高平均值为 13.21cm，苗径平均值为 3.08mm。试验所用穴盘育苗情况如图 5-67 所示。

图 5-67   试验所用基质苗

2. 试验方法

试验方法：根据前阶段的研究结果，选取基质含水率、顶苗杆直径和顶苗速度 3 个试验因素，各试验因素分别取 3 个水平。试验因素与水平如表 5-2 所示。

表 5-2   顶出率试验因素水平表

水平	因素		
	顶苗速度 r/min	顶苗杆直径/mm	基质含水率/%
1	40	5	低
2	80	6	中
3	120	8	高

试验装置如图5-68a所示，顶苗杆的材料为冷拔圆钢，直径分别为5mm、6mm、8mm并排安装在试验台的顶苗位置上，从左到右依次为4个直径8mm顶杆、4个直径6mm顶杆、4个直径5mm顶杆（图5-68c）。

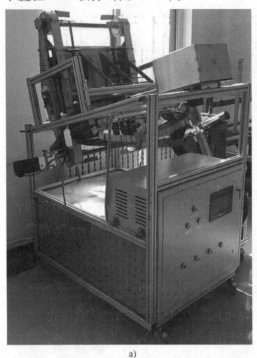

b)

a)

c)

图5-68　顶苗试验装置

试验前将所有基质苗浇水至饱和，2h后进行第一次试验，之后间隔4h做一组试验，以区分低、中、高三种基质含水率，然后用干湿质量法测试含水率。试验后测得每个等级的含水率平均值分别为35.09%、46.17%、57.23%。试验台的顶苗机构为一曲柄滑块机构，可以由PLC控制步进电动机调整曲柄的转速，在每组试验前，在控制界面上将顶苗机构的转速分别调整至40r/min、80r/min和120r/min，对应的瞬时取苗速度分别为0.41m/s、0.82m/s和1.23m/s。

采用正交试验法，选取正交表L9（3⁴）安排试验方案，顶出率试验的目的在于考察不同的顶出速度、顶杆直径和含水率下顶苗的成功率和顶出后的基质损失率。对每组进行48次试验，以顶出成功率为试验指标，即是否能将苗完全顶出苗穴。

3. 试验结果与分析

试验安排与结果见表5-3和表5-4。

表5-3　顶出率正交试验安排与结果

试验号	顶苗速度 A	顶苗杆直径 B	基质含水率 C	顶出率（%）
1	1	1	1	93.75
2	1	2	2	91.67
3	1	3	3	93.75
4	2	1	2	85.42

（续）

试验号	顶苗速度 A	顶苗杆直径 B	基质含水率 C	顶出率（%）
5	2	2	3	83. 33
6	2	3	1	100
7	3	1	3	81. 25
8	3	2	1	95. 83
9	3	3	2	97. 92
k1	93. 057	86. 807	96. 527	
k2	89. 583	90. 277	91. 67	
k3	91. 667	97. 223	86. 11	
R	3. 474	10. 416	10. 117	

表 5-4　顶出率方差分析

差异源	SS	df	MS	F	F crit	显著性
A 顶苗速度	27. 6	2. 00	4. 63	8. 08	$F_{0.05}$ (2, 2) =19	
B 顶杆直径	189. 11	2. 00	84. 48	147. 42	$F_{0.01}$ (2, 2) =99	* *
C 基质含水率	163. 00	2. 00	81. 60	142. 39	$F_{0.01}$ (2, 2) =99	* *
误差	0. 97	2. 00	0. 57			
总和	380. 68	8				

由表 5-4 可知，顶杆直径、基质含水率对顶出率的影响为高度显著，而顶苗速度对顶出率没有显著影响。由表 5-4 可知，各因素对顶出率的敏感性由大到小依次为 B、C、A，对于顶出率的控制，顶杆直径和基质含水率起到主要作用。

随着顶杆直径的减小，顶杆顶端与基质低面的接触面积减小，顶杆对基质的局部压强增大，使基质底部产生变形，受力处凹陷，顶杆插入到基质苗当中，无法克服基质块与孔壁的附着力将基质苗顶出。在含水率较低时，顶杆直径对顶出率的影响差异不大，均能有较高的顶出成功率（≥93.75%），但是在含水率较高时，这种差异变得非常明显，在高含水率时，直径 5mm 顶杆和 6mm 顶杆的顶出成功率分别为 81.25% 和 83.33%。分析其原因是随着基质含水率的上升，钵体的刚性降低，顶杆更容易插入到基质中，甚至有些秧苗没有生长在钵体中心的基质苗会被穿透，如图 5-69b 所示。所以在移栽机顶苗部件的设计中，在保证苗盘输送及顶苗位置精度的前提下，应尽量将顶杆直径设计得大些。

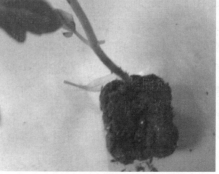

a)　　　　　　　　　　　　　　　　　b)

图 5-69　高含水率时基质块的破损情况

5.4.5 钵苗顶苗机构设计

顶杆直径根据前文中的误差分析以及试验结果，选取直径为 6mm 的冷拔圆钢作为顶苗杆。其三维模型如图 5-70 所示。顶杆并排焊接在一折弯钢板上，在装配调试时可以对顶杆位置进行微调，折弯钢板在直线滚动轴承的作用下，在轨道上滑动。连杆由两个鱼眼接头和螺杆连接而成，可以对连杆的长度进行调节。

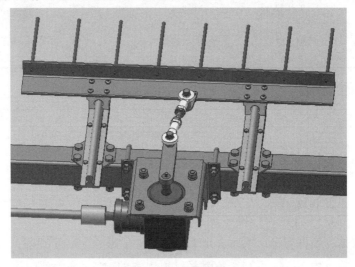

图 5-70 顶苗机构

5.4.6 苗爪翻转机构设计

苗爪翻转机构如图 5-71 所示，机构共有八组取苗机械手，在变速箱的作用下，做翻转往复动作和开合动作。翻转轴为圆管，外圆与齿轮齿条机构中的小齿轮用花键连接，中空部分穿过凸轮轴，两轴可以相对转动，凸轮轴与盘式凸轮轴用一对大齿轮连接，盘式凸轮机构的推杆与齿条连接。在工作时，盘式凸轮轴由链轮传递来的转矩转动，动力分别由大齿轮副传递到开合凸轮轴，以及由盘式凸轮推动齿条，再由齿条传递到小齿轮，从而带动凸轮轴做连续的圆周运动，翻转轴做往复摆动。其动作顺序如图 5-72a、图 5-72d 所示。图 5-72a 中开合凸轮轴做逆时针的匀速圆周运动，圆盘凸轮正处在近休过程，此时翻转轴在取苗位置静止不动；图 5-72b 中的开合凸轮轴继续转动到工作位置，将苗爪上端撑开，苗爪末端闭合，夹住基质苗；图 5-72c 中圆盘凸轮运动到推程相位角，翻转轴逆时针转动，开合凸轮轴随苗爪一起逆时针旋转（速度不相同），保持开合凸轮始终撑开苗爪上端，夹持着基质苗向下翻转，直到圆盘凸轮到达远休位置；图 5-72d 中圆盘凸轮到达了远休位置，翻转轴在落苗位置静止不动，开合凸轮轴继续转动，直到开合凸轮脱离出苗爪上端；图 5-72e 开合凸轮已经脱离开苗爪上端，苗爪末端打开，基质苗靠重力下落到导苗筒中，圆盘凸轮转动到回程相位角，翻转轴顺时针转动，凸轮逆时针转动，机构进入下一次取苗循环。

图 5-71　苗爪翻转机构

1—苗爪开合凸轮　2—开合凸轮轴　3—翻转轴　4—变速箱

利用三维建模软件的运动仿真功能，检验苗爪翻转和开合的动作顺序。首先去掉对动作不造成影响的部件（如螺栓、轴承座等），简化模型，以提高仿真速度。插入运动类型，为各个部件添加约束和运动关系，给箱体上的链轮添加一个转矩使机构运动，运动仿真结果显示各个机构动作符合设计构想，苗爪的翻转和开合两个动作配合得较好。

5.4.7　取苗机械手几何建模

几何建模是有限元分析和优化设计首先要解决的问题，其目的是建立一个能真实反映设计原型的数学模型和物理模型。目前 ANSYS Workbench 支持两种几何建模方式：一种是用 ANSYS Workbench 自带的几何建模模块（Design Modeler）建立三维模型；另一种是在其他的三维建模软件（如 UG、Pro/Engineer、SolidWorks、Autodesk Inventor 等）中建立几何模型，然后在利用 ANSYS Workbench 支持的几何模型导入接口将几何文件读入到 ANSYS Workbench 环境中。

本节利用三维建模软件对取苗机械手进行几何建模，利用其完善三维建模和二维制造工程图生成功能，然后将模型导入到 ANSYS Workbench 环境。根据以往经验取苗机械手的末端执行机构苗爪采用柔性材料，因刚性材料在夹持过程中容易对基质造成损伤，使用柔性材料的苗爪，夹持基质时苗爪会因为基质的抗压力产生变形，减小对基质的挤压力。

本节根据以往经验以及参考国外发达国家的机械手造型，所建立的苗爪模型如图 5-73 所示，苗爪材质为硬尼龙，适应苗高最大值为 290mm，撑开点与铰链固定点的距离为 33mm，夹苗点与铰链固定点的距离为 315mm，苗爪末端宽度为 25mm，在末端有刃状的分苗板，便于取苗时将缠结在一起的幼苗分开，并且苗爪末端曲面平滑无棱角，以免出现较长的幼苗缠到苗爪上。

图 5-72　苗爪翻转机构的运动仿真

　　取苗机械手部件主要由两个苗爪、旋转轴、轴套、托苗板、凸轮触点、苗爪开合凸轮、回位弹簧和连接件等组成，其虚拟装配效果如图 5-74 所示。

5.4.8　取苗爪仿真分析

（1）模型导入

　　ANSYS 软件提供了与一些主流三维 CAD 软件进行数据交换的接口，其图形接口可以准确识别 Autodesk Inventor 的文件。由于实际结构复杂，如果完全按照实体建立有限元模型，会大大增加计算时间，降低工作效率。故在完成了取苗机械手的几何建模后，为减少不必要的分析时间，需要将几何模型进行适当简化，简化的前提是不会改变分析模型的特性，且不会影响敏感度和优化分析。将简化后的取苗爪的 ipt（零件）文件和 iam（部件）文件另存为 iges（初始化图形交换规范）文件，打开 ANSYS Workbench，将苗爪的模型导

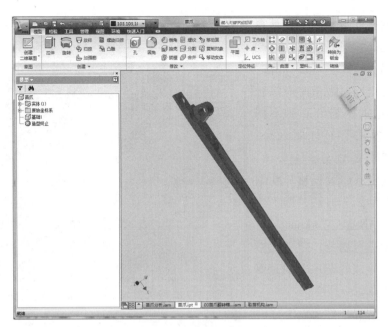

图 5-73　苗爪的三维模型

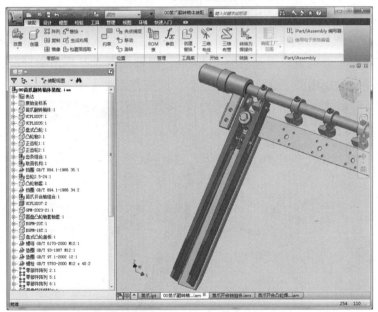

图 5-74　取苗机械手的三维模型

入，如图 5-75 所示。

（2）添加材料信息

在对苗爪进行静力学强度分析之前，需要定义其材料属性，查阅相关资料，获得所需参数信息：所用材料为尼龙 6.6，密度 $1.13 \mathrm{g/cm^3}$，杨氏模量 2.93GPa，泊松比 0.35，屈服强度 82.75MPa，极限拉伸强度 82.58MPa。

（3）网格划分参数设定

划分网格是建立有限元模型的重要环节，网格的数量直接影响到最后的分析结果。通

常情况下，网格的数量增加，计算
精度会有所提高，但是与此同时硬
件资源需要增大，并且延长计算时
间，所以在确定网格数量时应综合
考虑。3D 模型的网格有 6 种不同
的网格划分方法：① 自动划分；
②四面体；③扫掠划分；④多区；
⑤六面体占优；⑥CFX 网格。在本
研究中使用自动划分方法，即不用
手工定义，用 ANSYS Workbench 自
动对几何模型进行划分，定义网格
尺寸为 3mm，生成的苗爪有限元模
型如图 5-76 所示。

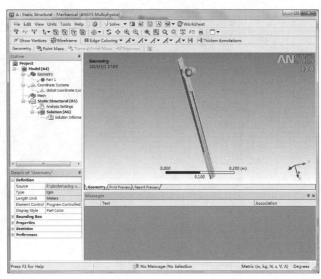

图 5-75　导入到 ANSYS Workbench 中的苗爪模型

（4）设定边界条件及设定分析结果

根据苗爪在实际工作时的情况，添加约束。首先在苗爪上端的凸轮撑开位置添加一个
给定位移（Displacement），在 y 方向分别给定 $-2mm$、$-3mm$、$-4mm$ 的强制位移。在铰
链固定点添加一个圆柱面约束（Cylindrical Support），使苗爪可以绕铰链转动。之后苗爪
末端添加载荷约束，取苗位置为末端向上 30mm，根据前文对基质苗物理特性的研究，抗
压力大小设定为试验得出的中含水率压缩位移–抗压力关系式。

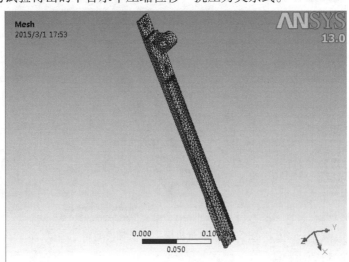

图 5-76　网格划分后的模型

设定求解参数，即设定求解何种问题及物理量等。选择总应变（Total Deformation）和
等效应力（Equivalent Stress（von – mises））为求解参数。

（5）苗爪的有限元分析结果

在完成了以上有限元模型的建立后开始进行求解计算，通过计算，得到苗爪在凸轮强
制位移 s 分别为 2mm、3mm 和 4mm 时，各点的位移云图和 von – mises 应力云图如

图 5-77a ~ 图 5-77f 所示。

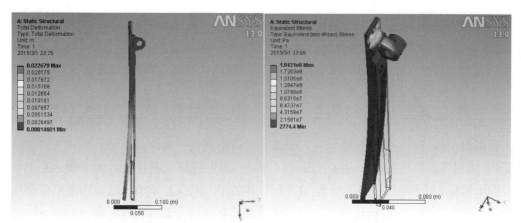

a) s=2时苗爪各点的位移云图　　　　b) s=2时苗爪各点的von-mises应力云图

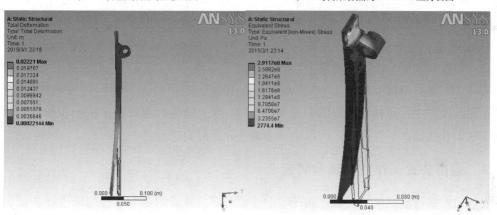

c) s=3时苗爪各点的位移云图　　　　d) s=3时苗爪各点的von-mises应力云图

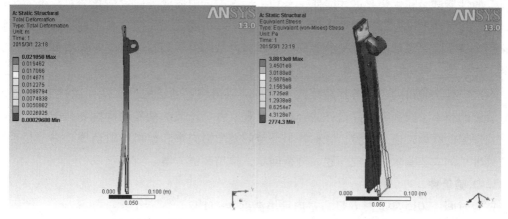

e) s=4时苗爪各点的位移云图　　　　f) s=4时苗爪各点的von-mises应力云图

图 5-77　苗爪各点的位移云图

苗爪在凸轮强制位移 s 为 2mm、3mm 和 4mm 时，各点位移和 von – mises 应力的计算结果见表 5-5。

表 5-5　3 种强制位移下的计算结果

强制位移/mm	最大位移/mm	最小等效应力/Pa	最大等效应力/Pa
2	22.68	2.77×10^3	1.94×10^8
3	22.21	2.77×10^3	2.91×10^8
4	21.86	2.77×10^3	3.88×10^8

根据以上的计算结果和位移与应力云图，可以得到以下结论：

1）通过 3 张苗爪各点的位移云图可以看到，最大位移出现在苗爪的末端，在 3 种强制位移下的最大位移的变化不大，随着强制位移的增大而微量减小，这说明强制位移增大将会使基质苗产生少量的挤压变形，但是变形量较小，仅为 $22.68 - 21.86 = 0.82$mm。

2）通过 3 张苗爪各点的 von – mises 应力云图可以看到，应力集中主要发生在苗爪上端凸轮撑开面与铰链的连接处，其他的区域颜色较浅。随着强制位移的增大，最大等效应力逐渐增大，在 $s = 4$mm 时，最大等效应力为 3.88×10^8Pa，已经超过了材料的屈服强度，需要进行优化和改进，消除应力集中。

3）随着强制位移的增大，苗爪出现的变形和应力集中情况与实际的情况较为吻合。但是在实际工作中，还存在其他影响因素的作用，并且分析时也省略掉了回位弹簧、苗爪的加工缺陷和铰链摩擦等因素，所以结果会偏小，还需要进行进一步的验证性试验。

5.4.9　取苗装置工作性能试验研究

农业机械的性能试验是农机产品开发的重要环节，其目的是为了检验所设计的试验样机是否符合农艺要求，能否达到一定实用性、稳定性、经济性等指标，很多时候都需要经过反复的性能试验和优化改进才能使一个新机型逐渐走向成熟。通过前几节对蔬菜穴盘苗自动取苗装置的理论分析、虚拟建模，已经完成了样机的试制。但是基于理论参数的模拟仿真仍然与实际工作情况有很大的差异，需要通过试验进一步验证蔬菜穴盘苗自动取苗装置的工作性能，并分析各个参数对样机性能的影响。

本次设计试验目的在于考察蔬菜穴盘苗自动取苗装置的结构可靠性；通过带苗试验，考察装置的技术参数和零部件设计的合理性；观察各个环节的动作准确性和匹配性，是否能达到理想的联动；通过试验，考察各个环节的基质损失率和整机的取苗成功率，是否符合蔬菜种植的农艺要求；发现问题，分析问题，提出改进方案。

1. 试验条件

试验时间：2015 年 2 月 6 日，室内环境温度 3 ~ 11℃。

试验设备：蔬菜穴盘苗自动取苗装置样机（动力源为变频调速电动机，可通过变频器实现无级调速，速度变化范围 6 ~ 240rad/min），i2000 型电子天平，台秤，DZG – 6020 型真空烘箱，封口塑料袋，游标卡尺（量程 200mm，精度 0.02mm），秒表。

试验对象为番茄穴盘苗，品种为以色列 1918，苗龄 50 天（因为育苗日期 1 月，北方气温较低，育苗期较长）。育苗地点在北京魏善庄育苗基地，基质为山东青州施可壮育苗基质厂生产的蔬菜育苗基质，其主要成分体积分数为泥炭 70%、珍珠岩 15%、蛭石 15%。育苗质量较好，出苗率达到 100%，且基质块紧实，盘根情况较好，达到了试验用苗的要求。随机在试验用苗中取 30 株进行测量，主要测量苗高、苗宽及苗粗的直径等能够说明基质苗的生长情况的数据（图 5-78），具体数据见表 5-6。

2. 试验设备安装调试

加工组装后蔬菜穴盘苗自动取苗装置相对于虚拟样机还会有一定的加工和安装误差，还需要进行空盘调试。建立坐标系，如图 5-79 所示。

图 5-78　基质苗主要形态参数

表 5-6　性能试验所用基质苗生长情况

序号	苗高/mm	苗宽/mm	苗粗/mm	序号	苗高/mm	苗宽/mm	苗粗/mm
1	145	80	3.26	16	119	49	2.80
2	139	94	3.12	17	127	54	2.86
3	127	78	2.94	18	120	61	2.94
4	151	65	2.88	19	132	66	3.12
5	143	69	3.40	20	128	58	3.08
6	150	82	3.04	21	147	62	3.24
7	146	66	3.08	22	140	61	3.18
8	130	89	2.68	23	138	70	2.90
9	124	91	2.94	24	120	63	3.00
10	129	58	3.12	25	115	74	3.00
11	140	67	3.16	26	128	68	3.02
12	138	79	3.02	27	115	85	2.92
13	150	83	2.68	28	118	83	2.78
14	130	74	2.84	29	122	81	2.80
15	116	50	3.16	30	125	70	2.88

平均苗高/mm	131.73
平均苗宽/mm	71
平均苗粗/mm	3.00

（1）以苗盘输送装置为基准

纵向输送链是承载和输送苗盘的重要部件，在安装时，要做好张紧，并保持两链平行，间距的变化范围不应超过 1.5mm。链穿过的钢丝为直径 2.3mm 弹簧钢丝，每隔 9 节安装一根，故总链节数应为 9 的倍数。苗盘在两纵向导向杆和钢丝的约束下能保持与苗盘输送机构的相对静止。横移机构凸轮轴线与苗盘输送链轮轴线空间平行。

（2）装置的联动位置调节

在固定好苗盘输送机构后，应以其为基准，对顶苗机构和苗爪翻转机构进行调节，保证机构的位置匹配。通过调节顶苗机构 x 轴方向和 y 轴方向的位置，使顶杆与苗盘的穴孔

图5-79　建立坐标系

位置相对应，并且通过调节，使顶杆末端的极限位置穿出苗盘上平面5～10mm。

　　苗爪翻转机构的安装位置同样重要，需要对取苗机械手固定钢板与翻转轴的连接螺栓进行 x 轴方向的微调，使取苗机械手的中心线和穴孔以及顶杆轴线在同一平面。并调节苗爪末端在 z 轴方向上的位置，应使苗爪末端端面与苗盘上表面保留小于8mm的距离，并且托苗板应略低于（约2mm）对应穴孔的下表面，便于顶苗后，基质苗能顺利地顶到托苗板上。

　　（3）初始相位角调节

　　根据自动取苗装置时序分析辅助软件中的分析结果，调整各个机构的初始相位角。以横移动作为基准，按照软件分析结果逐个调整机构位置，连接各个机构。本文在设计时对精度要求较高的顶苗机构中添加了无级调节连接件，可以实现机构间相位关系的准确调节。手动试转无干涉现象再连接电动机。

　　（4）过载保护

　　由于蔬菜穴盘苗自动取苗装置为纯机械传动，动力来自于电动机，若工作时出现干涉将会造成部件因过载而损坏，所以试验时应在电动机输出转矩处添加安全离合器。常用的安全离合器有牙嵌式和摩擦片式，由于装置的工作转矩较小，且摩擦片式安全离合器结构简单，散热性好，易于分离，许用转矩的调节方便，故本研究选用摩擦片式安全离合器。

　　（5）空盘试验

　　顶出位置、夹取位置和各个动作的先后顺序是整个装置的重要参数。装置在设计时考虑到了加工误差和安装误差，在各个机构中保留了微调的余量，在调试时进行校正微调，调节后曲柄极限位置时顶杆末端高出苗盘上表面5mm，苗爪末端平面距离苗盘上表面

3mm，取苗机械手托板距离穴孔下沿约 2mm。

将变频驱动调速电动机的频率设定为 1.5 ~ 5Hz，对应的电动机输出转速为 6 ~ 20r/min，通过链传动的 2 级减速到达取苗机构对应的取苗速度为 48 ~ 160 株/min，速度由低到高进行空盘测试，如图 5-80 所示，图 5-80a、图 5-80b 为顶苗动作，图 5-80c 和图 5-80d 为取苗夹取动作。

图 5-80　空盘试验

空盘测试结果显示，在变频器的频率为 2.5Hz 时（电动机输出转速为 10r/min，对应的取苗速度为 80 株/min，每 8 株的工作循环耗时为 6s），装置的顶苗位置准确，整盘顶出顺畅，顶苗、夹取动作匹配连贯。缓慢调节变频器到 6Hz（电动机的输出转速为 20r/min，对应的取苗速度接近 200 株/min，每 8 株的工作循环耗时为 2.5s），取苗机械手末端在执行翻转动作时，有明显的振动。这是由于盘式凸轮此时的速度较大，取苗机械手悬臂固定于翻转轴上，在速度较高时，机械手末端会产生一定的惯性，整机受振动影响，顶苗机构顶苗时会出现顶杆和排水孔摩擦的现象，但仍然可以完成顶苗动作。总体来说，蔬菜穴盘苗自动取苗装置动作稳定、准确，较为可靠，可以进行下一步的带苗试验。

3. 试验方法设计

根据已知研究结果，含水率对顶苗成功率和夹取苗变形的影响是不同的。一方面，顶苗成功率随着基质含水率的升高而降低；另一方面，夹取过程中的基质损失率会随着基质含水率的升高而增大，所以在联动试验时有必要继续进行更进一步的试验分析。另外，提高效率是研发全自动移栽机的最终目标，在保证取苗成功的前提下，提高所能达到的最大取苗速度。所以这一阶段的试验将以基质含水率和取苗速度为因素，顶苗成功率、取苗成功率以及各环节和最终的基质损失率为试验指标，进行双因素试验，检验蔬菜穴盘苗自动取苗装置的取苗情况。

具体试验方法，取9盘苗（出苗率均为100%），在试验前一天晚间将所有基质苗浇水至饱和（从排水孔底部渗水）。试验当天每隔4h做一组含水率的试验，每个含水率进行3组试验，变频器的频率分别为2.5Hz、3.5Hz、4.5Hz，对应的取苗速度约为80株/min、110株/min和140株/min。试验过程中，观察顶苗和夹取过程中的顶出成功率和夹取成功率并进行记录。在蔬菜穴盘苗自动取苗装置的底部放置纸板，用以收集各个机构掉落的基质，取苗完成后将各个部分的基质和取苗动作完成后基质苗进行收集和称重。

4. 试验结果与分析

试验整体情况如图5-81所示，顶苗、夹取苗如图5-82所示。通过测定三种含水率分别为20.45%，32.79%和43.09%。

图5-81　穴盘苗自动取苗装置性能试验

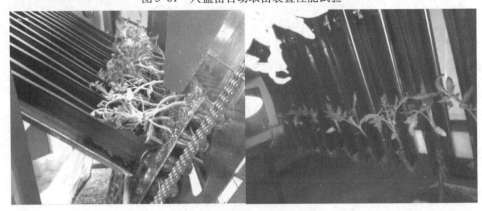

图5-82　顶苗和夹取苗效果图

（1）取苗成功率

取苗成功率的计算公式如下：

$$\eta_1 = \frac{W}{W_0} \times 100\% = \frac{W_0 - W_1 - W_2}{W_0} \times 100\%$$

式中　W——取苗成功个数；

　　　W_0——穴盘中基质苗总个数；

　　　W_1——顶苗阶段未顶出的苗数；

　　　W_2——夹取苗阶段未成功夹取到位的苗数。

定义在取苗结束后基质块仍然残留在苗盘中的基质苗个数为顶苗阶段未顶出的苗 W_1；机械手未能夹取到或者在落苗动作前基质苗就从苗爪中脱落的基质苗数为夹取苗阶段未成功夹取到位的苗数 W_2。试验结果见表5-7。

表5-7　取苗成功率统计结果

含水率/%	取苗速度/（株/min）	W_0/个	W_1/个	W_2/个	W/个	η_1（%）
低	80	128	0	0	128	100.00%
	110	128	0	1	127	99.22%
	140	128	0	2	126	98.44%
中	80	128	0	0	128	100.00%
	110	128	1	1	126	98.44%
	140	128	1	1	126	98.44%
高	80	128	1	1	126	98.44%
	110	128	1	4	123	96.09%
	140	128	2	4	122	95.31%

取苗成功率试验的方差分析表见表5-8，因素 A 含水率的 $F_A > F_{0.05}$（2，4），说明含水率对取苗成功率有显著影响，$P - \text{value} \leqslant 0.01$，说明含水率对取苗成功率的影响非常显著（＊＊）；因素 B 取苗速度的 $F_B > F_{0.05}$（2，4），$0.01 < P - \text{value} \leqslant 0.05$，说明取苗速度对取苗成功影响率显著（＊）。

表5-8　取苗成功率方差分析表

差异源	SS	df	MS	F	$P - \text{value}$	F crit
A 含水率	0.001234	2	0.000617	22.75	0.00653	6.944272
B 取苗速度	0.000705	2	0.000353	13	0.017778	6.944272
误差	0.000109	4	2.71E−05			
总计	0.002048	8				

由表5-7可知，蔬菜穴盘苗自动取苗装置具有较高的取苗成功率。即使在取苗速度为140 株/min 时，依然能有95%以上的取苗成功率，此三种含水率下基质苗的损失主要发生在夹取翻转阶段，分析其原因主要是由于含水率较高的基质苗在经过顶出力之后底部的基质块结构已经破坏，而后又受到了挤压，基质块破碎，加之取苗机械手夹持的部位不准确，导致了在翻转时基质苗掉落。但总体来说蔬菜穴盘苗自动取苗装置还是达到了较好的取苗效果，平均取苗成功率达到98.28%。

（2）基质损失率

在每组取苗试验结束后，清理各个收集板中的掉落基质，进行称量，计算取苗成功基质损失率。

基质损失率的公式如下：

$$\eta_2 = \frac{m}{m_0} \times 100\% = \frac{m_1 + m_2 + m_3}{m_0} \times 100\%$$

式中　m——整个取苗过程中基质损失量，g；

m_0——盘中基质苗总质量（不包括苗盘），g；

m_1——顶苗过程中的基质损失，g；

m_2——夹取过程中的基质损失，g；

m_3——落苗过程的基质损失，g。

定义苗盘输送装置底部收集的基质和残留在穴盘中的基质为顶苗过程中的基质损失 m_1；在取苗机械手运行轨迹下方收集的基质为夹取过程中的基质损失 m_2；基质苗距离接苗板约280mm，此过程是为了模仿全自动移栽机上基质苗落入导苗筒的过程，落苗完成后，将成块的基质苗收集称重，接苗板上留下的就是落苗过程的基质损失 m_3，整个取苗过程的总基质损失量为 $m = m_1 + m_2 + m_3$。称量方法如图5-83所示，此称量由于试验设备所限，有一定的误差，但仍能看出机构各个过程对基质损失的影响，结果见表5-9。

图5-83　称量基质损失

表5-9　基质损失率结果统计

含水率（%）	取苗速度（株/min）	m_0/g	m_1/g	m_2/g	m_3/g	m/g	η_2（%）
低	80	1.15	0.06	0.04	0.2	0.3	26.09%
	110	1.3	0.08	0.07	0.3	0.45	34.62%
	140	1.2	0.08	0.11	0.21	0.4	33.33%
中	80	1.49	0.06	0.06	0.42	0.54	36.24%
	110	1.53	0.11	0.08	0.34	0.53	34.64%
	140	1.5	0.1	0.1	0.35	0.55	36.67%
高	80	1.62	0.07	0.11	0.46	0.64	39.51%
	110	1.68	0.08	0.14	0.5	0.72	42.86%
	140	1.7	0.12	0.13	0.43	0.68	40.00%

基质损失率试验的方差分析表见表 5-10，因素 A 含水率的 $F_A > F_{0.05}$（2，4），说明含水率对基质损失率有显著影响，$0.01 < P - \text{value} \leqslant 0.05$，说明含水率对基质损失率影响率显著（ * ）。因素 B 取苗速度 $F_B < F_{0.05}$（2，4），说明取苗速度对基质损失率的影响不显著。3 种基质含水率下，不同取苗速度的各个阶段基质损失量如图 5-84 所示。

表 5-10　基质损失率试验方差分析

差异源	SS	df	MS	F	P – value	F crit
A 含水率	0.013384	2	0.006692	8.502372	0.036265	6.944272
B 取苗速度	0.001964	2	0.000982	1.247832	0.379204	6.944272
误差	0.003148	4	0.000787			
总计	0.018496	8				

从图 5-84 中可以看出，基质损失量主要发生在落苗阶段，占基质损失总量的 2/3 左右。分析其原因是此次试验的基质含水率控制在较低范围，并且秧苗的根系生长情况较好，在顶苗阶段基质块底部受力后，在秧苗直径方向产生了压缩变形，而后基质块两侧受到夹紧力，又发生了垂直于秧苗直径方向的压缩变形，在先后被施加了两个方向的载荷之后，基质块底部已经发生了坍塌和颗粒间的重新排列，但是在根系的包裹和缠联作用并未脱落，最后基质块靠重力自由落体，基质块底部与接苗板撞击，基质在此过程中大量脱落。

图 5-84 中还可以看出，各个阶段的基质损失率随取苗速度的升高均无明显变化。说明蔬菜穴盘苗自动取苗装置在取苗速度较高的情况下，仍能保持较低的基质损失率；含水率对基质损失率有一定影响，在含水率为 43.09% 时，平均基质损失量为 40.79%。通过观察发现，在顶苗时，高含水率的基质苗的脱离位移较大，基质块底部并未完全从穴盘中顶出，基质块底部在随取苗机械手翻转时与穴盘剐蹭，使基质损失量增大。

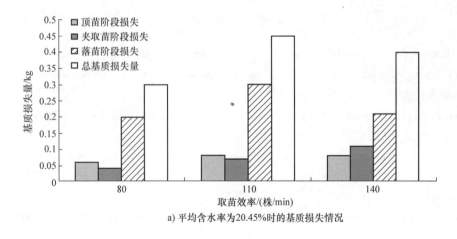

a) 平均含水率为20.45%时的基质损失情况

图 5-84　不同含水率下基质损失量

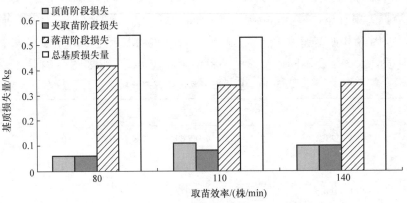

b) 平均含水率为32.79%时的基质损失情况

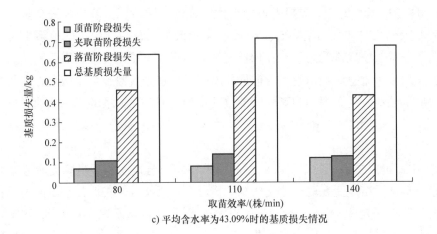

c) 平均含水率为43.09%时的基质损失情况

图5-84 不同含水率下基质损失量（续）

参 考 文 献

[1] C. Gutierrez, R. Serwatowski, C. Gracia, J. M. Cabrera, et al. Design, building and testing of a transplanting mechanism for strawberry plants of bare root on mulched soil [J]. Spanish Journal of Agricultural Research, 2009, 7 (4), 791 – 799.

[2] Brewer, H. L. Conceptual modeling automated seeding transfer from growing trays to shipping modulus [J]. Trans. ASAE, 1994, 37 (4): 1043 – 1051.

[3] S. K. Satpathy, I. K. Garg. Effect of Selected Parameters on the Performance of a Semi – automatic Vegetable Transplanter [J]. Agricultural Mechanization in Asia, Africa, and Latin America, 2008, 39 (2): 47 – 51.

[4] Visser, Anthony. Apparatus for gripping balls containing plants. United States Patent：US, 5121955 [P]. 1992 – 06 – 16.

[5] 杨茂祥. 非圆齿轮行星轮系取苗机构的反求设计与优化 [D]. 杭州：浙江理工大学，2015.

[6] 李庭. 穴盘移栽机自动取苗分苗系统的设计研究 [D]. 石河子：石河子大学，2013.

[7] 韩绿化. 蔬菜穴盘苗钵体力学分析与移栽机器人设计研究 [D]. 镇江：江苏大学，2014.

[8] 王侨. 穴盘苗自动取苗机构控制系统研究 [D]. 石河子：石河子大学，2013.

[9] Konosuke TSUGA. Development of fully automatic vegetable transplanter [J]. JARQ 2000, 34 (1)：21 – 28.

[10] 贾德宝. 偏心齿轮 – 不完全非圆齿轮行星系取苗机构的研究 [D]. 杭州：浙江理工大学，2012.

[11] 俞高红，陈志威，赵匀，等. 非圆齿轮—不完全非圆齿轮行星轮系穴盘苗取苗机构. 中国，2011110270877.1 [P]. 2012 – 03 – 21.

[12] 浙江理工大学. 偏心圆齿轮—不完全非圆齿轮行星轮系穴盘苗取苗机构. 中国，2011110270973.3 [P]. 2012 – 05 – 02.

[13] 叶秉良，俞高红，陈志威等. 偏心齿轮—不完全非圆齿轮行星轮系穴盘苗取苗机构 [J]. 农业工程学报，2011，27 (12)：7～12.

[14] 东北农业大学. 旱田钵苗顶出落苗机构. 中国，201210144159.1 [P]. 2012 – 10 – 03.

[15] 东北农业大学. 一种钵苗连续顶出装置. 中国，201210173349.6 [P]. 2012 – 09 – 19.

[16] 浙江理工大学. 钵苗移栽机取苗机构移动式取苗臂. 中国，201210180636.X [P]. 2012 – 09 – 19.

[17] 东北农业大学. 钵苗移栽不等速连续移箱机构. 中国，201310010615.8 [P]. 2013 – 04 – 10.

[18] 东北农业大学. 一种钵苗移栽机变速横向移箱双螺旋轴. 中国，201310010614.3 [P]. 2013 – 04 – 10.

[19] 江苏大学. 一种自动移栽机取苗装置. 中国，201210499897.8 [P]. 2013 – 03 – 13.

[20] 南京农业大学. 一种旱地穴盘苗自动取苗机构. 中国，200910029423.5 [P]. 2009 – 09 – 23.

[21] 南京农业大学. 翻转式气动取苗装置. 中国，201110180467.5 [P]. 2011 – 06 – 30.

[22] 南京农业大学. 旱地秸秆苗钵苗自动移栽机. 中国，201210551967.X [P]. 2012 – 12 – 19.

[23] 南京农业大学. 一种曲柄摇杆菜苗移栽机构. 中国，201310297606.1 [P]. 2013 – 07 – 16.

[24] 石河子大学. 穴盘倒置式自动取苗分苗装置. 中国，201010195790.5 [P]. 2010 – 10 – 13.

[25] 石河子大学. 穴盘立式气吹式自动取苗投苗装置. 中国，201110076186.5 [P]. 2011 – 07 – 20.

[26] Tsuga K. Development of fully automatic vegetable transplanter [J]. Japan Agricultural Research Quarterly，2000，34 (5)：21 – 28.

[27] Suggs C W, Thomas T N, Eddington D L, et al. Self – feeding transplanter for tobacco and vegetable crops [J]. Applied Engineering in Agriculture, 1987, 3 (2)：148 – 152.

[28] Shaw L N. Automatic transplanter for vegetables [J]. Proc Fla State Hort Soc, 1997, 110 (6)：262 – 263.

[29] Choi W C, Kim D C, Ryu I H, et al. Development of seedling pick – up device for vegetable transplanters [J]. Transactions of the ASAE, 2001, 45 (1)：13 – 19.

[30] Dong Feng, Bai Xueyuan, Zha Jianwen, et al. Feeding mechanism of belt conveyer type seedling transplanter [J]. Transactions of the Chinese Society of Agricultural Engineering (Transactions of the CSAE), 2001, 17 (1)：74 – 77.

[31] 赵匀. 农业机械分析与综合 [M]. 北京：机械工业出版社，2009.

[32] 俞高红，陈志威，赵匀，等. 椭圆 – 不完全非圆齿轮行星系蔬菜钵苗取苗机构的研究 [J]. 机械工程学报，2012，48 (13)：32 – 39.

[33] Yu Gaohong, Chen Zhiwei, Zhao Yun, et al. Study on vegetable plug seedling pick – up mechanism of planetary gear train with ellipse gears and incomplete non – circular gear [J]. Chinese Journal Mechanical Engineering, 2012, 48 (13)：32 – 39. (in Chinese with English abstract)

[34] 赵匀，张留远，张昊，等. 共轭凸轮与行星轮系组合式水稻钵苗移栽机构，中国，申请号：

201210421617.1［P］. 2012 – 10 – 30.

［35］郝金魁，张西群，齐新，等. 我国栽植机械研制现状及发展建议［J］. 农机化研究，2011（7）：222 – 224.

［36］Hao Jingkui, Zhang Xiqun, Qi Xin, et al. Present situation and development proposal of the mechanization of seedling transplantation in China［J］. Journal of Agricultural Mechanization Research, 2011（7）：222 – 224.（in Chinese with English abstract）

［37］张瑞，吴序堂，聂钢，等. 高阶变性椭圆齿轮的研究与设计［J］. 西安交通大学学报，2005，39（7）：

［38］吴序堂，王贵海. 非圆齿轮及非匀速比传动［M］. 北京：机械工业出版社，1997.

［39］田昆鹏，毛罕平，胡建平，等. 自动移栽机门形取苗装置设计与试验研究［J］. 农机化研究，2014，（2）：168 – 172.

［40］赵匀，樊福雷，宋志超，等. 反转式共轭凸轮蔬菜钵苗移栽机构的设计与仿真［J］. 农业工程学报，2014，（14）：8 – 16.

［41］高国华，韦康成. 自动化穴苗移栽机关键机构的模块化设计［J］. 机电工程，2012，29（8）：882 – 885.

［42］张丽华，邱立春，田素博，等. 指针夹紧式穴盘苗移栽爪设计［J］. 沈阳农业大学学报，2010，41（2）：235 – 237.

［43］韩长杰，杨宛章，张学军，等. 穴盘苗移栽机自动取喂系统的设计与试验［J］. 农业工程学报，2013，（8）：51 – 61.

［44］任烨. 基于机器视觉设施农业内移栽机器人的研究［D］. 杭州：浙江大学，2007.

［45］孙磊，毛罕平，丁文芹，等. 穴盘苗自动移栽机取苗爪工作参数试验研究［J］. 农机化研究，2013，（3）：167 – 170.

［46］金鑫，李树君，杨学军，等. 蔬菜穴盘苗取苗机构分析与参数优化［J］. 农业机械学报，2013，44（z1）：1 – 6，13.

第6章　栽植机构分析研究

移栽机构是钵苗移栽机械的核心部件，其工作过程是模仿人手将土壤打穴或开沟并把钵苗栽入穴口内的流程。目前，半自动移栽机的类型主要有：钳夹式、挠性圆盘式、导苗管式、平行四杆圆盘式、多连杆式和齿轮行星轮系移栽机等几种。本章对两种多杆式栽植机构即：七杆式、凸轮摆杆式进行分析研究，并对两种栽植机构进行了优化设计，以便为移栽机的设计提供理论基础。

6.1　七杆式栽植机构分析研究

该移栽机构由七杆机构传动，鸭嘴式栽植器在传动机构的带动下，完成接苗、开穴、植苗工序。工作时，鸭嘴式栽植器运动到竖直方向最高位置（接苗位置）时，喂苗机构将钵苗喂入栽植嘴中，栽植嘴带着钵苗运动半个周期，进入入土位置，栽植嘴插入土中，并在凸轮带动的弹簧作用下，打开鸭嘴，使钵苗落入开好的苗穴中，然后栽植嘴回转完成栽植过程。

此移栽机构结构简单，工作稳定可靠，操作方便。机构选用鸭嘴式栽植器使得机构在工作时能同时完成开穴、移栽两道工序，减少了移栽机所需部件，大大降低了整机重量及机组功耗，降低了移栽作业成本。机构工作时，对钵苗无要求，能适应多种移栽作物的移栽作业要求，通用性较好；且对于作业土地有垄、无垄均可进行，机构适应性较强。且机构移栽株距可调，调整方便。

采用主动轮齿轮传动带动七连杆机构做稳定高次曲线运动，机构行距、株距均可调，且操作简单。开口鸭嘴的开闭通过凸轮控制，完全可以实现钵苗的优质栽培技术要求。移栽过程中动力与栽植自成一体、系统结构紧凑、各机构配合合理、方便调整、稳定性强、经济实用、制造成本低、用途广泛，适合带钵体育苗的作物秧苗移栽，是我国烟苗移栽作业的理想机构。

6.1.1　移栽过程运动分析

图 6-1 为烟草钵苗移栽机栽植机构运动及初始位置简图，它由双曲柄五杆机构 OABCD 和双摇杆机构 DEFG 串联而成。曲柄 OA 和曲柄 CB 为两个同向、不同转速（两曲柄转动速度比一定）的匀速转动输入构件，连杆 DE 为输出构件；连杆 AD 和连杆 DE 属于同一连杆 AE，同时带动摇杆机构运动，栽植嘴固定连接在连杆 EI 上。当栽植嘴转动到最上方（图示位置）时，环形回转输送链盘上的喂苗杯同时到达栽植嘴最上方位置，并且在烟草钵苗及杯底活门自身重力作用下，喂苗杯底活门打开，钵苗顺利落入栽植嘴内；喂苗杯随输送链盘运动，并闭合杯底活门。移栽机构运动180°左右时，栽植嘴运动到最下方（入土

位置），栽植嘴插入烟田中并且栽植嘴在凸轮带动下打开，使钵苗进入栽植嘴开出的苗穴内，由镇压轮进行覆土镇压，完成移栽过程。

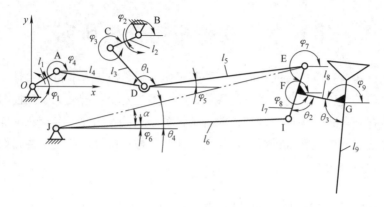

图 6-1　移栽结构运动简图

建立坐标系（图 6-1），以 O 为原点、水平方向为 x 轴（正方向与机组前进速度方向相反）、垂直方向为 y 轴。将确定机构运动状态所需的相关参数及说明列于表 6-1。

表 6-1　参数对应表

符号	解释说明	符号	解释说明
l_1	曲柄 OA 的长度/mm	φ_3	连杆 CD 的角位移/(°)
l_2	曲柄 BC 的长度/mm	φ_4	连杆 AD 的角位移/(°)
l_3	连杆 CD 的长度/mm	φ_5	连杆 DE 的角位移/(°)
l_4	连杆 AD 的长度/mm	φ_6	摇杆 IJ 的角位移/(°)
l_5	连杆 DE 的长度/mm	φ_7	连杆 EI 的角位移/(°)
l_6	摇杆 IJ 的长度/mm	φ_8	杆 FG 的角位移/(°)
l_7	连杆 EI 的长度/mm	φ_9	杆 GH 的角位移/(°)
l_8	杆 FG 的长度/mm	θ_1	连杆 AD 与 DE 所夹钝角/(°)
l_9	杆 GH 的长度/mm	θ_2	杆 FG 与连杆 EI 所夹锐角/(°)
φ	曲柄 OA 和 BC 转过的角度/(°)（逆时针旋转）	θ_3	杆 GH 与 FG 所夹钝角/(°)
φ_1	曲柄 OA 初始相位角/(°)	θ_4	EJ 连线与 x 轴正方向夹角/(°)
φ_2	曲柄 BC 初始相位角/(°)	v	机组前进速度/(mm/s)

1. 位移方程

根据图 6-1，在不考虑机组前进速度情况下，进行运动学分析得出，

$$A \text{ 点位移方程为} \begin{cases} x_A = l_1\cos(\varphi_1 + \varphi) \\ y_A = l_1\sin(\varphi_1 + \varphi) \end{cases} \tag{6-1}$$

$$C \text{ 点位移方程为} \begin{cases} x_C = x_B + l_2\cos(\varphi_2 + \varphi) \\ y_C = y_B + l_2\sin(\varphi_2 + \varphi) \end{cases} \tag{6-2}$$

由机构矢量方程 $\overrightarrow{L_{OA}} + \overrightarrow{L_{AD}} = \overrightarrow{L_{OB}} + \overrightarrow{L_{BC}} + \overrightarrow{L_{CD}}$ 得，

D 点位移方程为

$$\begin{cases} x_D = l_1\cos(\varphi_1 + \varphi) + l_4\cos\varphi_4 \\ \quad = x_B + l_2\cos(\varphi_2 + \varphi) + l_3\cos\varphi_3 \\ y_D = l_1\sin(\varphi_1 + \varphi) + l_4\sin\varphi_4 \\ \quad = y_B + l_2\sin(\varphi_2 + \varphi) + l_3\sin\varphi_3 \end{cases} \tag{6-3}$$

移项得：

$$\begin{cases} l\cos\varphi_3 = l_1\cos(\varphi_1 + \varphi) - x_B - l_2\cos(\varphi_2 + \varphi) + l_4\cos\varphi_4 \\ l\sin\varphi_3 = l_1\sin(\varphi_1 + \varphi) - y_B - l_2\sin(\varphi_2 + \varphi) + l_4\sin\varphi_4 \end{cases}$$

等号两边平方相加，消去 φ_3 得：

$$a\cos\varphi_4 + b\sin\varphi_4 - c = 0$$

式中，$a = l_1\cos(\varphi_1 + \varphi) - x_B - l_2\cos(\varphi_2 + \varphi)$，$b = l_1\sin(\varphi_1 + \varphi) - y_B - l_2\sin(\varphi_2 + \varphi)$，$c = \dfrac{l_3 - l_4 - a^2 - b^2}{2l_4}$。

从而得到 φ_4，将 φ_4 代入（3）式即可求出 D 点位移。

由图 6-1 知，$\varphi_5 = \varphi_4 - \pi - \theta_1$，则 E 点位移方程为

$$\begin{cases} x_E = x_D + l_5\cos\varphi_5 \\ y_E = y_D + l_5\sin\varphi_5 \end{cases} \tag{6-4}$$

图 6-1 看出，$\tan\varphi_4 = \dfrac{y_E - y_J}{x_E - x_J}$，$\varphi_6 = \theta_4 - \angle EIJ$ 即 $\angle EIJ = \theta_4 - \varphi_6$，则在 ΔEIJ 利用余弦定理可求得 φ_6。I 点位移方程为

$$\begin{cases} x_I = x_E + l_7\cos\varphi_7 = x_J + l_6\cos\varphi_6 \\ y_I = y_E + l_7\sin\varphi_7 = y_J + l_6\sin\varphi_6 \end{cases} \tag{6-5}$$

F 点为 EI 的中点，则 F 点位移方程为

$$\begin{cases} x_F = \dfrac{x_E + x_I}{2} \\ y_F = \dfrac{y_E + y_I}{2} \end{cases} \tag{6-6}$$

由图 6-1 知，$\tan\varphi_7 = \dfrac{y_E - y_I}{x_E - x_I}$，$\varphi_8 = \varphi_7 + \theta_2$，$\varphi_9 = \varphi_8 - \pi + \theta_3$。则 H 点位移方程为

$$\begin{cases} x_H = x_F + l_8\cos\varphi_8 + l_9\cos\varphi_9 \\ y_H = y_F + l_8\sin\varphi_8 + l_9\sin\varphi_9 \end{cases} \tag{6-7}$$

考虑机组前进速度，令其为 v。则鸭嘴下端栽植点 H 的位移方程为

$$\begin{cases} x_H = x_F + l_8\cos\varphi_8 + l_9\cos\varphi_9 - vt \\ y_H = y_F + l_8\sin\varphi_8 + l_9\sin\varphi_9 \end{cases} \tag{6-8}$$

2. 速度方程

将由图 6-1 所求出的各角位移参数代入相应方程中，然后分别对位移方程式（6-1）～

（6-8）求一阶导数和二阶导数并加以整理，即可求得钵苗栽植机构各点的速度和加速度方程。

6.1.2　运动仿真模型的建立

采用 UG6.0 软件，建立钵苗移栽机移栽机构主要零部件的三维模型，在 UG 中完成装配后，定义刚体，并导出 Parasolid 文件；将生成的 Parasolid 文件导入 ADAMS 软件中，即可显示零部件刚性化后的装配模型；根据 ADAMS/Flex 模块生成弹簧，并替换对应的刚性体部件，完成移栽机构虚拟仿真模型的建立。钵苗移栽机移栽机构虚拟样机模型的零件及装配图如图 6-2 所示。

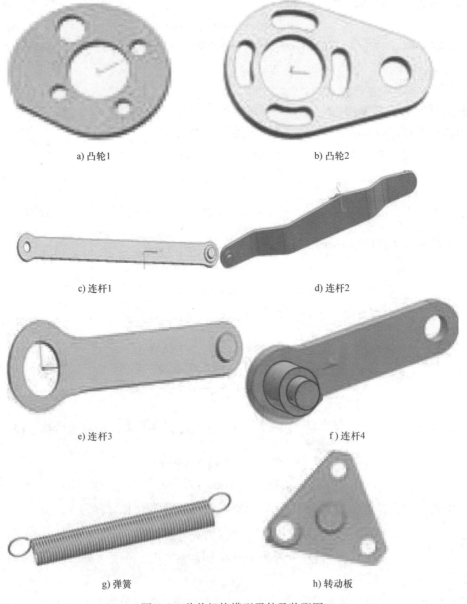

a) 凸轮1　　　　　　　　　　　　b) 凸轮2

c) 连杆1　　　　　　　　　　　　d) 连杆2

e) 连杆3　　　　　　　　　　　　f) 连杆4

g) 弹簧　　　　　　　　　　　　h) 转动板

图 6-2　移栽机构模型零件及装配图

i) 鸭嘴栽植器

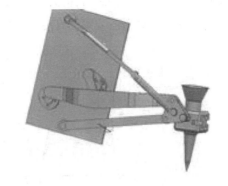

j) 刚体装配

图 6-2　移栽机构模型零件及装配图（续）

6.1.3　主要参数对钵苗移栽机构运动特性影响分析

1. 钵苗栽植机构参数化模型

以上一节所建立的运动数学模型为机构参数化关系的依据，利用 AD-AMS 软件建立了钵苗栽植机构的参数化模型，如图 6-3 所示。在添加相应约束关系和运动副后，驱动机构仿真运动，并通过后处理程序可输出相应 Mark 点（本文设定鸭嘴下端点为 Mark19）的运动轨迹、速度和加速度曲线。在 ADAMS 中可通过更改各关键点参数值来改变机构的结构参数，

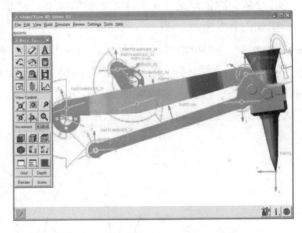

图 6-3　钵苗栽植机构参数化建模界面

如各杆杆长、鸭嘴安装角度；同时亦可赋予不同初始值来改变移栽机前进速度和曲柄转速，从而获得不同运动参数下 Mark19 点的运动轨迹、速度和加速度曲线。

2. 参数影响分析

鸭嘴的运动轨迹、接苗及入土姿态严重影响钵苗移栽机的栽植性能，利用所建立的机构参数化模型，选取几个主要参数进行运动仿真，分析其对鸭嘴运动轨迹的影响。

（1）曲柄 OA 长度 l_1 影响分析

在移栽机组前进速度 $v = 2\mathrm{km/h}$ 的情况下，曲柄 OA 长度 l_1 对鸭嘴栽植点 H 运动轨迹的影响如图 6-4 所示。当 $l_2 = 50\mathrm{mm}$、$l_3 = 100\mathrm{mm}$、$l_4 = 180\mathrm{mm}$、$l_5 = 298\mathrm{mm}$、$l_6 = 410\mathrm{mm}$、$l_7 = 70\mathrm{mm}$、$l_8 = 63\mathrm{mm}$、$l_9 = 197\mathrm{mm}$、$x_B = 170\mathrm{mm}$、$y_B = 94\mathrm{mm}$、$x_J = 76.5\mathrm{mm}$、$y_J = 43\mathrm{mm}$、$\theta_1 = 165°$、$\theta_2 = 86°$、$\theta_3 = 95°$时，随着曲柄 OA 长度 l_1 的增大，鸭嘴栽植点 H 的运动轨迹曲线高度逐渐增大，入土深度（垄面到曲线最低点距离）增加，同时最高点到垄面的栽插轨迹（顶点到垄面之间沿机组前进方向的曲线部分）发生了明显变化，向后运动趋势增

大，但鸭嘴开出的穴口大小（运动轨迹曲线与垄面相交两点之间的距离）基本不变。l_1 的选取主要取决于栽植机构相对送苗装置的高度以及鸭嘴入土深度。

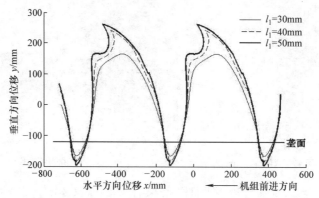

图 6-4 l_1 对栽植点 H 运动轨迹影响

（2）曲柄 BC 长度 l_2 影响分析

在移栽机组前进速度 $v=2\text{km/h}$ 的情况下，曲柄 BC 长度 l_2 对鸭嘴栽植点 H 运动轨迹的影响如图 6-5 所示。当 $l_1=30\text{mm}$、$l_3=100\text{mm}$、$l_4=180\text{mm}$、$l_5=298\text{mm}$、$l_6=410\text{mm}$、$l_7=70\text{mm}$、$l_8=63\text{mm}$、$l_9=197\text{mm}$、$x_B=170\text{mm}$、$y_B=94\text{mm}$、$x_J=76.5\text{mm}$、$y_J=43\text{mm}$、$\theta_1=165°$、$\theta_2=86°$、$\theta_3=95°$时，随着曲柄 BC 长度 l_2 的增大，鸭嘴栽植点 H 的运动轨迹曲线逐渐增高，鸭嘴入土深度增加，且入土倾角（入土部分曲线与垄面夹角）和开出的穴口大小明显变大。l_2 的选取主要取决于垄面的高度、鸭嘴的姿态和穴口的大小。

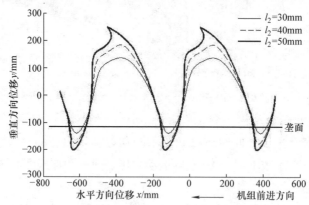

图 6-5 l_2 对栽植点 H 运动轨迹影响

（3）摇杆 IJ 长度 l_6 影响分析

在移栽机组前进速度 $v=2\text{km/h}$ 的情况下，摇杆 IJ 长度 l_6 对鸭嘴栽植点 H 运动轨迹的影响如图 6-6 所示。当 $l_1=30\text{mm}$、$l_2=50\text{mm}$、$l_3=100\text{mm}$、$l_4=180\text{mm}$、$l_5=298\text{mm}$、$l_7=70\text{mm}$、$l_8=63\text{mm}$、$l_9=197\text{mm}$、$x_B=170\text{mm}$、$y_B=94\text{mm}$、$x_J=76.5\text{mm}$、$y_J=43\text{mm}$、$\theta_1=165°$、$\theta_2=86°$、$\theta_3=95°$时，随着摇杆 IJ 长度 l_6 的增大，鸭嘴栽植点 H 的运动轨迹曲线形状基本不变，但产生了向机组前进方向的偏移，栽插深度略有增加，但开出的穴口大小基本不变。l_6 的选取主要取决于鸭嘴的姿态。

（4）鸭嘴安装角度 θ_3 影响分析

在移栽机组前进速度 $v = 2\text{km/h}$ 的情况下，鸭嘴安装角度 θ_3 对鸭嘴栽植点 H 运动轨迹的影响如图 6-7 所示。当 $l_1 = 30\text{mm}$、$l_2 = 50\text{mm}$、$l_3 = 100\text{mm}$、$l_4 = 180\text{mm}$、$l_5 = 298\text{mm}$、$l_6 = 410\text{mm}$、$l_7 = 70\text{mm}$、$l_8 = 63\text{mm}$、$l_9 = 197\text{mm}$、$x_B = 170\text{mm}$、$y_B = 94\text{mm}$、$x_J = 76.5\text{mm}$、$y_J = 43\text{mm}$、$\theta_1 = 165°$、$\theta_2 = 86°$ 时，随着鸭嘴安装角 θ_3 的增大，鸭嘴的入土

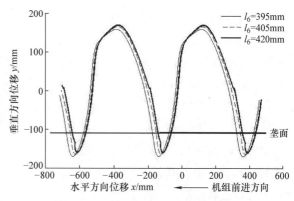

图 6-6　l_6 对栽植点 H 运动轨迹影响

深度和入土倾角都随之增大，但开出穴口的大小基本不变。θ_3 的选取主要取决于栽植机构相对送苗装置的高度和鸭嘴的运动轨迹。

（5）连杆 AD 长度 l_4 影响分析

在移栽机组前进速度 $v = 2\text{km/h}$ 的情况下，连杆 AD 长度 l_4 对鸭嘴栽植点 H 运动轨迹的影响如图 6-8 所示。当 $l_1 = 30\text{mm}$、$l_2 = 50\text{mm}$、$l_3 = 100\text{mm}$、$l_5 = 298\text{mm}$、$l_6 = 410\text{mm}$、$l_7 = 70\text{mm}$、$l_8 = 63\text{mm}$、$l_9 = 197\text{mm}$、$x_B = 170\text{mm}$、$y_B = 94\text{mm}$、$x_J = 76.5\text{mm}$、$y_J = 43\text{mm}$、$\theta_1 = 165°$、$\theta_2 = 86°$、$\theta_3 = 95°$ 时，随着连杆 AD 长度 l_4 的增大，鸭嘴栽植点 H 的运动轨迹曲线逐渐增高，顶部逐渐变尖，底部形状不变，鸭嘴入土倾角基本不变，但开出的穴口大小变大，入土深度增加。l_4 的选取主要取决于钵苗的高度和栽植机构相对送苗装置的高度。

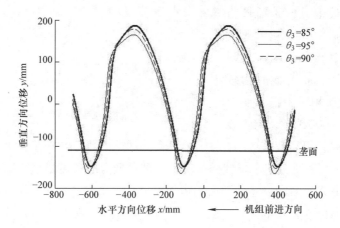

图 6-7　θ_3 对栽植点 H 运动轨迹影响

3. 参数优选及其运动分析

为了使钵苗移栽机有较高作业效率的同时，具备良好的栽植性能。本文以鸭嘴的入土姿态（决定了钵苗栽后的直立度）、鸭嘴的运动轨迹高度（主要取决于栽植机构相对送苗装置的高度）和机构栽植作业稳定性（主要取决于鸭嘴运动速度和加速度）为主要目标，同时考虑了镇压轮挤压推土可能导致的钵苗前倾，最终，根据参数对栽植嘴的运动特性影响分析和栽植机构的参数化仿真模型，在设定移栽机组前进速度 $v = 2\text{km/h}$ 的情况下，对

栽植机构参数进行优选分析。得到一组较优参数组合为：$l_1 = 27\text{mm}$、$l_2 = 50\text{mm}$、$l_3 = 100\text{mm}$、$l_4 = 180\text{mm}$、$l_5 = 298\text{mm}$、$l_6 = 405\text{mm}$、$l_7 = 71\text{mm}$、$l_8 = 63\text{mm}$、$l_9 = 197\text{mm}$、$x_B = 170\text{mm}$、$y_B = 94\text{mm}$、$x_J = 76.5\text{mm}$、$y_J = 43\text{mm}$、$\theta_1 = 165°$、$\theta_2 = 86°$、$\theta_3 = 95°$。在此组合下，鸭嘴栽植点 H 的运动轨迹如图 6-9 所示，轨迹高度 326.8mm，穴口大小 42.4mm，移栽株距 500mm，

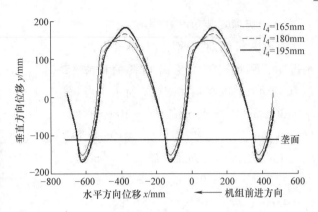

图 6-8　l_4 对栽植点 H 运动轨迹影响

移栽频率 66.67 株/min。鸭嘴入土后与垂直方向夹角约 8°左右，使得移栽后的钵苗稍向后倾斜，镇压轮通过后则将其扶正，很好地克服了镇压轮的挤推作用。栽植后鸭嘴以一定角度从钵苗另一侧上升离开，有效地防止了碰苗现象发生。轨迹曲线顶端稍微平缓，说明从苗杯打开到钵苗落入鸭嘴这一段时间里鸭嘴运动较平稳，能够很好地接苗。进行仿真时，仿真时间取 5s，步数设为 50 步，仿真结束记录栽植器运动的速度、加速度，栽植嘴运动轨迹等曲线信息。

一个周期内，鸭嘴栽植点 H 的速度和加速度如图 6-10 所示。Ⅰ 到 Ⅱ 之间，对应曲柄转角从 −180° 到 −135°，鸭嘴减速上升；Ⅱ 到 Ⅲ 曲柄转为 −135° 到 −75°，鸭嘴速度开始上升，位置达到最高点；Ⅲ 到 Ⅳ 转角由 −75° 到 −60°，此时为减速过程，鸭嘴运动相对平稳，便于接苗；Ⅳ 到 Ⅴ 为 −60° 到 0°，鸭嘴接住钵苗后加速下降，提高栽植效率；

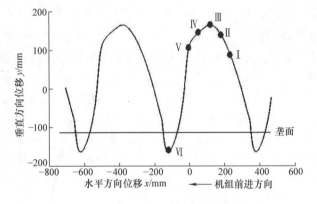

图 6-9　鸭嘴栽植点 H 运动轨迹

Ⅴ 到 Ⅵ 为 0° 到 60°，鸭嘴减速下降栽插钵苗，达到最低点时速度最低，减小钵苗落地时的水平速度，保证其入土后的姿态；随后鸭嘴加速上升，完成一个移栽循环。可见机构的此参数组合满足移栽的农艺要求。

6.1.4　参数优化

1. 最优控制理论

最优控制理论的定义：它是现代控制理论的主要分支，着重于研究使控制系统的性能指标实现最优化的基本条件和综合方法；它是研究和解决从一切可能的控制方案中寻找最优解的一门学科。

最优控制理论的研究内容：对一个受控的动力学系统或运动过程，从一类允许的控制方案中找出一个最优的控制方案，使系统的运动在由某个初始状态转移到指定目标状态的

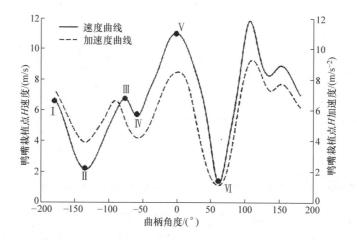

图 6-10　一个周期内鸭嘴栽植点 H 的速度和加速度曲线

同时,其性能指标值最优。

最优控制理论的主要方法:建立描述受控运动过程的运动方程,给出控制变量允许取值范围,指定运动过程的初始状态和目标状态,并且规定一个评价运动过程品质优劣的性能指标。

2. 参数影响分析

本研究基于变输入机构的设计准则,以控制并改善输出运动特性为设计目标,以输入运动的限制为设计约束,基于最优控制理论建立了七杆机构输入运动函数的优化数学模型,转化为一个两点边值问题,应用梯度法进行求解;并进行了设计算法的计算。计算方法如下。

在前期优化所得数据及移栽运动仿真分析的基础上,运用自编函数方程,对钵苗移栽机构的结构参数进行优化,所用函数如下。

基于变输入机构的设计准则,本七杆机构输入函数的设计亦应遵循以下基本准则:

1)在控制并改善输出构件运动特性的同时,应限制控制构件所驱动输入构件运动函数的变化幅度,以免给控制系统带来过度的负担。

2)保证控制机构所驱动的输入构件的运动函数至少二阶可导,以免给控制系统带来过度的负担。

3)控制构件与等速构件所分别驱动两个输入构件的运动函数之间应保持一定的相位关系。

对于图 6-1 移栽结构运动简图所示二自由度七杆机构,分别定义 θ_{2r}(θ_1)、θ_{2d}(θ_1) 为对输出构件运动特性有控制要求和无控制要求两个区间内曲柄 L_4 的角位移,并假定曲柄 L_4 和杆 L_3 的运动区间分别为:$\theta_{2r} \in [\theta_{20}, \theta_{21}]$,$\theta_1 \in [\theta_{10}, \theta_{11}]$;$\theta_{2d} \in [\theta_{21}, 2\pi + \theta_{20}]$,$\theta_1 \in [\theta_{11}, 2\pi + \theta_{10}]$。其中,$\theta_{10}$ 和 θ_{11} 分别为杆 L_3 的初角位置;θ_{20} 和 θ_{21} 分别为曲柄 L_4 的末角位置。

设计步骤为:

1）在 $\theta_{2r} \in [\theta_{20}, \theta_{21}]$，$\theta_1 \in [\theta_{10}, \theta_{11}]$ 内设计 $\theta_{2r}(\theta_1)$。

2）在 $\theta_{2d} \in [\theta_{21}, 2\pi + \theta_{20}]$，$\theta_1 \in [\theta_{11}, 2\pi + \theta_{10}]$ 内设计 $\theta_{2d}(\theta_1)$。

3）将 $\theta_{2d}(\theta_1)$ 和 $\theta_{2r}(\theta_1)$ 拼接起来，即得到一个运动周期内的输入运动函数。

（1）对运动特性有控制要求的区间

运用最优控制理论方法定义目标函数与设计约束。

1）目标函数与设计约束。将目标函数定义为：

$$P = \omega_1 \int_{\theta_{10}}^{\theta_{11}} [\dot{s} - \bar{v}]^2 d\theta_1 + \omega_2 \int_{\theta_{10}}^{\theta_{11}} [\theta'_{2r} - 1]^2 d\theta_1 \tag{6-9}$$

式中，$\int_{\theta_{10}}^{\theta_{11}} [\dot{s} - \bar{v}]^2 d\theta_1$ 用于使杆 L_5 输出所期望的运动规律；$\dot{s} = \dot{s}(\varphi_0, \varphi_2, \varphi_3, \theta_1, \theta_{2r}, \dot{\theta}_{2r})$；$\bar{v} = \bar{v}(\theta_1)$，是一个期望函数，即设计者期望杆 L_5 输出的速度函数；$\int_{\theta_{10}}^{\theta_{11}} [\theta'_{2r} - 1]^2 d\theta_1$ 用于限制杆 L_5 速度函数的变化幅度，以满足设计准则1；ω_1、ω_2 是权重因子，用于在所期望的输出运动与期望值的逼近程度和所允许的输入变动的变化幅度之间取得折中。此两项量纲并不相同，权重因子的数值需用试凑法确定，以满足特定的设计要求和约束。

2）边界条件。根据设计准则3，确定以下边界条件：

$$\left.\begin{array}{l} \varphi_1(\theta_{10}) = \varphi_{10}, \varphi_1(\theta_{11}) = \varphi_{11} \\ \varphi_2(\theta_{10}) = \varphi_{20}, \varphi_2(\theta_{11}) = \varphi_{21} \\ \varphi_3(\theta_{10}) = \varphi_{30}, \varphi_3(\theta_{11}) = \varphi_{31} \\ \theta_{2r}(\theta_{10}) = \theta_{20}, \theta_{2r}(\theta_{11}) = \theta_{21} \end{array}\right\} \tag{6-10}$$

式中 φ_{10}、φ_{20}、φ_{30} 和 φ_{11}、φ_{21}、φ_{31}——杆 L_4、L_3、L_5 的初末角位置。

3）最优控制模型。状态变量定义为：

$$X^T = [X_1, X_2, X_3, X_4] = [\varphi_1, \varphi_2, \varphi_3, \theta_{2r}] \tag{6-11}$$

控制变量定义为 $U = \theta'_{2r}$，状态方程：

$$\dot{x} = \left(\begin{array}{l} \dfrac{\vec{l}_{CD}\sin(X_2 - \theta_1) + \vec{l}_{DB}\sin(X_4 - X_2)U}{L_4\sin(X_2 - X_1)} \\[3mm] \dfrac{\vec{l}_{CD}\sin(\theta_1 - X_1) + \vec{l}_{DB}\sin(X_1 - X_4)U}{L_3\sin(X_2 - X_1)} \\[3mm] \dfrac{\vec{l}_{CD}\sin(X_2)\sin(X_1 - \theta_1) + \vec{l}_{DB}\sin(X_1)\sin(X_4 - X_2)U}{L_5\sin(X_3)\sin(X_2 - X_1)} \\[3mm] U \end{array}\right) \tag{6-12}$$

将方程（6-10）的边界条件重写为 $X_i(\theta_{10}) = X_{i0}$，$X_i(\theta_{11}) = X_{i1}(i=1, 2, 3, 4)$。

方程（6-9）中的目标函数重写为：

$$P = \omega_1 \int_{\theta_{10}}^{\theta_{11}} [\dot{s}(X_1, X_2, X_3, X_4, U, \theta_1) - \bar{v}(\theta_1)]^2 d\theta_1 + \omega_2 \int_{\theta_{10}}^{\theta_{11}} [U - 1]^2 d\theta_1 \tag{6-13}$$

将 Hamilton 函数定义为

$$H = \omega_1 \left[\dot{s} - \bar{v} \right]^2 + \omega_2 \left[U - 1 \right]^2 + \mu U \tag{6-14}$$

式中　μ——协态常量。

求解此最优控制模型，得到一个两点边值问题，可用梯度法结合共轭梯度法求解。

（2）对运动特性无控制要求的区间

根据设计准则 2）、3），确定以下边界条件：

$$\left. \begin{aligned}
&\theta_{2d}(\theta_{11}) = \theta_{2r}(\theta_{11}), \theta_{2d}(2\pi + \theta_{10}) = 2\pi + \theta_{2r}(\theta_{10}) \\
&\dot{\theta}_{2d}(\theta_{11}) = \dot{\theta}_{2r}(\theta_{11}), \dot{\theta}_{2d}(2\pi + \theta_{10}) = \dot{\theta}_{2r}(\theta_{10}) \\
&\ddot{\theta}_{2d}(\theta_{11}) = \ddot{\theta}_{2r}(\theta_{11}), \ddot{\theta}_{2d}(2\pi + \theta_{10}) = \ddot{\theta}_{2r}(\theta_{10}) \\
&\dddot{\theta}_{2d}(\theta_{11}) = \dddot{\theta}_{2r}(\theta_{11}), \dddot{\theta}_{2d}(2\pi + \theta_{10}) = \dddot{\theta}_{2r}(\theta_{10})
\end{aligned} \right\} \tag{6-15}$$

将控制构件所驱动输入构件的位移函数表达为一个多项式函数：

$$\theta_{2d}(\theta_1) = \sum_{i=0}^{7} C_i \theta_1^i \tag{6-16}$$

式中，多项式系数 C_i（$i = 0, 1\cdots, 7$）可以通过将方程（6-15）代入方程（6-16）而求得。

通过上述函数，运用 Matlab 数学优化分析程序对钵苗移栽机移栽机构结构参数进行优化，可得机构最优参数组合为：$l_1 = 27\,\text{mm}$、$l_2 = 50\,\text{mm}$、$l_3 = 100\,\text{mm}$、$l_4 = 180\,\text{mm}$、$l_5 = 298\,\text{mm}$、$l_6 = 405\,\text{mm}$、$l_7 = 71\,\text{mm}$、$l_8 = 63\,\text{mm}$、$l_9 = 197\,\text{mm}$、$x_B = 170\,\text{mm}$、$y_B = 94\,\text{mm}$、$x_J = 76.5\,\text{mm}$、$y_J = 43\,\text{mm}$、$\theta_1 = 165°$、$\theta_2 = 86°$、$\theta_3 = 95°$。

6.2　凸轮摆杆式栽植机构分析研究

移栽机构是钵苗移栽机械的核心部件，其工作过程是模仿人手将土壤打穴或开沟并把钵苗栽入穴口内的流程。本章节内容主要是通过总结现有移栽机构栽植轨迹特点和钵苗理想栽植轨迹性能要求，分析出一种新的钵苗栽植轨迹以及轨迹要求，并创建出满足该栽植轨迹要求的钵苗移栽机构理论数学模型。

6.3　移栽机构建模条件

通过分析总结国内外现有移栽机构的栽植轨迹特点，并结合钵苗理想栽植轨迹（图6-11）的性能要求，以提高钵苗的栽植直立度为主要研究目标，移栽机构模型栽植轨迹（图6-12）需满足：

1）有一段尖嘴形的栽植轨迹。

2）尖嘴形栽植轨迹具有一定长度，确保钵苗栽植深度。

3）栽植轨迹尖嘴形有一定的后倾角，能够平衡后面挤土镇压轮的扶正效果。

4）栽植轨迹入土部分栽苗和出土段应有较高的重合度，减小穴苗口的尺寸。

5）栽植轨迹应有一定的高度，避免栽植器栽苗后与已栽钵苗干涉。

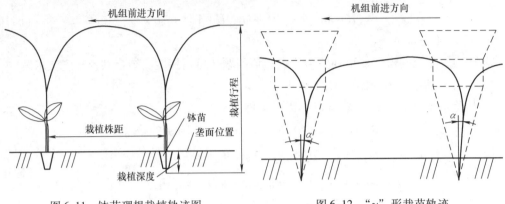

图 6-11　钵苗理想栽植轨迹图　　　　　图 6-12　"γ"形栽苗轨迹

6.4　移栽机构对比分析

目前研究较为成熟且通用性较强的移栽机构主要有：转盘式移栽机构、行星齿轮式移栽机构和多连杆式移栽机构。其中行星齿轮式移栽机构与转盘式移栽机构的工作原理相似，都可以简化为平行四杆移栽机构，如图 6-13 所示。通过对该四杆机构进行运动学分析可得知，机构栽植鸭嘴的栽植轨迹为余摆线，如图 6-14 所示。从图 6-14 中可以看出，该机构栽植轨迹下部存在较大的扣环，造成栽植鸭嘴在钵苗移栽时撕膜较为严重，且在移栽轨迹上部形状变化较为迅速，不利于栽植鸭嘴接苗，造成钵苗漏接、漏栽现象。多连杆式移栽机构中较为成熟的机构为七连杆式移栽机构，简图如图 6-15 所示，该机构运动学分析得知栽植点的栽植轨迹如图 6-16 所示，该栽植轨迹下部有重合部分且有一定的长度，能够有效保证作物栽植状态且减少栽植器对地膜的破坏程度，结合该移栽机构的运动状态分析可知，该移栽机构栽植器在栽植过程中处于摆动状态，影响钵苗的栽植效果，且该机

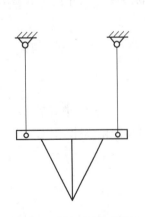

图 6-13　平行四杆移栽机构

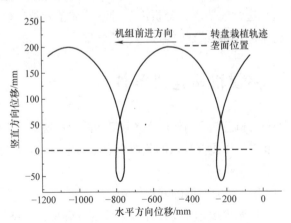

图 6-14　四杆机构栽植点栽植轨迹

构的栽植轨迹上部运动不平稳，对移栽机构栽植器接苗造成很大的影响。通过对比分析可知，为较好地满足移栽性能要求，选取多连杆式移栽机构作为移栽机构模型建立和研究的基础。

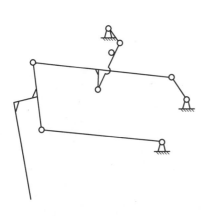

图 6-15　多连杆移栽机构

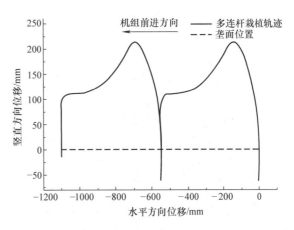

图 6-16　多连杆机构栽植点栽植轨迹

6.5　凸轮摆杆式移栽机构与运动数学模型

为满足 6.3 小节移栽机构的建模条件，提出一种如图 6-12 所示的"γ"形后倾式栽植轨迹，能够平衡挤土镇压轮的扶正效果，改善钵苗垂直移栽后镇压轮镇压前倾的问题。根据以上要求和 6.4 小节的分析，借鉴多连杆式移栽机构，为较好地解决栽植器和钵苗栽植运动的稳定性，利用平行四杆机构去代替单个摆杆，为较好地解决移栽机构栽植轨迹的稳定性，利用凸轮机构代替曲柄机构，建立一套凸轮摆杆式移栽机构理论模型。

6.5.1　模型建立

凸轮摆杆式钵苗移栽机构运动简图如图 6-17 所示。由图 6-17 可知，该移栽机构为以一个凸轮和一个曲柄为原动件的凸轮摆杆双平行四杆机构，原动件凸轮 N 和曲柄 CD 转动速度大小和方向都相同，其角速度为定值 ω。凸轮 N 与机架铰接于 N 点，摆杆 QOA 与机架铰接于 O 点，平行摆杆 MN 与机架铰接于 N 点；连杆 ABM 分别与摆杆 MN 铰接于 M 点，与摆杆 QOA 铰接于 A 点；连杆 BF 分别与连杆 ABM 铰接于 B 点，与连杆 FG 铰接于 F 点；连杆 AEG 分别与连杆 ABM 铰接于 A 点，与连杆 FG 铰接于 G 点，与连杆 DE 铰接于 E 点；曲柄 CD 与机架铰接于 C 点，与连杆铰接于 D 点；连杆 HJ 固结于连杆 FG 的中点（H 点），栽植鸭嘴简化为连杆 JI，连杆 JI 与连杆 HJ 固结于 J 点且杆 JI 垂直于杆 HJ，其中 I 点为简化鸭嘴入土栽植点。当机组向前行驶时，动力通过变速箱分成两部分，然后分别带动凸轮 N 和曲柄 CD 做顺时针转动，在凸轮摆杆（NQOA）和曲柄连杆（CDE）机构的共同作用下使固结于连杆 FG 上的杆 HJI（即栽植鸭嘴）做一定的轨迹运动，来完成移栽机构的接苗、栽苗运动。

该移栽机构能够使栽植鸭嘴运动满足"γ"形栽植轨迹要求，通过对机构进行建模和

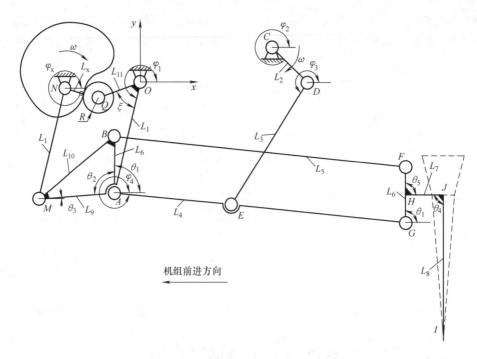

图 6-17　凸轮摆杆式钵苗移栽机构运动简图

参数优化，最终能够改变钵苗的栽植状态和栽植器所形成的穴苗口尺寸，在最小破膜或穴苗口尺寸条件下使得钵苗栽植后能够有较高的直立状态，从而拥有较高的膜上移栽的性能要求。该钵苗移栽机构可以适应高度为 50～110mm 钵苗或漂浮苗的移栽，实现了膜上打孔移栽，且不易伤苗的效果，机构简图中各参数含义如表 6-2 所示。

表 6-2　相关参数符号及说明

符号	含义	符号	含义
L_1	摆杆 OA（MN）的杆长尺寸 /mm	ω	凸轮 N 或曲柄 CD 的角速度 /(°/s)
L_2	曲柄 CD 的杆长尺寸 /mm	φ_1	摆杆 OA 的摆角 /(°)
L_3	连杆 DE 的杆长尺寸 /mm	φ_2	凸轮 N 或曲柄 CD 转过的角度 /(°)
L_4	连杆 AE 的杆长尺寸 /mm	Φ_1	摆杆 OA 的初始相位角 /(°)
L_5	连杆 AG（BF）的杆长尺寸 /mm	Φ_2	曲柄 CD 的初始相位角 /(°)
L_6	连杆 FG（AB）的杆长尺寸 /mm	Φ_3	连杆 DE 的初始相位角 /(°)
L_7	固定杆 HJ 的杆长尺寸 /mm	Φ_x	凸轮 N 的初始相位角 /(°)
L_8	固定杆 JI 的杆长尺寸 /mm	Φ_{2x}	曲柄 CD 与凸轮 N 的相位差 /(°)
L_9	连杆 AM 的杆长尺寸 /mm	Φ_4	连杆 AEG 的初始相位角 /(°)
L_{10}	连杆 BM 的杆长尺寸 /mm	θ_1	连杆 AB（FG）的初始相位角 /(°)
L_{11}	摆杆 OQ 的杆长尺寸 /mm	θ_2	连杆 AB 与连杆 AM 形成角 /(°)
L_x	凸轮高副低代时杆长尺寸 /mm	θ_3	连杆 AM 与水平轴夹角 /(°)
R	滚子 Q 的半径尺寸 /mm	θ_4	连杆 HJ 与连杆 JI 形成角 /(°)
ξ	摆杆 OQ 与摆杆 OA 的夹角 /(°)	θ_5	连杆 FG 与连杆 HJ 形成角 /(°)

6.5.2 运动数学模型

以 O 点为坐标原点建立如图 6-17 所示的笛卡尔平面直角坐标系，把水平方向作为 x 轴（x 轴正方向与机组前进方向相反），把竖直向上的方向作为 y 轴的正方向建立 y 轴坐标；对机构数学建模过程中所需相关参数及含义详见表 6-2 中所示，其中 $\varphi_2 = -\omega t$，$\varphi_1 = f(\omega t)$，φ_1 和 φ_2 符号相反。

（1）位移坐标方程

通过使用解析法对该机构建立参数方程并求解，最终推算出移栽机构栽植器（栽植点）的静轨迹和动轨迹的坐标方程；首先以初始静止状态时各点的相对位置关系分析建模，求得各关键点在参数下的相对位移坐标方程。

A 点的位移坐标方程为

$$\begin{cases} x_A = L_1 \cos(\varphi_1 + \varphi_1) \\ y_A = L_1 \sin(\varphi_1 + \varphi_1) \end{cases} \tag{6-17}$$

D 点位移坐标方程为

$$\begin{cases} x_D = L_2 \cos(\varphi_2 + \varphi_2) + x_C \\ y_D = L_2 \sin(\varphi_2 + \varphi_2) + y_C \end{cases} \tag{6-18}$$

根据矢量方程 $\qquad L_{OA} + L_{AE} = L_{OC} + L_{CD} + L_{DE} \tag{6-19}$

可得 E 点位移坐标方程为

$$\begin{cases} x_E = x_A + L_4 \cos\varphi_4 = x_D + L_3 \cos\varphi_3 = x_C + L_2 \cos(\varphi_2 + \varphi_2) + L_3 \cos\varphi_3 \\ y_E = y_A + L_4 \sin\varphi_4 = y_D + L_3 \sin\varphi_3 = y_C + L_2 \sin(\varphi_2 + \varphi_2) + L_3 \sin\varphi_3 \end{cases} \tag{6-20}$$

将上式整理后可得：

$$\begin{cases} (x_A - x_D) + L_4 \cos\varphi_4 = L_3 \cos\varphi_3 \\ (y_A - y_D) + L_4 \sin\varphi_4 = L_3 \sin\varphi_3 \end{cases} \tag{6-21}$$

消去 $\varPhi_3$ 得：

$$(x_A - x_D)^2 + (y_A - y_D)^2 + L_4{}^2 + 2(x_A - x_D)L_4 \cos\varphi_4 + 2(y_A - y_D)L_4 \sin\varphi_4 = L_3{}^2$$

即 $a\cos\varphi_4 + b\sin\varphi_4 - c = 0$

其中 $a = 2(x_D - x_A)L_4$，$b = 2(y_D - y_A)L_4$，$c = L_4{}^2 - L_3{}^2 + (x_D - x_A)^2 + (y_D - y_A)^2$

则 $\varphi_4 = 2\arctan\left(\dfrac{b - \sqrt{a^2 + b^2 - c^2}}{a + c}\right)$ $\left(\varphi_4 = 2\arctan\left(\dfrac{b + \sqrt{a^2 + b^2 - c^2}}{a + c}\right)$舍去$\right)$

把 φ_4 代入式（6-20）中即可得出 E 点坐标 (x_E, y_E)，可推导出 $\varphi_3 = \arctan\left(\dfrac{y_E - y_D}{x_E - x_D}\right)$。

G 点的位移坐标方程为

$$\begin{cases} x_G = x_A + L_5 \cos\varphi_4 \\ y_G = y_A + L_5 \sin\varphi_4 \end{cases} \tag{6-22}$$

H 点的位移坐标方程为

$$
\begin{cases}
x_H = x_G + \dfrac{L_6}{2}\cos\theta_1 \\[3mm]
y_H = y_G + \dfrac{L_6}{2}\sin\theta_1
\end{cases}
\tag{6-23}
$$

I 点的位移坐标方程为

$$
\begin{cases}
x_I = x_H + L_7 = x_G + \dfrac{L_6}{2}\cos\theta_1 + L_7 = x_A + L_5\cos\varphi_4 + \dfrac{L_6}{2}\cos\theta_1 + L_7 \\[3mm]
y_I = y_H - L_8 = y_G + \dfrac{L_6}{2}\sin\theta_1 - L_8 = y_A + L_5\sin\varphi_4 + \dfrac{L_6}{2}\sin\theta_1 - L_8
\end{cases}
\tag{6-24}
$$

若机组前进速度大小为 v，则鸭嘴栽植点 I 的运动轨迹方程为

$$
\begin{cases}
x_I = x_G + \dfrac{L_6}{2}\cos\theta_1 + L_7 - vt = x_A + L_5\cos\varphi_4 + \dfrac{L_6}{2}\cos\theta_1 + L_7 - vt \\[3mm]
y_I = y_G + \dfrac{L_6}{2}\sin\theta_1 - L_8 = y_A + L_5\sin\varphi_4 + \dfrac{L_6}{2}\sin\theta_1 - L_8
\end{cases}
\tag{6-25}
$$

其中，$\theta_1 = 180 - \theta_2 + \theta_3$。

（2）速度方程

机构的速度曲线方程通过对上述位移方程式（6-17）~ 式（6-25）以时间 t 为参数变量，进行一次导数运算可得到栽植器各点的速度方程如下。

A 点的速度方程为

$$
\begin{cases}
\dot{x}_A = - L_1\sin(\varphi_1 + \varphi_1)\,\dot{\varphi}_1 \\[2mm]
\dot{y}_A = + L_1\cos(\varphi_1 + \varphi_1)\,\dot{\varphi}_1
\end{cases}
\tag{6-26}
$$

式中，$\dot{\varphi}_1 = f(\dot{\omega}t) = \dot{\omega}f(\omega t)$；$\dot{\varphi}_2 = -\omega$。

D 点速度方程为

$$
\begin{cases}
\dot{x}_D = - L_2\sin(\varphi_2 + \varphi_2)\,\dot{\varphi}_2 \\[2mm]
\dot{y}_D = + L_2\cos(\varphi_2 + \varphi_2)\,\dot{\varphi}_2
\end{cases}
\tag{6-27}
$$

DE 杆角速度为

$$
\dot{\varphi}_3 = \frac{(\dot{x}_D - \dot{x}_A)\cos\varphi_4 + (\dot{y}_D - \dot{y}_A)\sin\varphi_4}{L_3\sin(\varphi_4 - \varphi_3)}
\tag{6-28}
$$

$AE(AG)$ 杆角速度为

$$
\dot{\varphi}_4 = \frac{(\dot{x}_D - \dot{x}_A)\cos\varphi_3 + (\dot{y}_D - \dot{y}_A)\sin\varphi_3}{L_3\sin(\varphi_4 - \varphi_3)}
\tag{6-29}
$$

E 点速度方程为

$$
\begin{cases}
\dot{x}_E = \dot{x}_A - \dot{\varphi}_4 L_4\sin\varphi_4 = \dot{x}_D - \dot{\varphi}_3 L_3\sin\varphi_3 \\[2mm]
\dot{y}_E = \dot{y}_A + \dot{\varphi}_4 L_4\cos\varphi_4 = \dot{y}_D + \dot{\varphi}_3 L_3\cos\varphi_3
\end{cases}
\tag{6-30}
$$

G 点的速度方程为

$$\begin{cases} \dot{x}_G = \dot{x}_A - \dot{\varphi}_4 L_5 \sin\varphi_4 \\ \dot{y}_G = \dot{y}_A + \dot{\varphi}_4 L_5 \cos\varphi_4 \end{cases} \tag{6-31}$$

H 点的速度方程为

$$\begin{cases} \dot{x}_H = \dot{x}_G \\ \dot{y}_H = \dot{y}_G \end{cases} \tag{6-32}$$

I 点的速度方程为

$$\begin{cases} \dot{x}_I = \dot{x}_H = \dot{x}_G = \dot{x}_A - \dot{\varphi}_4 L_5 \sin\varphi_4 \\ \dot{y}_I = \dot{y}_H = \dot{y}_G = \dot{y}_A + \dot{\varphi}_4 L_5 \cos\varphi_4 \end{cases} \tag{6-33}$$

若机组前进速度大小为 v，则鸭嘴栽植点 I 的运动合速度方程为：

$$\begin{cases} \dot{x}_I = \dot{x}_I - v = \dot{x}_G - v = \dot{x}_A - \dot{\varphi}_4 L_5 \sin\varphi_4 - v \\ \dot{y}_I = \dot{y}_H = \dot{y}_G = \dot{y}_A + \dot{\varphi}_4 L_5 \cos\varphi_4 \end{cases} \tag{6-34}$$

（3）机构的加速度曲线方程

通过对上述位移方程 $(6-17) \sim (6-25)$ 以时间 t 为参数变量，进行两次导数运算可得到栽植器各点的加速度方程。

A 点的加速度方程为

$$\begin{cases} \ddot{x}_A = - L_1 \cos(\varphi_1 + \varphi_1) \dot{\varphi}_1^2 - \ddot{\varphi}_1 L_1 \sin(\varphi_1 + \varphi_1) \\ \ddot{y}_A = - L_1 \sin(\varphi_1 + \varphi_1) \dot{\varphi}_1^2 + \ddot{\varphi}_1 L_1 \cos(\varphi_1 + \varphi_1) \end{cases} \tag{6-35}$$

式中，$\ddot{\varphi}_1 = f(\ddot{\varphi}_2) = \dot{\varphi}_2^2 f(\varphi_2)$。

D 点的加速度方程为

$$\begin{cases} \ddot{x}_D = - L_2 \cos(\varphi_2 + \varphi_2) \dot{\varphi}_2^2 \\ \ddot{y}_D = - L_2 \sin(\varphi_2 + \varphi_2) \dot{\varphi}_2^2 \end{cases} \tag{6-36}$$

DE 杆角加速度方程为

$$\ddot{\varphi}_3 = \frac{(\ddot{x}_D - \ddot{x}_A)\cos\varphi_4 + (\ddot{y}_D - \ddot{y}_A)\sin\varphi_4 + L_3 \dot{\varphi}_3^2 \cos(\varphi_4 - \varphi_3) - L_4 \dot{\varphi}_4^2}{L_3 \sin(\varphi_4 - \varphi_3)} \tag{6-37}$$

AE（AG）杆角加速度方程为

$$\ddot{\varphi}_4 = \frac{(\ddot{x}_D - \ddot{x}_A)\cos\varphi_3 + (\ddot{y}_D - \ddot{y}_A)\sin\varphi_3 + L_4 \dot{\varphi}_4^2 \cos(\varphi_4 - \varphi_3) + L_3 \dot{\varphi}_3^2}{L_3 \sin(\varphi_4 - \varphi_3)} \tag{6-38}$$

E 点加速度方程为

$$\begin{cases} \ddot{x}_E = \ddot{x}_A - \ddot{\varphi}_4 L_4 \sin\varphi_4 - \dot{\varphi}_4^2 L_4 \cos\varphi_4 = \ddot{x}_D - \ddot{\varphi}_3 L_3 \sin\varphi_3 - \dot{\varphi}_3^2 L_3 \cos\varphi_3 \\ \ddot{y}_3 = \ddot{y}_A + \ddot{\varphi}_4 L_4 \cos\varphi_4 - \dot{\varphi}_4^2 L_4 \sin\varphi_4 = \ddot{y}_D + \ddot{\varphi}_3 L_3 \cos\varphi_3 - \dot{\varphi}_3^2 L_3 \sin\varphi_3 \end{cases} \tag{6-39}$$

G 点的加速度方程为

$$\begin{cases} \ddot{x}_G = \ddot{x}_A - \ddot{\varphi}_4 L_5 \sin\varphi_4 - \dot{\varphi}_4^2 L_5 \cos\varphi_4 \\ \ddot{y}_G = \ddot{y}_A + \ddot{\varphi}_4 L_5 \cos\varphi_4 - \dot{\varphi}_4^2 L_5 \sin\varphi_4 \end{cases} \tag{6-40}$$

H 点的加速度方程为

$$\begin{cases} \ddot{x}_H = \ddot{x}_G \\ \ddot{y}_H = \ddot{y}_G \end{cases} \tag{6-41}$$

I 点的加速度方程为

$$\begin{cases} \ddot{x}_I = \ddot{x}_H = \ddot{x}_G = \ddot{x}_A - \ddot{\varphi}_4 L_5 \sin\varphi_4 - \dot{\varphi}_4^2 L_5 \cos\varphi_4 \\ \ddot{y}_I = \ddot{y}_H = \ddot{y}_G = \ddot{y}_A + \ddot{\varphi}_4 L_5 \cos\varphi_4 - \dot{\varphi}_4^2 L_5 \sin\varphi_4 \end{cases} \tag{6-42}$$

若机组前进速度大小为 v，则鸭嘴栽植点 I 的运动合加速度方程为

$$\begin{cases} \ddot{x}_I = \ddot{x}_H = \ddot{x}_G = \ddot{x}_A - \ddot{\varphi}_4 L_5 \sin\varphi_4 - \dot{\varphi}_4^2 L_5 \cos\varphi_4 \\ \ddot{y}_I = \ddot{y}_H = \ddot{y}_G = \ddot{y}_A + \ddot{\varphi}_4 L_5 \cos\varphi_4 - \dot{\varphi}_4^2 L_5 \sin\varphi_4 \end{cases} \tag{6-43}$$

6.5.3 移栽机构 MATLAB 模型

MATLAB 是矩阵实验室（Matrix Laboratory）的简称，它不仅广泛用于矩阵和数值计算，而且还应用于算法开发、数据分析、数据可视化、图形界面设计和仿真等交互式环境。

MATLAB 软件自身还设置有工具箱（额外独立增加为 MATLAB 使用的函数库），这一功能更加增加了其使用环境，解决的问题及应用领域更为广泛。其强大的功能还可以概括为以下几个特点：

1）交互性能较好。我们在使用 MATLAB 软件时，在其命令窗口中输入一些指令字符后便可以在窗口中显示出指令的运算结果，它的这种性能更加直观地显示出 MATLAB 软件的交互性能；其交互性能好，语言的编程和调试相应减少，操作使用相对变得简单。

2）绘图能力强。MATLAB 能够在多种坐标系下画出曲线的二维图形和曲面的三维图形，并在绘出的图形上注释各种图标、图示和图例等，使得数据关系更为具体地呈现出来，体现出了其强大的绘图能力。

3）领域广泛的工具箱。MATLAB 工具箱（函数库）包括功能性工具箱和学科性工具箱，这使得 MATLAB 不仅能够应用于计算、图示分析、文字处理、硬件交互和建模仿真功能，而且还能够应用于优化、统计、控制、图像处理等专业性较强的领域。

4）开放性能较好。MATLAB 内部自带函数是不允许改动的，其他文件都是开放性的，可以在此基础上进行修改或加入自己创建的文件。

由于 MATLAB 的应用广泛，故利用 MATLAB 对机构理论数学模型进行编程，以减少学术模型分析过程中的计算量及数据的可视化。

把前节中位移、速度和加速度曲线方程转换成 MATLAB 语言，并选取一组结构和运动参数：$\omega = \pi \mathrm{rad/s}$，$v_x = 275\mathrm{mm/s}$；$L_1 = 120\mathrm{mm}$，$L_2 = 52\mathrm{mm}$，$L_3 = 150\mathrm{mm}$，$L_4 = 125\mathrm{mm}$，$L_5 = 310\mathrm{mm}$，$L_6 = 58\mathrm{mm}$，$L_7 = 35\mathrm{mm}$，$L_8 = 240\mathrm{mm}$，$L_9 = 82\mathrm{mm}$，$L_{10} = 104\mathrm{mm}$，$L_{11} = 48\mathrm{mm}$，$L_x = 21.85\mathrm{mm}$，$R = 16\mathrm{mm}$；$\Phi_1 = 256°$，$\Phi_2 = 316°$，$\Phi_3 = 237.5°$，$\Phi_4 = 354.3°$，$\Phi_x = 345°$，$\xi = 56°$，$\theta_1 = 90.08°$，$\theta_2 = 94.399°$，$\theta_3 = 4.47°$，凸轮为凸轮 1；$N$、$O$、$C$ 三点初始坐标

(x_N, y_N)、(x_O, y_O)、(x_C, y_C) 分别为（ − 81.75， − 6.39）、（0，0）、（139.07，35.73），可得到移栽机构栽植点的栽植轨迹、栽植速度和栽植加速度两个周期曲线如图 6-18、图 6-19、图 6-20 所示。

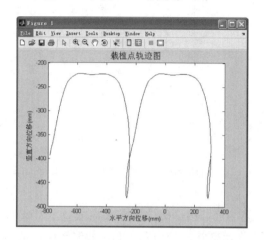

图 6-18　MATLAB 软件中栽植点栽植轨迹

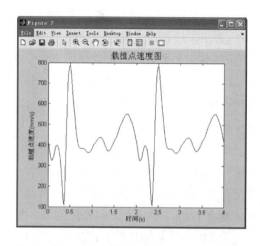

图 6-19　MATLAB 软件中栽植点栽植速度曲线

本节将针对凸轮摆杆式移栽机构的理论模型，以计算机软件辅助分析主要结构和运动参数变化对机构栽苗轨迹的变化影响，并通过正交分析优选出一组最佳的结构参数组合，能够使移栽机构栽植轨迹满足"γ"形轨迹要求而且所得机构的轨迹栽植速度和加速度等栽植性能良好；并以优选的参数为边界条件建立机构的虚拟模型，并通过对比虚拟仿真和理论优化模型所得轨迹曲线及数据结果，得出理论模型的正确、可信，为以后移栽机构研究做基础。

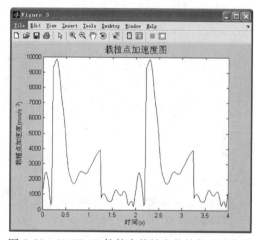

图 6-20　MATLAB 软件中栽植点栽植加速度曲线

6.6　凸轮机构仿真优化

首先对凸轮机构进行理论模型分析，然后再对凸轮各工作段与移栽机构栽植轨迹之间的关系进行分析，根据凸轮机构理论模型对凸轮进行优化。

6.6.1　数学建模分析

（1）凸轮理论轮廓曲线方程

图 6-21 所示为解析法设计滚子摆动件盘形凸轮轮廓曲线。其中凸轮的角速度恒为 ω

且转向为顺时针，该盘形凸轮的基圆半径为 r_0、从动件摆杆杆长为 l、中心距为 m、滚子半径为 r_r。以凸轮回转中心为坐标原点 N 建立如图所示的右手坐标系 xNy，为使得计算公式具有通用性，增加凸轮转动转向系数 β 和从动件摆动方向系数 γ，假设其中凸轮逆时针转动时 $\beta = -1$，顺时针旋转时 $\beta = 1$；从动件顺时针摆动时 $\gamma = -1$，逆时针摆动时 $\gamma = 1$。

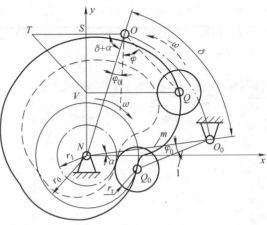

图 6-21　用解析法设计滚子摆动件盘形凸轮轮廓曲线

如图 6-21 所示，当从动件位于初始位置时，滚子中心处于 Q_0 点处，摆杆转动中心为 O_0，原点 N 与从动件摆杆转动中心 O_0 的连线与 x 轴正方向夹角为 α，摆杆 O_0Q_0 与连心线 NO_0 之间的夹角为 φ_0；当凸轮转过 δ 角度后，从动件摆杆摆过角度为 φ 角。根据反转法原理作图可知，此时滚子中心位于 Q 点处，由图 6-21 可知，点 Q 的坐标方程为

$$\begin{cases} \begin{aligned} x_q &= \overline{OS} + \overline{ST} \\ &= \overline{NO}\cos[\beta(\delta+\alpha)] + \overline{VT}\cos\{\pi - [\gamma(\varphi+\varphi_0) + \beta(\delta+\alpha)]\} \\ &= m\cos(\delta+\alpha) - l\cos(\varphi+\varphi_0+\delta+\alpha) \\ y_q &= \overline{NS} - \overline{NV} \\ &= \overline{NO}\sin[\beta(\delta+\alpha)] - \overline{VT}\sin\{\pi - [\gamma(\varphi+\varphi_0) + \beta(\delta+\alpha)]\} \\ &= m\sin(\delta+\alpha) - l\sin(\varphi+\varphi_0+\delta+\alpha) \end{aligned} \end{cases} \tag{6-44}$$

式（6-44）即为凸轮滚子中心理论轮廓曲线的笛卡尔平面直角坐标系参数方程，其中 β 和 γ 分别取 $\beta = 1$ 和 $\gamma = 1$。

由余弦定理可得知初始位置角 φ_0 值为

$$\varphi_0 = \arccos\frac{m^2 + l^2 - r_0{}^2}{2ml} \quad (\varphi_0 > 0) \tag{6-45}$$

（2）凸轮实际轮廓曲线方程

凸轮的实际轮廓曲线和理论轮廓曲线关系如图 6-22 所示，其理论曲线 η 分别与内外两条虚线 η_1 和 η_2 互为法向等距的曲线，而且两条包络曲线的法向距离为滚子半径 r_r 的 2 倍；理论轮廓曲线上点 Q 处的法线 nn'（也即实际轮廓曲线法线），它与横坐标轴正方向之间夹角为 θ，与实际轮廓曲线的两个交点 Q_1（x_{q1}，y_{q1}），Q_2（x_{q2}，y_{q2}），则在直角坐标系中凸轮实际轮廓曲线上的两点 Q_1 和 Q_2 坐标分别为

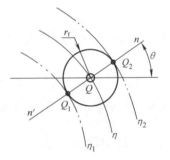

图 6-22　凸轮实际轮廓曲线和
理论轮廓曲线关系

$$
\begin{cases}
x_{q1(2)} = x_q \mp \cos\theta \\
y_{q1(2)} = y_q \mp \sin\theta
\end{cases}
\tag{6-46}
$$

式中 "－" 号用于滚子内包络曲线上点 Q_1，"＋" 号用于滚子外包络曲线上点 Q_2。

由数学相关知识，曲线上的任一点切线斜率与该点法线斜率互为负倒数；即可推导出法线 nn' 的斜率为：

$$
\tan\theta = -\frac{dx_q}{dy_q} = -\frac{\dfrac{dx_q}{d\delta}}{\dfrac{dy_q}{d\delta}}
\tag{6-47}
$$

因此得出

$$
\begin{cases}
\sin\theta = -\dfrac{\dfrac{dx_q}{d\delta}}{\sqrt{\left(\dfrac{dx_q}{d\delta}\right)^2 + \left(\dfrac{dy_q}{d\delta}\right)^2}} \\[4ex]
\cos\theta = \dfrac{\dfrac{dy_q}{d\delta}}{\sqrt{\left(\dfrac{dx_q}{d\delta}\right)^2 + \left(\dfrac{dy_q}{d\delta}\right)^2}}
\end{cases}
\tag{6-48}
$$

又可由式（6-44）式得出

$$
\begin{cases}
\dfrac{dx_q}{d\delta} = l\sin(\varphi + \varphi_0 + \delta + \alpha)\left(\dfrac{d\varphi}{d\delta} + 1\right) - m\sin(\delta + \alpha) \\[2ex]
\dfrac{dy_q}{d\delta} = -l\cos(\varphi + \varphi_0 + \delta + \alpha)\left(\dfrac{d\varphi}{d\delta} + 1\right) + m\cos(\delta + \alpha)
\end{cases}
\tag{6-49}
$$

则可得凸轮实际轮廓曲线上点坐标：

$$
\begin{cases}
x_{q1(2)} = x_q \mp r_r \dfrac{\dfrac{dy_q}{d\delta}}{\sqrt{\left(\dfrac{dx_q}{d\delta}\right)^2 + \left(\dfrac{dy_q}{d\delta}\right)^2}} \\[4ex]
y_{q1(2)} = y_q \pm r_r \dfrac{\dfrac{dx_q}{d\delta}}{\sqrt{\left(\dfrac{dx_q}{d\delta}\right)^2 + \left(\dfrac{dy_q}{d\delta}\right)^2}}
\end{cases}
\tag{6-50}
$$

式（6-50）也即为凸轮实际轮廓曲线方程。式中，上一组加减号用于内包络曲线 η_1 上，下一组加减号用于外包络曲线 η_2 上。

6.6.2　MATLAB 建模与优化

（1）凸轮机构的工作特点

在移栽机构工作过程中，凸轮做顺时针转动，根据移栽机构栽苗要求，凸轮相应地分为图 6-23a 所示几个工作阶段及相对应的移栽轨迹位置（图 6-23b）。

注：N_1 是栽苗开始点，N_2 是栽苗结束点，N_3 是接苗开始点，N_4 是接苗结束点。

N_1N_2 阶段：在此工作段，凸轮的外形轮廓会通过摆杆的摆动间接地影响着移栽轨迹的栽苗阶段，栽苗阶段是钵苗移栽过程中的重要部分，决定着钵苗栽植状态的好坏，所以在凸轮的优化过程中应注重 N_1N_2 处凸轮形状。

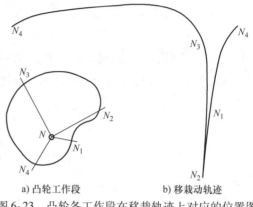

a) 凸轮工作段　　　b) 移栽动轨迹

图 6-23　凸轮各工作段在移栽轨迹上对应的位置图

N_2N_3 阶段：凸轮的此工作段处于工作状态时，移栽机构栽植轨迹处于栽苗后的提升阶段；此工作段处凸轮形状会影响栽植穴口（或撕膜口）的变化，当凸轮此处形状波动较大时，栽植穴口尺寸也会在原基础上增大。

N_3N_4 阶段：此工作段是对应着移栽机构栽苗过程中另一重要的接苗过程。接苗过程没有栽苗过程严格，但接苗时应尽量保证移栽机构接苗器处于稳定状态，这样会大大地降低漏苗率。

N_4N_1 阶段：凸轮的此工作段对应着钵苗栽植过程中的落苗阶段。落苗阶段处栽植轨迹应尽量满足与栽苗阶段轨迹平滑过渡且下落加速度尽量小，使得栽苗过程顺利并平稳地进入下个栽苗循环。

（2）凸轮轮廓的优化

首先对移栽机构选取一组初始条件：取栽植频率为 60 株/min（即 $\omega = 2\pi \text{rad/s}$），前进速度为 $V_x = 550\text{mm/s}$，其他移栽机构各结构及位置参数分别为 $L_1 = 118\text{mm}$，$L_2 = 52\text{mm}$，$L_3 = 150\text{mm}$，$L_4 = 125\text{mm}$，$L_5 = 310\text{mm}$，$L_6 = 58\text{mm}$，$L_7 = 35\text{mm}$，$L_8 = 240\text{mm}$，$L_9 = 82\text{mm}$，$L_{10} = 104\text{mm}$，$L_{11} = 48\text{mm}$，$L_x = 21.85\text{mm}$，$R = 32\text{mm}$；$\varPhi_1 = 256°$，$\varPhi_2 = 316°$，$\varPhi_3 = 237.5°$，$\varPhi_4 = 354.3°$，$\varPhi_x = 345°$，$\xi = 56°$，$\theta_1 = 90.08°$，$\theta_2 = 94.399°$，$\theta_3 = 4.47°$；N、O、C 三点初始坐标 (x_N, y_N)、(x_O, y_O)、(x_C, y_C) 分别为 $(-81.75, -6.39)$、$(0, 0)$、$(139.07, 35.73)$。

通过任选一个形状的凸轮后，对凸轮摆杆式移栽机构建模仿真分析，便可得出一种栽植轨迹。通过分别对栽植轨迹上 N_1N_2 阶段、N_2N_3 阶段、N_3N_4 阶段和 N_4N_1 阶段进行反复修改，使得整个栽植轨迹光滑平稳变化，最终优选出三条栽植轨迹曲线，如图 6-24 所示；由图 6-24，从对其他参数影响很小的角度则优先选取栽植轨迹 3 情况下对应的凸轮作为移栽机构结构参数优化的基础，使得机构可以优化出较为光滑平稳和移栽性能更稳定的移栽轨迹。

已知 $m = 82$，$l = 48$，$r_r = 16$，$r_0 = 37.85$，$r_1 = r_0 - r_r = 21.85$，依据凸轮理论方程，通过 MATLAB 进行编程可得出各栽植轨迹曲线相对应的凸轮轮廓曲线分别如图 6-25、图 6-26 和图 6-27 所示，并选图 6-27 中所示的凸轮 3 作为优化凸轮，为 6.8 节中单因素分析做铺垫，其中凸轮 3 所在凸轮机构中的从动件摆角与凸轮转角之间关系如图 6-28 所示。

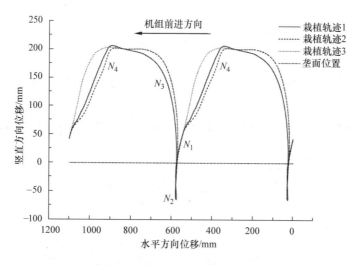

图 6-24　优化的栽植轨迹曲线图

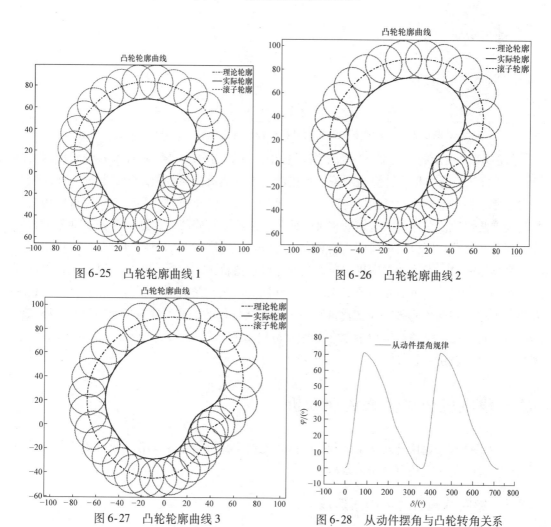

图 6-25　凸轮轮廓曲线 1

图 6-26　凸轮轮廓曲线 2

图 6-27　凸轮轮廓曲线 3

图 6-28　从动件摆角与凸轮转角关系

6.7 计算机辅助分析工具的设计与开发

依据 6.5 节所建立的理论模型，基于 MATLAB 设计了一种可视化的凸轮摆杆式钵苗移栽机构的计算机辅助分析工具，该工具分析的主界面如图 6-29 所示。

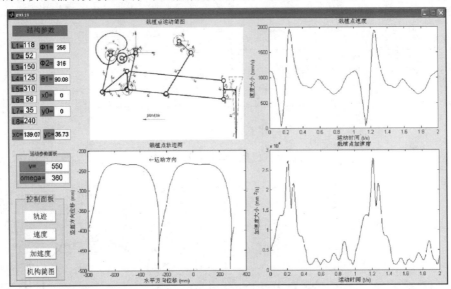

图 6-29 凸轮摆杆式钵苗移栽机构辅助分析工具人机交互主界面

从图 6-29 所示的人机交互界面中可以看出，该界面分为参数输入和结果显示两大部分。参数输入部分可以在计算机屏幕上直接输入或调整机构参数值，每重新输入或改变一个参数值，相当于重新对移栽机构进行一次建模，节省了建模时间和精力，使得机构的分析更为方便快捷；在界面中对运动和机构部分的参数进行修改后，通过对控制部分进行操作，便可在屏幕右侧得出参数值调整后的栽植轨迹、速度以及加速度轨迹图形。使用该辅助工具能够简单、直观地看出机构各参数变化对栽植轨迹的影响，进而可以为优化得出较佳的机构参数组合（使栽植器具有满意的运动轨迹和运动学性能）提供依据。其中人机交互界面可输入和调整的参数（变化量）有：各主要杆件的长度、摆杆和曲柄回转中心点的坐标及各自初始相位角、运动参数等，界面呈现出的图形有：栽植器栽植点的运动轨迹、速度和加速度轨迹曲线等。

6.8 移栽机构单因素运动分析

本节将针对凸轮摆杆式钵苗移栽机构的理论模型，分析主要参数变化对机构栽苗轨迹的影响规律，为正交仿真分析做基础。

6.8.1 影响栽植轨迹的因素选取

在对凸轮摆杆式钵苗移栽机构运动简图 6-17 进行分析可以得出，机构摆杆 OA 的运动促使整个移栽机构的前后移动，由此可直观看出 OA 的长度决定着移栽机构在前进方向上的摆动幅度，故选取摆杆 OA 的长度为移栽轨迹影响因素之一进行研究；曲柄 CD 的运动影响着整个移栽机构在上下方向的运动，则可认为曲柄 CD 的长度决定着移栽机构栽植器在竖直方向的运动位移，故以曲柄 CD 的杆长为因素变量对移栽轨迹影响进行分析；由于曲柄 CD 和摆杆 OA 都是在做转动，且它们的杆长分别影响着移栽机构栽植器在水平和竖直方向上的运动位移，则可以猜想它们的初始相位角也应该会对移栽机构栽植器运动形状的状态造成影响，但为了更详细地得到各自初始相位角的不同对移栽机构栽植器运动轨迹影响规律，故分别选取曲柄 CD 和摆杆 OA 的初始相位角为移栽轨迹影响因素研究分析；平行连杆 AG 在移栽机构运动过程中会影响移栽机构栽植器的初始位置和上下运动幅度，故选取 AG 杆的长度作为移栽轨迹影响因素之一进行研究。

从前节中可以得知，凸轮主要对移栽机构栽植轨迹的形状轮廓有较大的影响，并且已经对凸轮进行研究与优化，故不再对其进行分析。

除此之外，移栽机构栽植轨迹的运动方程中可以发现，移栽机构的栽植轨迹还受前进速度和栽植频率两个运动参数的影响，这两个运动参数之间的比值和移栽机构总传动比成正比例关系，故选取传动比为移栽轨迹影响因素之一进行研究。

综上分析，下文将着重选取传动比、曲柄 CD 长度和其初始相位角、摆杆 OA 长度和其初始相位角、平行连杆 AG 长度作为移栽轨迹的影响因素，通过辅助分析工具人机交互界面进行操作分别进行研究，为更好地对研究结果进行比较分析，把其研究结果导入到专业绘图软件 origin 中进行规律研究。

6.8.2 传动比 i 对栽植轨迹的影响

对移栽机构进行分析可得知移栽机驱动地轮转速关系式为

$$n_1 = \frac{v(1-\delta)}{\pi D_1} \tag{6-51}$$

式中　n_1——驱动地轮的转速，r/s；

　　　v——移栽机构的前进速度，mm/s；

　　D_1——移栽机构驱动地轮的直径，mm，本文设计选取 620mm；

　　δ——移栽机构驱动地轮的相对滑移率，一般为 $0.05 \sim 0.15$，本文设计选取 0.08。

令移栽机构凸轮或曲柄的转速大小为 n_2，则移栽传动比 i 为：

$$i = \frac{n_1}{n_2} = \frac{(1-\delta)v}{\pi D_1 n_2} = \frac{2(1-\delta)v}{D_1 \omega} \tag{6-52}$$

式中　ω——凸轮或曲柄的转动加速度。

其中移栽机构各结构及位置参数分别为：

$L_1 = 118\text{mm}$，$L_2 = 52\text{mm}$，$L_3 = 150\text{mm}$，$L_4 = 125\text{mm}$，$L_5 = 310\text{mm}$，$L_6 = 58\text{mm}$，$L_7 = 35\text{mm}$，$L_8 = 240\text{mm}$，$L_9 = 82\text{mm}$，$L_{10} = 104\text{mm}$，$L_{11} = 48\text{mm}$，$L_x = 21.85\text{mm}$，$R = 32\text{mm}$；$\Phi_1 = 256°$，$\Phi_2 = 316°$，$\Phi_3 = 237.5°$，$\Phi_4 = 354.3°$，$\Phi_x = 345°$，$\xi = 56°$，$\theta_1 = 90.08°$，$\theta_2 = 94.399°$，$\theta_3 = 4.47°$，凸轮为凸轮3；N、O、C 三点初始坐标 (x_N, y_N)、(x_O, y_O)、

(x_C, y_C) 分别为 (-81.75, -6.39)、(0, 0)、(139.07, 35.73)。

在栽植频率为 60 株/min 时，分别取传动比 i 为 0.2363、0.2599、0.2835，各自对应前进速度为 500mm/s、550mm/s、600mm/s，则此三种传动比下对应的移栽轨迹曲线如图 6-30 所示。

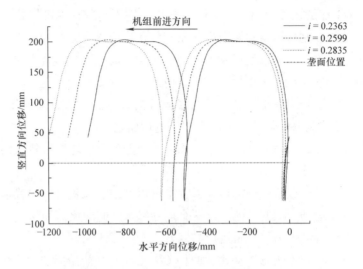

图 6-30　传动比 i 对移栽轨迹的影响规律

通过对图 6-30 中移栽曲线研究分析得出，移栽传动比的变化对栽植轨迹的形状、栽植深度和移栽轨迹总高度变化无影响，对移栽机构栽植株距和栽植穴口尺寸有较大的影响；随着传动比的增加相对应的移栽株距随之变大，栽植穴口尺寸会先减小后增大。当传动比选取合适时，栽植深度处栽植曲线会近似重合也即栽植穴口尺寸近似为栽植鸭嘴尺寸，此传动比则为该移栽机构最佳移栽传动比，对应的移栽株距也即为该移栽机构最佳移栽株距，移栽机构结构和位置尺寸参数变化时，其最佳移栽传动比（移栽株距）也会发生变化。

6.8.3　曲柄 CD （L_2）长度对栽植轨迹的影响

取栽植频率为 60 株/min（即 $\omega = 2\pi\mathrm{rad/s}$），前进速度为 $V_x = 550\mathrm{mm/s}$，将曲柄 CD（L_2）长度尺寸作为变量参数，移栽机构其他的结构及位置参数分别为：

$L_1 = 118\mathrm{mm}$，$L_3 = 150\mathrm{mm}$，$L_4 = 125\mathrm{mm}$，$L_5 = 310\mathrm{mm}$，$L_6 = 58\mathrm{mm}$，$L_7 = 35\mathrm{mm}$，$L_8 = 240\mathrm{mm}$，$L_9 = 82\mathrm{mm}$，$L_{10} = 104\mathrm{mm}$，$L_{11} = 48\mathrm{mm}$，$L_x = 21.85\mathrm{mm}$，$R = 32\mathrm{mm}$；$\Phi_1 = 256°$，$\Phi_2 = 316°$，$\Phi_3 = 237.5°$，$\Phi_4 = 354.3°$，$\Phi_x = 345°$，$\xi = 56°$，$\theta_1 = 90.08°$，$\theta_2 = 94.399°$，$\theta_3 = 4.47°$，凸轮为凸轮 3；N、O、C 三点初始坐标 (x_N, y_N)、(x_O, y_O)、(x_C, y_C) 分别为 (-81.75, -6.39)、(0, 0)、(139.07, 35.73)。

通过对图 6-31 中移栽轨迹研究分析得出，曲柄 CD 尺寸的变化对栽植轨迹总高度有较大的影响，对栽植株距、栽植深度和栽植穴口尺寸的影响较小；随着曲柄 CD 尺寸的增大，栽植轨迹的总高度增高，其移栽机构的最佳栽植株距也会相应变大。

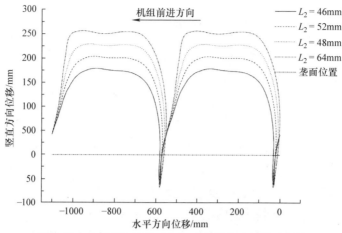

图 6-31　曲柄 CD 长度（L_2）对栽植轨迹的影响规律

6.8.4　曲柄 CD 的初始相位角 Φ_2 对栽植轨迹的影响

取栽植频率为 60 株/min（即 $\omega = 2\pi \mathrm{rad/s}$），前进速度为 $V_x = 550\mathrm{mm/s}$，将曲柄 CD 初始相位角（Φ_2）作为变量参数，移栽机构其他的结构及位置参数分别为：

$L_1 = 118\mathrm{mm}$，$L_2 = 52\mathrm{mm}$，$L_3 = 150\mathrm{mm}$，$L_4 = 125\mathrm{mm}$，$L_5 = 310\mathrm{mm}$，$L_6 = 58\mathrm{mm}$，$L_7 = 35\mathrm{mm}$，$L_8 = 240\mathrm{mm}$，$L_9 = 82\mathrm{mm}$，$L_{10} = 104\mathrm{mm}$，$L_{11} = 48\mathrm{mm}$，$L_x = 21.85\mathrm{mm}$，$R = 32\mathrm{mm}$；$\Phi_1 = 256°$，$\Phi_3 = 237.5°$，$\Phi_4 = 354.3°$，$\Phi_x = 345°$，$\xi = 56°$，$\theta_1 = 90.08°$，$\theta_2 = 94.399°$，$\theta_3 = 4.47°$，凸轮为凸轮 3；N、O、C 三点初始坐标 (x_N, y_N)、(x_O, y_O)、(x_C, y_C) 分别为（-81.75，-6.39）、（0，0）、（139.07，35.73）。

通过对图 6-32 所示的栽植轨迹研究分析得出，曲柄 CD 的初始相位角会对栽植轨迹高度、栽植深度和轨迹顶部形状有较大的影响，对其他参数影响较小；随着 CD 初始相位角的增大，轨迹高度降低，栽植深度增加，轨迹顶部接苗处会变得光滑平稳，其移栽机构的最佳栽植株距相应变小。

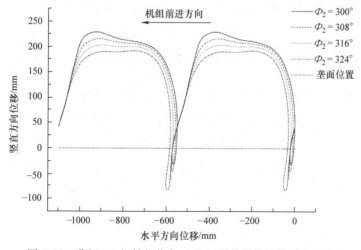

图 6-32　曲柄 CD 初始相位角（Φ_2）对栽植轨迹的影响规律

6.8.5　摆杆 OA（L_1）对栽植轨迹的影响

取栽植频率为 60 株/min（即 $\omega = 2\pi$ rad/s），前进速度为 $V_x = 550$mm/s，将摆杆 OA 长度（L_1）作为变量参数，移栽机构其他的结构及位置参数分别为：

$L_2 = 52$mm，$L_3 = 150$mm，$L_4 = 125$mm，$L_5 = 310$mm，$L_6 = 58$mm，$L_7 = 35$mm，$L_8 = 240$mm，$L_9 = 82$mm，$L_{10} = 104$mm，$L_{11} = 48$mm，$L_x = 21.85$mm，$R = 32$mm；$\Phi_1 = 256°$，$\Phi_2 = 316°$，$\Phi_3 = 237.5°$，$\Phi_4 = 354.3°$，$\Phi_x = 345°$，$\xi = 56°$，$\theta_1 = 90.08°$，$\theta_2 = 94.399°$，$\theta_3 = 4.47°$，凸轮为凸轮 3；N、O、C 三点初始坐标（x_N, y_N）、（x_O, y_O）、（x_C, y_C）分别为（-81.75，-6.39）、（0，0）、（139.07，35.73）。

通过对图图 6-33 中的移栽轨迹曲线比较分析得出，摆杆 OA 长度变化对接苗处轨迹高度差影响较为明显，对其他参数变化影响较小；随着 OA 长度的增加，接苗处高度差越明显，即接苗状态越不稳定；随着 OA 长度的增加，移栽机构最佳栽植株距会变大，栽植穴口尺寸会先变小再变大。

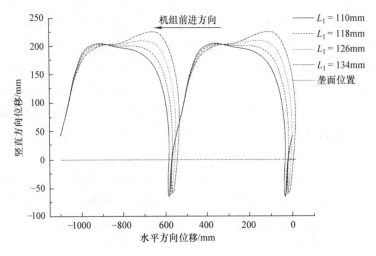

图 6-33　摆杆 OA 长度（L_1）尺寸对栽植轨迹的影响规律

6.8.6　摆杆 OA 的初始相位角 Φ_1 对栽植轨迹的影响

取栽植频率为 60 株/min（即 $\omega = 2\pi$rad/s），前进速度为 $V_x = 550$mm/s，将摆杆 OA 初始相位角（Φ_1）作为变量参数，移栽机构其他的结构及位置参数分别为：

$L_1 = 118$mm，$L_2 = 52$mm，$L_3 = 150$mm，$L_4 = 125$mm，$L_5 = 310$mm，$L_6 = 58$mm，$L_7 = 35$mm，$L_8 = 240$mm，$L_9 = 82$mm，$L_{10} = 104$mm，$L_{11} = 48$mm，$L_x = 21.85$mm，$R = 32$mm；$\Phi_2 = 316°$，$\Phi_3 = 237.5°$，$\Phi_4 = 354.3°$，$\Phi_x = 345°$，$\xi = 56°$，$\theta_1 = 90.08°$，$\theta_2 = 94.399°$，$\theta_3 = 4.47°$，凸轮为凸轮 3；N、O、C 三点初始坐标（x_N, y_N）、（x_O, y_O）、（x_C, y_C）分别为（-81.75，-6.39）、（0，0）、（139.07，35.73）。

通过对图 6-34 中的移栽轨迹曲线比较分析得出，OA 初始相位角的变化对栽植深度、轨迹高度和栽植穴口有较大的影响，对其他栽植参数影响不大；当 OA 初始相位角增大时，栽植深度增加，栽植轨迹高度下降；随着 OA 初始相位角的增加，栽植穴口尺寸由大变小再变大，其移栽机构最佳栽植株距由大变小。

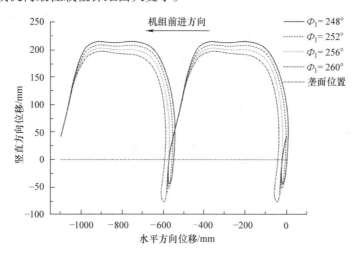

图 6-34　摆杆 OA 初始相位角（Φ_1）对栽植轨迹的影响规律

6.8.7　平行连杆 AG（BF 或 L_5）对栽植轨迹的影响

取栽植频率为 60 株/min（即 $\omega = 2\pi\,\mathrm{rad/s}$），前进速度为 $V_x = 550\mathrm{mm/s}$，将平行连杆 AG 长度（L5）作为变量参数，移栽机构的其他结构及位置参数分别为：

$L_1 = 118\mathrm{mm}$，$L_2 = 52\mathrm{mm}$，$L_3 = 150\mathrm{mm}$，$L_4 = 125\mathrm{mm}$，$L_6 = 58\mathrm{mm}$，$L_7 = 35\mathrm{mm}$，$L_8 = 240\mathrm{mm}$，$L_9 = 82\mathrm{mm}$，$L_{10} = 104\mathrm{mm}$，$L_{11} = 48\mathrm{mm}$，$L_x = 21.85\mathrm{mm}$，$R = 32\mathrm{mm}$；$\Phi_1 = 256°$，$\Phi_2 = 316°$，$\Phi_3 = 237.5°$，$\Phi_4 = 354.3°$，$\Phi_x = 345°$，$\xi = 56°$，$\theta_1 = 90.08°$，$\theta_2 = 94.399°$，

$\theta_3 = 4.47°$，凸轮为凸轮 3；N、O、C 三点初始坐标（x_N，y_N）、（x_O，y_O）、（x_C，y_C）分别为（-81.75，-6.39）、（0，0）、（139.07，35.73）。

通过对图 6-35 所示移栽曲线比较分析得知，平行连杆 AG（L_5）长度尺寸的变化主要影响栽植深度和栽植轨迹高度，对其他参数影响很小；随着 AG 杆尺寸的变长，栽植深度和栽植轨迹高度都增加。

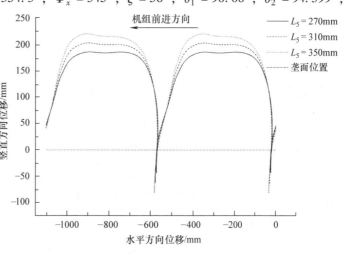

图 6-35　平行连杆 AG 长度（L_5）尺寸对栽植轨迹的影响规律

6.9 移栽机构因素正交分析

本节通过对 6.8 节单因素研究的结果分析，选取对栽植轨迹影响比较显著的摆杆 OA（L_1）、曲柄 CD（L_2）的长度和摆杆 OA（Φ_1）与曲柄 CD（Φ_2）的初始相位角作为正交仿真试验研究因素，以移栽机构栽植点栽植轨迹达到"γ"形轨迹要求为目标，在正交分析组合中优选出一组因素组合，该组合的结构参数能够使移栽机构栽植轨迹满足"γ"形轨迹要求而且所得机构的轨迹栽植速度和加速度等栽植性能良好。其正交分析因素水平编码表如表 6-3 所示。

表6-3 因素水平编码表

水平	因素			
	A	B	C	D
	L_1/mm	L_2/mm	Φ_1/(°)	Φ_2/(°)
1	118	46	254	312
2	122	52	256	316
3	126	58	258	320

不考虑各因素之间交互作用，因素 A、B、C、D 分别放在第 1、2、3、4 列，评价指标分别放在后四列，则列出如表 6-4 所示的试验方案及结果表：

表6-4 正交试验方案和结果表

试验号	列号				平均残差 Δ/mm	最大残差 Δ_{max}/mm	入土角 /(°)	深高比
	1	2	3	4				
	A	B	C	D				
1	1	1	1	1	6.413	8.958	67.88	0.266
2	1	2	2	2	0.253	0.465	81.05	0.234
3	1	3	3	3	7.710	11.353	76.42	0.206
4	2	1	2	3	8.423	12.710	78.78	0.259
5	2	2	3	1	2.474	5.525	74.76	0.234
6	2	3	1	2	11.852	22.255	70.91	0.212
7	3	1	3	2	7.438	11.222	78.06	0.259
8	3	2	1	3	9.465	19.021	75.69	0.229
9	3	3	2	1	12.761	19.595	69.68	0.210

注：1. 仿真分析是在同样栽植深度 $h=60\text{mm}$ 的条件下进行的；

　　2. 参考曲线重合度中残差定义，把栽植轨迹在栽植垄面以下部分分成 30 等分栽植深度 y_i，令水平位移距离（残差）为 Δ_i，则 $\Delta_i=|x_1(y_i)-x_2(y_i)|$；最大残差 $\Delta_{max}=\text{Max}(\Delta_i)$，平均残差 $\Sigma\Delta_i/30$，其中 $i=0,1,2,\cdots,30$；

　　3. 入土角即为栽植轨迹入土点 K 处的倾斜角 λ，与水平位移正方向夹角为正，与水平位移负方向夹角为负；

　　4. 深高比 ρ 即为栽植深度 h 与栽植轨迹总高度 H 的比值。

正交仿真对比分析结果分析图如图 6-36 ~ 图 6-44 所示。

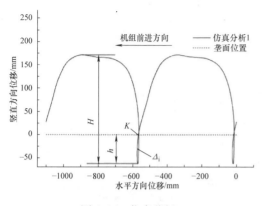

图 6-36 仿真分析 1

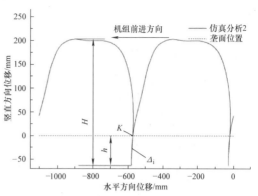

图 6-37 仿真分析 2

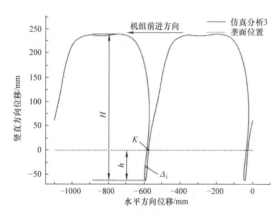

图 6-38 仿真分析 3

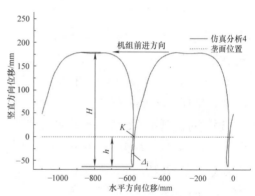

图 6-39 仿真分析 4

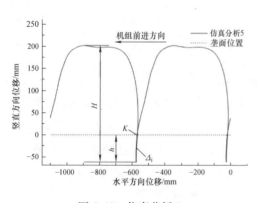

图 6-40 仿真分析 5

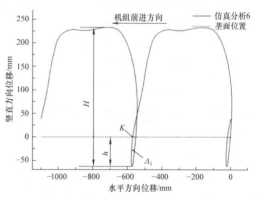

图 6-41 仿真分析 6

通过对仿真 1 的数据进行处理可得，轨迹总高度 H 为 225.56mm，最大残差为 8.958mm，平均残差为 6.413mm，入土点处倾斜角为 67.88°；则深高比为 0.266。

通过对仿真 2 的数据进行处理可得，轨迹总高度 H 为 256.41mm，最大残差为 0.465mm，平均残差为 0.253mm，入土点处倾斜角为 81.05°；则深高比为 0.234。

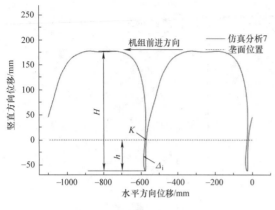

图 6-42　仿真分析 7　　　　　　图 6-43　仿真分析 8

通过对仿真 3 的数据进行处理可得，轨迹总高度 H 为 291.26mm，最大残差为 11.353mm，平均残差为 7.710mm，入土点处倾斜角为 76.42°；则深高比为 0.206。

通过对仿真 4 的数据进行处理可得，轨迹总高度 H 为 231.66mm，最大残差为 12.710mm，平均残差为 8.423mm，入土点处倾斜角为 78.78°；则深高比为 0.259。

通过对仿真 5 的数据进行处理可得，轨迹总高度 H 为 256.41mm，最大残差为 5.525mm，平均残差为

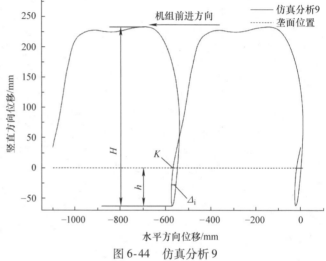

图 6-44　仿真分析 9

2.474mm，入土点处倾斜角为 74.76°；则深高比为 0.234。

通过对仿真 6 的数据进行处理可得，轨迹总高度 H 为 283.02mm，最大残差为 22.255mm，平均残差为 11.852mm，入土点处倾斜角为 70.91°；则深高比为 0.212。

通过对仿真 7 的数据进行处理可得，轨迹总高度 H 为 231.66mm，最大残差为 11.222mm，平均残差为 7.438mm，入土点处倾斜角为 78.06°；则深高比为 0.259。

通过对仿真 8 的数据进行处理可得，轨迹总高度 H 为 262.01mm，最大残差为 19.021mm，平均残差为 9.465mm，入土点处倾斜角为 75.69°；则深高比为 0.229。

通过对仿真 9 的数据进行处理可得，轨迹总高度 H 为 285.71mm，最大残差为 19.595mm，平均残差为 12.761mm，入土点处倾斜角为 69.68°；则深高比为 0.210。

由移栽轨迹要求可知，移栽轨迹对栽植深度段的曲线重合度要求较高，故主要以平均残差和最大残差为研究重点。对表 6-4 中平均残差结果进行极差分析，其他指标为辅助分析，在极差分析过程中平均残差值越小越好，则结果如表 6-5 所示。

表 6-5　平均残差极差分析表

因子	平均残差			
	A	B	C	D
指标和 K_1	14.376	22.274	27.73	21.648
指标和 K_2	22.749	12.192	21.437	19.543
指标和 K_3	29.664	32.323	17.622	25.598
指标均值 k_1	4.792	7.4247	9.2433	7.216
指标均值 k_2	7.583	4.064	7.1457	6.5143
指标均值 k_3	9.888	10.7743	5.874	8.5327
极差值 R	5.096	6.7103	3.3693	2.0183
较优水平	A_1	B_2	C_3	D_2
因素主次	$B > A > C > D$			

从表 6-5 中的分析数据可知，因素较优组合为 $A_1B_2C_3D_2$，然而在试验方案表中没有此组合，又由于因素影响主次为 $B > A > C > D$，故首选 A_1 和 B_2，符合要求的试验号为第 2 号试验，即在试验中最优组合为 $A_1B_2C_2D_2$，此因素组合栽植段曲线重合度为最高，入土角也符合设计要求，深高比与其他各组合相比也较好。

通过对栽植轨迹影响比较显著的摆杆 OA、曲柄 CD 的长度和摆杆 OA 与曲柄 CD 的初始相位角正交仿真试验研究分析，得到一组较优的参数组合：$L_1 = 118\text{mm}$，$L_2 = 52\text{mm}$，$L_3 = 150\text{mm}$，$L_4 = 125\text{mm}$，$L_5 = 310\text{mm}$，$L_6 = 58\text{mm}$，$L_7 = 35\text{mm}$，$L_8 = 240\text{mm}$，$L_9 = 82\text{mm}$，$L_{10} = 104\text{mm}$，$L_{11} = 48\text{mm}$，$L_x = 21.85\text{mm}$，$R = 32\text{mm}$；$\Phi_1 = 256°$，$\Phi_2 = 316°$，$\Phi_3 = 237.5°$，$\Phi_4 = 354.3°$，$\Phi_x = 345°$，$\xi = 56°$，$\theta_1 = 90.08°$，$\theta_2 = 94.399°$，$\theta_3 = 4.47°$，凸轮为凸轮 3；N、O、C 三点初始坐标 (x_N, y_N)、(x_O, y_O)、(x_C, y_C) 分别为 (-81.75, -6.39)、(0, 0)、(139.07, 35.73)。

在栽植频率为 60 株/min，传动比为 0.236 时，该较优参数组合条件下移栽机构运动栽植轨迹如图 6-45 所示。该栽植轨迹顶部比较平稳，有利于栽植器接苗，轨迹总高度为 256.41mm，

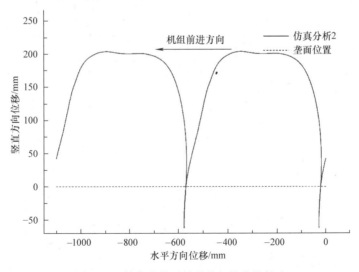

图 6-45　较优参数下的移栽机构栽植轨迹

超出栽植垄高约190mm，高于正常钵苗高度120mm，能够有效地避免栽植器栽苗后对钵苗的挂带现象；入土栽苗阶段曲线最大残差为0.465mm，平均残差为0.253mm，则说明在满足栽植深度60mm条件下栽苗穴口尺寸和栽植器尺寸接近，对已铺地膜造成破坏很小；入土点处倾斜角为81.05°，能够较好地平衡后面挤土镇压轮的扶正效果。

6.10 移栽机构较优栽植点的速度和加速度分析

选取优化后的参数组合作为机构结构参数，并在运动参数分别为栽植频率60株/min（时间周期为1s）、传动比0.236的运动条件下，对移栽机构进行仿真分析，得到移栽机构栽植点的速度和加速度曲线，并以机构运动两个周期时间为循环绘图，分别如图6-46和图6-47所示。

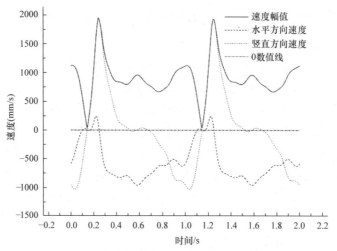

图6-46 较优参数组合下栽植点的速度曲线

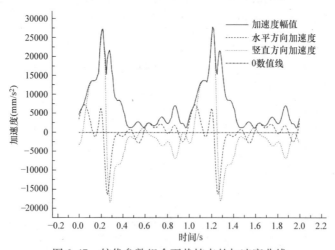

图6-47 较优参数组合下栽植点的加速度曲线

6.10.1 栽植点速度仿真分析

从图6-46中可以看出，在栽植点竖直方向速度为零的时间点附近，其水平方向速度值也接近于零，并在零值上下变化，这样则表现为在栽植器入土栽苗阶段前进了很小一段位移，且在出土阶段又后退了很小一段位移，能够较好地保证入土栽苗段曲线的重合度和一定的栽苗后倾角；竖直方向速度一直迅速变化，这样较有利于钵苗移栽，减少了栽植器与钵苗相互干涉的时间，有效地避免了栽植器栽苗后对钵苗的挂带现象。

6.10.2 栽植点加速度仿真分析

结合速度运动曲线图可知，在 0.6~1.2s 之间是栽植器接苗后的下落栽苗阶段；从图 6-47 中可以得到，在此时间段内水平方向加速度处于零值线上下波动且数值较小，表现为钵苗在栽植器内前进和后退方向受力较小，并结合速度曲线可知其运动状态变化也较小；此时间段内竖直方向加速度先变大再减小，有利于钵苗下落至栽植器底部，使钵苗快速栽进穴苗口内，且在 0.88s 附近时竖直向下加速度最大值为 $6.836m/s^2$，小于重力加速度，即钵苗没有做自由落体运动，钵苗运动轨迹与栽植点轨迹一致。

6.11 移栽机构虚拟模型验证

通过对移栽机构理论模型的分析与参数优化，得到了钵苗移栽机构模型的最佳参数组合，本节将以此参数组合为边界条件，建立凸轮摆杆式钵苗移栽机构的三维模型，利用 UG 软件工程分析模块对移栽机构进行运动学仿真分析，通过仿真分析可得出：栽植器栽植点运动轨迹、栽植器栽植点速度曲线和加速度曲线等。通过比较仿真与理论计算所得的运动轨迹、栽植器栽植点速度和加速度曲线，分析凸轮摆杆式钵苗移栽机构的运动学特性，验证本文移栽机构理论模型的正确性。

6.11.1 三维模型

本小节利用 UG 三维造型软件以优化的结构参数为边界条件，建立凸轮摆杆式钵苗移栽机构主要部件的三维实体模型，通过对机构添加适当的配合约束完成虚拟装配，再利用软件对模型进行干涉检验保证满足实体装配要求，机构虚拟模型如图 6-48 所示。

6.11.2 仿真分析

基于 UG 软件建立的三维模型，并打开 UG 虚拟软件自带工程分析模块的运动学仿真功能对该移栽机构虚拟分析。为了减少机构仿真模型操作过程和仿真分析计算量，提高计算结果效率和

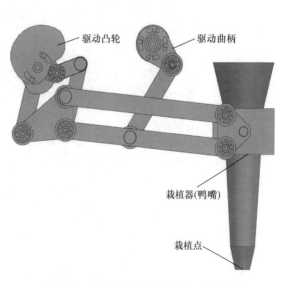

图 6-48 凸轮摆杆式移栽机构三维模型

准确性，首先对该移栽机构虚拟模型进行简化，只保留仿真分析过程中所需的核心部件（凸轮、曲柄、各连杆及栽植鸭嘴），并在仿真环境中添加运动副、原动件及运动约束，则得到移栽机构的虚拟运动仿真界面图如图 6-49 所示。

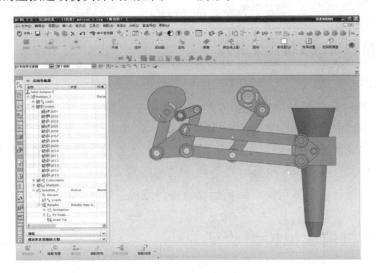

图 6-49　移栽机构运动仿真分析图

在仿真分析过程中，移栽机构原动件为凸轮和曲柄两个部件，两原动件的转向相同且为顺时针同步运转；为了更好地与优化后理论数学模型比较，两种环境下机构的边界条件设为一致：即在运动参数分别为栽植频率 60 株/min（时间周期为 1s），传动比 0.236 的运动条件下，对移栽机构进行虚拟仿真分析，以机构运动两个周期时间为循环，得到移栽机构在移栽过程中栽植点的位移、速度和加速度曲线图分别如图 6-50 ~ 图 6-52 所示。

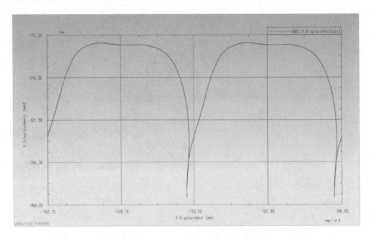

图 6-50　栽植点位移仿真曲线

由图 6-50 和图 6-45 进行比较可知，移栽机构虚拟仿真运动所产生的栽植点运动轨迹与理论数学模型优化后得出的栽植轨迹形状和特征点数据差别很小（假设两种模型运算过程中的原动件转速相同且为 60 r/min），仿真图中钵苗栽植阶段曲线的重合度和接苗阶段曲线波动都比较接近，仿真中栽植轨迹高度差为 265.71mm，重合轨迹高度差为 69.8mm（理论分析中轨迹高度差为 263.07mm，重合轨迹高度差为 67.55mm）；由图 6-51 和图 6-46 比较得知，移栽机构栽植点在虚拟仿真中的运动速度曲线与理论数学模型优化后运算的速度曲线结果也差异很小，图 6-51 仿真图中在第一个周期内 0.08s 左右的时间段内（即入土栽植时间段），水平速度和合速度曲线与理论分析优化后得到的栽植速度曲线偏差很小，数值都比较小且接近零值，有利于钵苗移栽；由图 6-52 和图 6-47 对比可知，机构栽植点在两个时间周期内的运动加速度曲线整体变化趋势一致，图 6-52 所示模型仿真分析中的加速度曲线有波动变化，这主要是由于在机构三维模型仿真设计过程中，软件内部定义接触有精度误差，造成加速度曲线变化不光滑，且仿真分析结果中加速度在 0.28s 附近时向下最大加速度为 14.74m/s^2，0.88s 附近时竖直向下加速度最大值为 7.171m/s^2，（理论分析中在 0.28s 和 0.88s 附近时加速度分别 17.388m/s^2 和 6.836m/s^2），这主要是因为虚拟建模中的凸轮建模不能直接利用理论分析中凸轮曲线直接建模，而是采用的曲线拟合方法在 UG 虚拟环境中再次建模造成的差别。

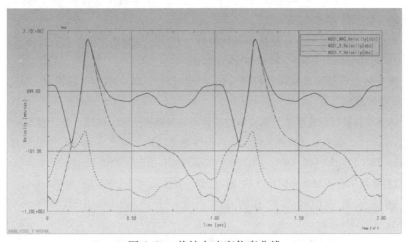

图 6-51　栽植点速度仿真曲线

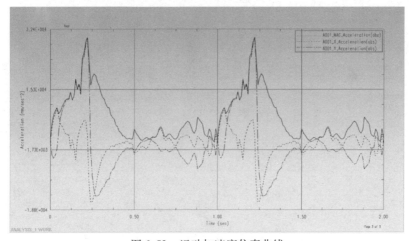

图 6-52　运动加速度仿真曲线

综合以上分析可说明：虚拟建模仿真所得栽植轨迹、栽植速度和栽植加速度与理论数学模型研究所得轨迹曲线及数据有很小的差别，两者数据结果在误差允许范围内可认为相同，表明了该机构所建的理论数学模型正确、可信，并可作为以后钵苗移栽机构的研究与设计的理论基础。

参 考 文 献

[1] 张冕. 烟草钵苗移栽机移栽机构研究［D］. 洛阳：河南科技大学，2012.

[2] 张敏. 拟合齿轮五杆水稻钵苗移栽机构的研究［D］. 哈尔滨：东北农业大学，2014.

[3] 王伯鸿. 蔬菜钵苗多杆式植苗机构的建模分析、参数优化和试验研究［D］. 杭州：浙江理工大学，2011. DOI：10. 7666/d. y2051333.

[4] 夏俊芳，许绮川，吴一鸣，等. 旱作多功能精密穴播轮的研究［J］. 农业机械学报，2002，33（4）：42－45. DOI：10. 3969/j. issn. 1000－1298. 2002. 04. 013.

[5] 李振伟. 振动控制中作动器迟滞非线性补偿方法研究［D］. 上海：上海交通大学，2011.

[6] 孔新雷，吴惠彬，梅凤翔等. Birkhoff 系统的保结构算法与离散最优控制［C］.//北京力学会第20届学术年会论文集. 2014：320－330.

[7] 郝艳玲，姚燕安. 混合动力七杆机构的最优设计［J］. 上海交通大学学报，2005，39（1）：71－74. DOI：10. 3321/j. issn：1006－2467. 2005. 01. 016.

[8] 刘炳华. 蔬菜钵苗自动移栽机构的机理分析与优化设计［D］. 杭州：浙江理工大学，2011. DOI：10. 7666/d. y1960000.

[9] 黄前泽. 钵苗移栽机行星轮系植苗机构关键技术研究及试验［D］. 杭州：浙江理工大学，2012.

[10] 薛小雯，沈爱红. 用 VB6. 0 软件实现摆动从动件盘形凸轮机构在 AutoCAD 中的仿真［J］. 轻工机械，2007，25（3）：59－62. DOI：10. 3969/j. issn. 1005－2895. 2007. 03. 017.

[11] 李庭. 穴盘移栽机自动取苗分苗系统的设计研究［D］. 石河子：石河子大学，2013.

[12] 曹一. 考虑润滑的摆动凸轮机构性能分析［D］. 青岛：中国海洋大学，2009. DOI：10. 7666/d. y1503476.

[13] 杨兵宽. 行星减速器结构轻量化研究［D］. 武汉：武汉工程大学，2014.

第 7 章　钵苗与栽植器互作特性研究分析

常见的对钵苗无夹持作用的栽植机构有导苗管式栽植机构和鸭嘴式栽植机构，作业时钵苗被投入到导苗管或栽植嘴，钵苗在重力作用下落到苗沟或穴坑内，然后进行覆土和填压，完成栽植过程。导苗管或栽植嘴的作用是使钵苗在下落过程中保持秧苗朝上，并且落点准确，作业过程中钵苗的全程运动是自由的，钵苗不易损伤。导苗管式移栽机构作业时导苗管相对机架固定不动，而鸭嘴式栽植机构作业时栽植嘴相对机架做平面运动，因此钵苗在鸭嘴式栽植嘴中的运动更加复杂，目前还没有相关文献研究。因此，本章针对鸭嘴式栽植机构展开研究。高速作业条件下，钵苗相对鸭嘴栽植器的运动情况分为三种，即向下运动、同步运动或向上运动或者是这几种运动的综合，其中钵苗相对栽植嘴同步运动或向上运动时均会导致钵苗产生倒伏甚至漏栽。因此为了进一步探索钵苗在高速作业条件下倒伏率及损伤率相对较高的原因，本研究采用有机玻璃制鸭嘴栽植器，通过高速摄像来对钵苗在鸭嘴栽植器中的运动过程进行分析研究，以便对钵苗的运动过程进行优化及对栽植机构进行改进设计，减少钵苗倒伏和减轻钵苗损伤。

7.1　基于高速摄像的移栽过程中钵苗下落试验

7.1.1　栽植机构的选用

栽植机构作为将钵苗植入田间的最终工作部件，其性能的好坏对钵苗的栽植质量起到了至关重要的作用，因此为了更加准确地分析高速作业条件下钵苗产生倒伏及破损的根本原因，保证高速作业条件下钵苗的栽植质量，需要对移栽机的栽植机构进行分析并选取一种作业性能相对较好的栽植机构来对高速作业条件下钵苗的下落过程进行分析，以便更好地找出高速作业条件下钵苗倒伏率和损伤率相对较高的原因。

由前文可知，目前国内外移栽机类型主要有导苗管式、挠性圆盘式、钳夹式、平行四杆圆盘式、多连杆式和行星轮式移栽机，其中钳夹式移栽机适用于裸苗和细长苗的移栽，易对秧苗造成损伤，且栽植效率低；挠性圆盘式移栽机钵苗栽植后易产生倒伏；导苗管式移栽机栽植效率虽然较高，但易出现倒伏和埋苗等现象；平行四杆圆盘式结构相对来说复杂，栽植速度过高时会增加钵苗的漏苗率，作业效率较低；多连杆式移栽机作业时振动较大，而行星轮式移栽机高速作业条件下运转相对较为平稳。因此，综合以上栽植机构的优缺点，本研究采用四栽植嘴行星轮式栽植机构来对高速作业条件下钵苗的下落过程进行分析。

由于该四鸭嘴式栽植机构的结构较大，因此对行星架采用铝合金材料制造，以减轻栽植机构的总体质量，并且对其中三个栽植鸭嘴采用有机玻璃制造，其中一个采用钢材焊接制造。根据对行星轮系栽植机构的设计，完成对其的加工与装配，其中选用和利时 110 系列三相混合式步进电动机（型号为 110BYG350DH – SAKSMA – 0501，保持转矩为 16N·m）作为该栽植装置的动力源，由于该栽植机构需要传递大的转矩，因此为了更好地传递电动机的转矩及扩大电动机转速的调节范围，在步进电动机的输出端连接减速机来增大转矩，减速机的减速比为 $i_1 = 12$，并在减速机与栽植机构间采用同步带传动装置来将步进电动机的动力传递至栽植机构，其中带传动的传动比为 $i_2 = 0.5$。

图 7-1　行星轮系栽植装置试验台

根据行星轮系栽植装置的设计要求对其进行装配，为了调整机构与电动机的相对安装位置，栽植装置的固定架采用铝型材进行搭建，同时为了方便栽植装置的移动，在固定架的四个脚底安装四个带脚轮的脚杯。装配完成后的栽植装置试验台如图 7-1 所示。

7.1.2　试验材料

为了减轻在移栽过程中钵苗与栽植鸭嘴的相互作用对钵苗所造成的损伤及使钵苗在高速移栽的条件下能够顺利地落入到土穴内，需要使钵苗有足够的强度，且与鸭嘴栽植器壁面间的摩擦系数要尽可能小，通过对辣椒钵苗的机械特性的相关分析得知的辣椒钵苗相关特性参数，辣椒钵苗移栽时的最佳参数组合为苗龄为 40 天，基质成分为 L4，钵苗土钵含水率为 55%，因此选用此条件下的辣椒钵苗为试验对象来进行移栽过程中钵苗的下落过程试验。

7.1.3　试验设备

钵苗在鸭嘴栽植器内运动过程的高速摄像试验系统如图 7-2 所示，该系统主要由高速摄像系统及行星轮系栽植装置试验台组成。

采用 Phantom 系列高速摄像机，PCC 控制拍摄及后期图像处理软件，镜头，计算机，灯光，三脚架云台及各种数据线缆等辅件。

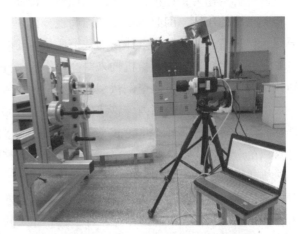

图 7-2　钵苗下落过程高速摄像试验系统

7.1.4　试验方法

调试行星轮系栽植装置试验台，使之能够正常运转。安装高速摄像系统，并通过以太网线缆将高速摄像机与计算机进行连接，然后打开高速摄像机及灯光的电源，调整摄像机及灯光的位置，使栽植机构能够完整地显示在图像显示窗口，通过 PCC 控制拍摄及后期图像处理软件来对高速摄像机的分辨率、拍摄速率、曝光时间等参数进行设置，同时对摄像机的焦距进行调节，以确保拍摄的图像有足够的清晰度，便于后续对图像的分析。

根据栽植速度的快慢，将栽植速度分为三个区段，即：低速、中速、高速，并在三个栽植速度区段选择栽植机构运转的转速，对比三种区段转速下钵苗与栽植机构的相对运动状态及钵苗在整个栽植过程中的运动姿态，以更好地寻找钵苗在低速、中速及高速段的运动规律及钵苗在高速阶段造成倒伏的原因。

由此，对电动机的转速进行调节，使栽植机构运转转速分别达到 40r/min、60r/min、80r/min，然后分别在三种转速下对钵苗在鸭嘴栽植器内的运动过程进行拍摄记录。根据视频记录所记录的钵苗在有机玻璃式鸭嘴栽植器内的运动过程，后期采用 PCC 软件来对视频资料的播放速率进行设定，以便能够对钵苗与鸭嘴栽植器间的相互作用过程及钵苗在鸭嘴栽植器中的运动姿态进行仔细的观察与准确的分析。

7.1.5　试验结果与分析

根据钵苗在三种不同转速下的运动过程及运动姿态，将钵苗的整个运动过程分为六个运动阶段，在每个运动阶段选取 1~2 幅画面，由此对不同转速条件下钵苗在鸭嘴栽植器内的运动过程分别选取包含各个阶段的高速摄像视频中的 8 幅画面（按钵苗运动顺序对图片进行标号 1~8），如图 7-3 所示（其中对钵苗用一白色小正方形标记显示）。

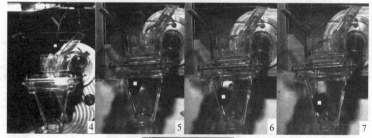

a)栽植机构转速为40r/min条件下的钵苗运动过程高速摄像

图 7-3　钵苗下落过程高速摄像试验结果

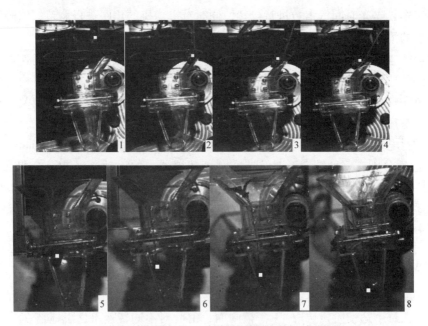

b)栽植机构转速为60r/min条件下的钵苗运动过程高速摄像

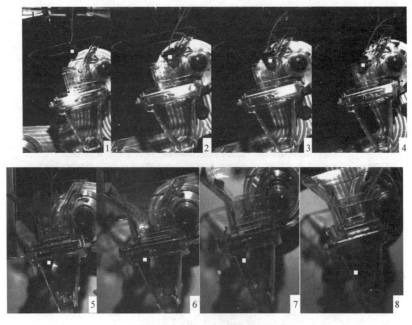

c)栽植机构转速为80r/min条件下的钵苗运动过程高速摄像

图 7-3　钵苗下落过程高速摄像试验结果（续）

根据三种不同转速下钵苗在鸭嘴栽植器内的运动过程高速摄像试验结果将钵苗在栽植器内的运动过程大致分为六个运动阶段。

1. 钵苗在空中自由下落阶段

三种不同转速下，钵苗在该阶段的运动过程分别如图 7-3a 中的图1、图 7-3b 中的图1

和图 7-3c 中的图 1 所示，该阶段为钵苗开始下落到与栽植器壁面接触前在空中自由下落的过程。

2. 钵苗与栽植器壁面碰撞过程

三种不同转速下，钵苗在该阶段的运动过程分别如图 7-3a 中的图 2、图 7-3b 中的图 2 和图 7-3c 中的图 2 所示，该阶段为钵苗自由下落过程结束时与鸭嘴栽植器壁面发生弹性碰撞。

3. 钵苗在栽植器内做斜抛运动过程

三种不同转速下，钵苗在该阶段的运动过程分别如图 7-3a 中的图 3、图 4，图 7-3b 中的图 3、图 4 和图 7-3c 中的图 3、图 4 所示，在该阶段中钵苗在与栽植器弹性碰撞过程结束后，钵苗被弹起，在栽植器内做斜抛运动。

4. 钵苗与栽植器鸭嘴壁面的碰撞过程

三种不同转速下，钵苗在该阶段的运动过程分别如图 7-3a 中的图 5、图 7-3b 中的图 5 和图 7-3c 中的图 5 所示，在该阶段中钵苗与栽植器发生碰撞，但由于该阶段钵苗与栽植器在垂直于栽植器方向的相对速度相对较小，钵苗回弹的程度很小，即钵苗与栽植器碰撞后在极短的时间内就与栽植器接触开始绕钵苗与栽植器的接触点进行旋转，因此对该过程进行简化，忽略钵苗碰撞后的回弹。

5. 钵苗与栽植器鸭嘴内的平面运动过程

三种不同转速下，钵苗该阶段的运动过程分别如图 7-3a 中的图 6、图 7-3b 中的图 6 和图 7-3c 中的图 6 所示，在该阶段中，由于钵苗与栽植器鸭嘴间的回弹程度很小，因此简化钵苗运动过程，忽略钵苗与栽植器碰撞后产生的回弹，即钵苗碰撞完成后直接一边绕与鸭嘴壁面的接触点旋转，一边沿鸭嘴壁面下滑，直至钵体壁面与栽植器鸭嘴壁面完全贴合，该平面运动过程结束。

6. 钵苗沿栽植器鸭嘴壁面下滑过程

三种不同转速下，钵苗该阶段的运动过程分别如图 7-3a 中的图 7、图 8，图 7-3b 中的图 7、图 8，图 7-3c 中的图 7、图 8 所示，在该阶段中钵苗一直沿鸭嘴壁面做下滑运动，直至落至鸭嘴底部。

同时，从钵苗沿栽植器鸭嘴壁面下滑阶段试验结果图可以看出，栽植机构转速在 40r/min 及 60r/min 时钵苗相对鸭嘴栽植器向下滑动，而且栽植机构转速在 40r/min 时栽植机构在转至最低点之前较远的位置钵苗就已经落至栽植器的底部，栽植机构转速在 60r/min 条件下栽植机构在转至接近最低点的位置钵苗才落至栽植器的底部。但在栽植机构转速在 80r/min 条件下其中有一段钵苗与鸭嘴栽植器保持相对静止，甚至有上滑的趋势，并且在栽植机构转至最低点时钵苗还未落至栽植器底部。

7.2　栽植机构运动学分析

为了更好地对钵苗与鸭嘴栽植器间的相互作用进行理论研究，需要建立栽植机构的运动学模型。

7.2.1 栽植机构运动学模型的建立

行星轮系栽植机构的结构简图如图7-4所示。以行星轮系栽植机构中心轴为坐标原点，水平向左的方向为X轴的正方向，竖直向上的方向为Y轴的正方向建立直角坐标系XOY，其中，点A为行星轮系栽植机构行星轴轴心，该行星轮系栽植机构旋转角速度为ω。

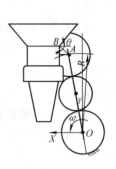

行星轮系栽植机构行星轴轴心A的位移方程为

$$\begin{cases} x_A = -R \cdot \cos(\omega t + \varphi_0) \\ y_A = R \cdot \sin(\omega t + \varphi_0) \end{cases} \tag{7-1}$$

图7-4　行星轮系栽植
机构结构简图

式中　R——栽植机构旋转中心到行星轮中心的距离；

ω——栽植机构旋转角速度；

φ_0——钵苗开始下落时栽植机构与X轴负方向间的角度；

t——以钵苗开始下落为起始的计时时间。

7.2.2 鸭嘴栽植器运动学模型的建立

由图7-4所示的行星轮系栽植机构的结构简图，B点为鸭嘴栽植器上的一点，根据图中几何关系及式（7-1）可得鸭嘴栽植器上点B的位移方程为

$$\begin{cases} x_B = -R \cdot \cos(\omega t + \varphi_0) + l_{AB}\cos\theta \\ y_B = R \cdot \sin(\omega t + \varphi_0) + l_{AB}\sin\theta \end{cases} \tag{7-2}$$

式中　l_{AB}——A、B两点间的距离；

θ——点A、B间的连线与水平轴线间的夹角。

根据对鸭嘴栽植器设计结果得知$l_{AB} = 33.5\text{mm}$，$\theta = 40°$。

7.3　钵苗下落过程中钵苗与栽植器互作过程动力学模型的建立

由7.1.5小节中钵苗在鸭嘴栽植器内运动过程的高速摄像试验分析结果可知，钵苗从开始下落到离开鸭嘴栽植器的运动过程，共分为以下6个阶段：

1）钵苗从开始下落到与栽植器壁面接触前在空中自由下落阶段。

2）钵苗落入鸭嘴栽植器内时与栽植器壁面产生碰撞，该过程为钵苗与栽植器壁面的碰撞阶段。

3）钵苗碰撞结束后被弹起，在栽植器内做斜抛运动阶段。

4）钵苗在运动到鸭嘴部分时与鸭嘴壁面发生碰撞，该过程为钵苗与栽植器鸭嘴壁面发生碰撞的阶段。

5）钵苗与鸭嘴壁面碰撞结束时，开始一边绕与鸭嘴壁面的接触点旋转，直至钵苗土钵侧面与鸭嘴壁面贴合，一边沿鸭嘴壁面下滑，该过程为钵苗在鸭嘴内的平面运动阶段。

6）钵苗土钵与鸭嘴壁面贴合完成后，开始沿鸭嘴壁面下滑，该过程为钵苗沿鸭嘴壁

7.3.1　钵苗在空中自由下落过程

钵苗在开始下落至落入到鸭嘴栽植器并刚要与栽植器壁面相接触但并未接触的一段过程内做自由下落运动，其钵苗做自由下落过程的分析简图如图 7-5 所示。在该过程中钵苗在竖直方向上的初速度为零，钵苗所受的力为自身的重力及下落过程中所受的空气阻力。

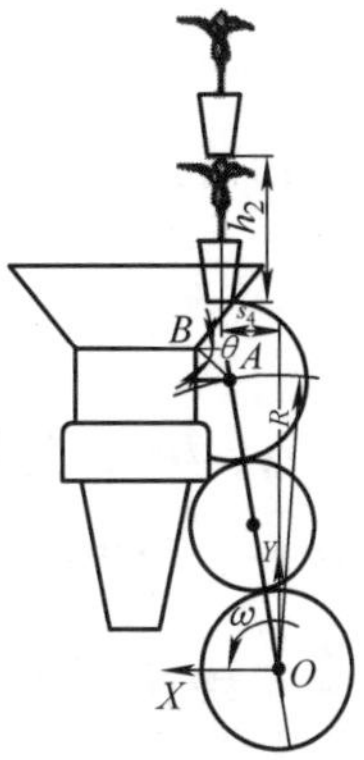

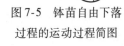

则钵苗在竖直方向上所受和力为

$$F_1 = m_B g - F_r \tag{7-3}$$

式中　F_1——钵苗自由下落过程中竖直方向所受合力；

　　　m_B——苗龄为 40 天，基质成分为 L4，钵苗土钵含水率为 55% 下钵苗的质量，$m_B = 0.0112 \text{kg}$；

　　　g——重力加速度；

　　　F_r——钵苗自由下落的过程中所受到的空气阻力。

图 7-5　钵苗自由下落过程的运动过程简图

$$F_r = m_B k v^2 \tag{7-4}$$

$$k = g/v_L^2 \tag{7-5}$$

$$v_L^2 = H'g/\ln[\cosh(gt'/v_L)] \tag{7-6}$$

式中　k——钵苗的漂浮系数；

　　　v——钵苗在时刻 t 时的速度；

　　　v_L——钵苗的漂浮速度；

　　　H'——钵苗漂浮系数测定过程中钵苗自由下落过程中的下落位移；

　　　t'——钵苗下落 H' 时所用的时间。

其中，钵苗漂浮系数的测定方法是通过高速摄像试验对钵苗的自由下落过程进行记录，然后通过高速摄像系统后期图像处理软件得到钵苗在做自由落体的过程中的下落位移 H' 与下落时间 t'，进而由式（7-6）求得钵苗的漂浮速度为 $v_L = 3.5 \sim 7.6 \text{m/s}$，本文取 $v_L = 5.55 \text{m/s}$，由此根据式（7-5）得出钵苗的漂浮系数 $k = 0.32 \text{m}^{-1}$。

根据对钵苗在自由下落阶段的受力分析，得出钵苗自由下落阶段的动力学微分方程为

$$a_1 = \frac{F_1}{m_B} = \frac{\mathrm{d}v}{\mathrm{d}t} = g - kv^2 \tag{7-7}$$

对式（7-7）进行积分可得出钵苗自由下落阶段速度与时间的关系为

$$v = \sqrt{\frac{g}{k}} \cdot \left(\frac{1 - e^{-2\sqrt{kg}t}}{1 + e^{-2\sqrt{kg}t}} \right) \tag{7-8}$$

对式（7-8）进行积分得出钵苗自由下落阶段下落的位移与时间的关系为

$$h_2 = \sqrt{\frac{g}{k}} \cdot t + \frac{1}{k} \cdot \ln(1 + e^{-2\sqrt{kg} \cdot t}) - \frac{\ln 2}{k} \tag{7-9}$$

在钵苗下落过程结束时，钵苗与栽植器壁面相碰，设其碰撞点为 P_1，则碰撞点在坐标系 XOY 内的坐标值为

$$\begin{cases} x_{P_1} = s_0 - n/2 \\ y_{P_1} = H - 1000 \cdot h_2 \end{cases} \tag{7-10}$$

钵苗碰撞点 P_1 与栽植器上的点 B 在坐标系 XOY 内的横、纵坐标的差值为

$$\begin{cases} \Delta x = -R \cdot \cos(\omega t + \varphi_0) + l_{AB}\cos\theta - s_0 + n/2 \\ \Delta y = H - 1000 \cdot h_2 - R \cdot \sin(\omega t + \varphi_0) - l_{AB}\sin\theta \end{cases} \tag{7-11}$$

式中　s_0、H——钵苗开始下落时其坐标系 XOY 内的横、纵坐标值。

$\Delta x / \Delta y = \tan\beta$，$\beta = 45°$，为鸭嘴栽植器上苗杯壁面与竖直面间的夹角。

7.3.2　钵苗与栽植器壁面碰撞过程

钵苗自由下落过程结束时与鸭嘴栽植器壁面相接触，并与栽植器壁面产生碰撞，且钵苗与鸭嘴栽植器的碰撞位置为钵苗的下边沿，钵苗与栽植器壁面的碰撞点为 P_1，并建立惯性坐标系 XO_BY，其坐标原点为钵苗质心的位置 O_B，建立相对坐标系 $X'OBY'$，其坐标原点与惯性坐标系坐标原点重合，横坐标与栽植器壁面相垂直。碰撞点 P_1 与钵苗质心的连线与相对坐标系横坐标之间的夹角为 α，碰撞点处栽植器壁面与竖直面间的夹角为 β，钵苗与栽植器壁面碰撞前的那一时刻钵苗质心的速度为 v_1，方向为竖直向下，碰撞结束时钵苗质心的速度为 v_1'，其在相对坐标系横坐标上的分量为 $v_{1x'}'$，在相对坐标系纵坐标上的分量为 $v_{1y'}'$，钵苗与栽植器壁面碰撞后的角速度为 ω_1，对钵苗与鸭嘴栽植器壁面碰撞过程的运动分析简图如图 7-6 所示。

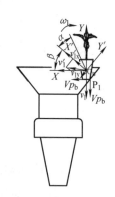

图 7-6　钵苗与鸭嘴栽植器壁面碰撞过程运动分析

由于钵苗的重量基本集中在钵苗土钵上，因此忽略土钵以上苗叶对钵苗重量的影响，则钵苗质心距钵苗土钵底面的距离为

$$h_{1d} = \frac{h_1 \cdot (3m^2 + 2m \cdot n + n^2)}{4 \cdot (m^2 + m \cdot n + n^2)} \tag{7-12}$$

式中　m——钵苗土钵上表面边宽；

　　　n——土钵下表面边宽；

　　　h_1——土钵高度。

由钵苗与栽植器壁面碰撞过程分析简图上的几何关系可得出碰撞点 P_1 与钵苗质心的连线与相对坐标轴横坐标之间的夹角 α 为

$$\alpha = \arctan\frac{2h_{1d}}{n} - \beta = \arctan\left(\frac{h_1 \cdot (3m^2 + 2m \cdot n + n^2)}{2 \cdot (m^2n + m \cdot n^2 + n^3)}\right) - \beta \tag{7-13}$$

碰撞点 P_1 与钵苗质心 O_B 之间的距离 $r_{O_BP_1}$ 为

$$r_{O_BP_1} = \sqrt{h_{1d}^2 + n^2/4} \tag{7-14}$$

钵苗在与栽植器壁面碰撞的过程中做平面运动，根据冲量定理及冲量矩定理，对钵苗的碰撞过程建立运动方程：

$$\begin{cases} m_B v'_{1x'} - m_B v_{1x'} = \sum I_{x'} \\ m_B v'_{1y'} - m_B v_{1y'} = \sum I_{y'} \\ J\omega_1 = \sum M_{o_B}(I^{(e)}) \end{cases} \qquad (7\text{-}15)$$

其中，$v_{1x'} = -v_1\sin\beta$，$v_{1y'} = -v_1\cos\beta$。

式中　J——钵苗绕其质心的转动惯量（已知量），$J = 1.81\text{kg} \cdot \text{mm}^2$；

　$I_{x'}$、$I_{y'}$——钵苗在相对坐标系横纵坐标轴上冲量的分量。

由于钵苗的碰撞时间极短，忽略碰撞过程中钵苗与栽植器壁面间的摩擦力对其的影响，则有 $\sum I_{y'} = 0$，此时：

$$v'_{1y'} = v_{1y'} = -v_1\cos\beta \qquad (7\text{-}16)$$

根据理论力学碰撞理论内容，对于发生正碰撞的两物体其恢复阶段与变形阶段碰撞冲量的比值（该值亦等于碰撞结束时两物体的相对速度与碰撞开始时两物体的相对速度的比值）可以用来度量碰撞后物体的变形恢复的程度，称为恢复系数。对于材料确定的物体，恢复系数的值基本保持不变。

由于钵苗在与鸭嘴栽植器壁面进行碰撞时忽略了钵苗与栽植器壁面间的摩擦力对其的影响，则碰撞前后钵苗的冲量仅在垂直于栽植器壁面的方向发生了变化，由于钵苗与栽植器碰撞过程中对栽植器产生的影响较小，因此认为碰撞前后栽植器的速度并未发生变化，则恢复系数为

$$e = \frac{v'_{P_1x'} - v'_{1x'}}{v_{1x'} - v_{P_1x'}} = \frac{v_{P_1x'} - v'_{1x'}}{v_{1x'} - v_{P_1x'}} \qquad (7\text{-}17)$$

为了获得钵苗与栽植器壁面碰撞过程中的恢复系数，使钵苗由不同下落高度 H_1（$100 \sim 500\text{mm}$）处开始做自由落体运动，落至与栽植器材料相同的一平板上，在钵苗下落与回弹的过程中对钵苗的整个运动过程采用高速摄像系统进行记录，然后通过高速摄像系统的后期处理软件对钵苗的运动过程进行分析，找出钵苗回弹的高度 H_2，由此得出钵苗与栽植器壁面发生碰撞时的恢复系数 e，即为

$$e = \sqrt{\frac{H_2}{H_1}} \qquad (7\text{-}18)$$

得出钵苗与栽植器壁面碰撞的恢复系数 $e = 0.174 \sim 0.184$，其值具有一定的范围，这是因为进行试验的过程中虽然钵苗采用的是相同的含水率、苗龄及基质配比，但无法保证完全一致，因此所测钵苗的恢复系数具有一定的范围，本文在对钵苗的运动过程进行分析时选取钵苗的恢复系数为 $e = 0.179$。则有：

$$v'_{1x'} = (1 - e) \cdot v_{P_1x'} - e \cdot v_{1x'} = R\omega \cdot (1 - e) \cdot \sin(\omega t_1 + \varphi_0 + \beta) + e \cdot v_1 \cdot \sin\beta$$

$$(7\text{-}19)$$

由式（7-15）~式（7-19）得钵苗与栽植器壁面碰撞结束后的速度、角速度为

$$\begin{cases} v'_{1x'} = R\omega \cdot (1-e) \cdot \sin(\omega t_1 + \varphi_0 + \beta) + e \cdot v_1 \sin\beta \\ v'_{1y'} = -v_1 \cos\beta \\ \omega_1 = \dfrac{-m_B v_1 r_{O_B P_1} \cos\beta \sin\alpha}{J} \\ \quad + \dfrac{m_B(R\omega \cdot (1-e) \cdot \sin(\omega t_1 + \varphi_0 + \beta) + e \cdot v_1 \sin\beta)r_{O_B P_1}\sin\alpha}{J} \end{cases} \tag{7-20}$$

7.3.3 钵苗在栽植器内做斜抛运动过程

根据 7.1.5 小节及钵苗在栽植器内高速摄像试验结果可知，钵苗与栽植器发生碰撞后，钵苗被弹起，之后钵苗开始在栽植器内一边做斜抛运动，一边绕钵苗质心做自身的旋转运动。本文在分析的过程中将钵苗作为一个质点进行研究，在进行分析的过程中对钵苗的运动过程进行简化，忽略钵苗在运动过程中重力及空气阻力对钵苗绕其质心时对其角速度的影响，认为钵苗在做斜抛运动的过程中绕其质心旋转的角速度固定不变。

由 7.3.2 小节对钵苗碰撞过程的运动分析可知，钵苗碰撞结束后在惯性坐标系内的速度分量为

$$\begin{cases} v'_{1x} = v'_{1x'}\cos\beta + v_1 \cos\beta\sin\beta \\ v'_{1y} = v'_{1x'}\sin\beta - v_1 \cos^2\beta \end{cases} \tag{7-21}$$

钵苗在栽植器内的受力情况为

$$F_2 = m_B g - F_r = m_B g - m_B g \frac{v^2}{v_L^2} \tag{7-22}$$

由于钵苗在栽植器内运动的同时，栽植器也在绕其旋转中心做角速度为 ω 的旋转运动，因此运用相对运动力学的拉格朗日方程来对在栽植器内做斜抛运动的钵苗进行动力学分析。

钵苗在栽植器内做斜抛运动过程的受力分析情况如图7-7所示，将钵苗与栽植机构作为一个质点系来进行动力学分析，其中该质点系由载体行星轮系和被载体钵苗组成，其中载体行星轮系以匀角速度 ω 绕旋转中心 O 进行旋转。

以行星轮系的旋转中心 O 为坐标原点建立惯性坐标系 XOY，坐标系 $X'AY'$ 固联于行星轴轴心，设钵苗质心在坐标系 $X'AY'$ 中的坐标值为 (s_1, h_3)，则令该系统的广义坐标 $q_1 = s_1$，$q_2 = h_3$，则钵苗相对运动动力学的拉格朗日方程为

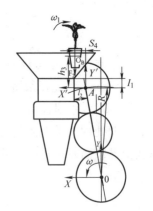

图 7-7　钵苗在栽植器内斜抛过程受力分析

$$\begin{cases} \dfrac{\mathrm{d}}{\mathrm{d}t}\dfrac{\partial T_r}{\partial \dot{s}_1} - \dfrac{\partial T_r}{\partial s_1} = Q_1 - \dfrac{\partial}{\partial s_1}(\Pi^A + \Pi^\omega) + Q_1^{\dot{\omega}} + \Gamma_1 \\ \dfrac{\mathrm{d}}{\mathrm{d}t}\dfrac{\partial T_r}{\partial \dot{h}_3} - \dfrac{\partial T_r}{\partial h_3} = Q_2 - \dfrac{\partial}{\partial h_3}(\Pi^A) + (\Pi^\omega) + Q_2^{\dot{\omega}} + \Gamma_2 \end{cases} \tag{7-23}$$

式中 T_r ——该质点系的相对运动动能；

$\quad Q_k$ ——广义惯性力（$k = 1,\ 2,\ \cdots,\ n$）；

$\quad \Pi^A$ ——力均匀场的势能；

$\quad \Pi^\omega$ ——离心力势能；

$\quad \dot{Q}_k^{\dot\omega}$ ——广义转动惯性力（$k = 1,\ 2,\ \cdots,\ n$）；

$\quad \Gamma_k$ ——广义哥式惯性力（$k = 1,\ 2,\ \cdots,\ n$）。

则该质点系的相对运动动能为

$$T_r = \frac{1}{2} m_B (\dot{s}_1^2 + \dot{h}_3^2) \tag{7-24}$$

广义力为

$$\begin{cases} Q_1 = 0 \\ Q_2 = -m_B g \left(1 - \dfrac{{v_{O_{BY}}}^2}{v_L^2} \right) \end{cases} \tag{7-25}$$

式中 $v_{O_{BY}}$ ——钵苗在栽植器内做斜抛运动过程中钵苗质心在惯性坐标系 XOY 中竖直方向的瞬时速度。

$$
\begin{aligned}
\Pi^A &= M(\overset{*}{v}_A + \omega \times v_A) \cdot r_c' \\
&= M(\overset{*}{v}_A + \omega \times v_A) \cdot \left(\frac{1}{M} \sum_{i=1}^{N} m_i r_i' \right) \\
&= (\overset{*}{v}_{Ax} i + \overset{*}{v}_{Ay} j + \overset{*}{v}_{Az} k + \omega k \times (v_{Ax} i + \omega v_{Ay} j + \omega v_{Az} k)) \cdot \sum_{i=1}^{N} m_i (x_i' i' + y_i' ij + z_i' k) \\
&= \sum_{i=1}^{N} m_i (\overset{*}{v}_{Ax} i + \overset{*}{v}_{Ay} j + \overset{*}{v}_{Az} k + \omega v_{Ax} j - \omega v_{Ay} i) \cdot (x_i' i' + y_i' j + z_i' k) \\
&= \sum_{i=1}^{N} m_i (\overset{*}{v}_{Ax} x' + \overset{*}{v}_{Ay} y_i' + \overset{*}{v}_{Az} z_i' + \omega v_{Ax} y_i' - \omega v_{Ay} x_i')
\end{aligned} \tag{7-26}
$$

式中 $\overset{*}{v}_A$ ——v_A 的相对导数，由于 v_A 不依赖于 q_1、q_2，因此 $\overset{*}{v}_A = 0$；

$\quad r_i'$ ——m_i 对与载体固联的坐标系 $X'AY'$ 的位置；

$\quad r_c'$ ——被载体质心在与载体固联的坐标系 $X'BY'$ 中的矢径；

$\quad M$ ——被载质体的总质量 $M = \sum\limits_{i=1}^{N} m_i$。

$$
\begin{aligned}
\Pi^\omega &= -\frac{1}{2} \omega \cdot \overline{\theta}_A \cdot \omega \\
&= -\frac{1}{2} \sum_{i=1}^{N} m_i (\omega \times r_i') \times (\omega \times r_i') \\
&= -\frac{1}{2} \sum_{i=1}^{N} m_i \omega^2 (x_i'^2 + y_i'^2)
\end{aligned} \tag{7-27}
$$

式中 $\overline{\theta}_A$ ——系统在点 A 的惯性张量。

由于载体行星轮系以匀角速度 ω 绕旋转中心 O 进行旋转，且基点 A 与旋转中心 O 不重合，则广义离心力 $Q_i^{\dot\omega}$ 为

$$Q^{\dot\omega_k} = - \sum_{i=1}^{N} (\dot\omega \times m_i r_i') \cdot \frac{\partial r_i'}{\partial q_k} = 0 \tag{7-28}$$

$$\Gamma_k = - \sum_{i=1}^{N} m_i (2\omega \times \overset{*}{r}_i') \cdot \frac{\partial r'}{\partial q_k}$$

$$= - 2\omega \sum_{i=1}^{N} m_i \left(\overset{*}{x}_i' \frac{\partial y'}{\partial q_k} - \overset{*}{y}_i' \frac{\partial x'}{\partial q_k} \right) \tag{7-29}$$

由式（7-23）~式（7-29）可得：

$$\begin{cases} m_B \ddot s_1 = m_B \omega v_{Ay} + m_B \omega^2 s_1 + 2 m_B \omega \dot h_3 \\ m_B \ddot h_3 = m_B g \left(1 - \dfrac{v_{O_B Y}{}^2}{v_L^2} \right) - m_B \omega v_{Ax} + m_B \omega^2 h_3 - 2 m_B \omega \dot s_1 \end{cases} \tag{7-30}$$

钵苗质心在惯性坐标系 XOY 内的坐标为

$$\begin{cases} x_{O_B} = s_1 + x_A = s_1 - R\cos(\omega t + \omega t_1 + \varphi_0) \\ y_{O_B} = h_3 + y_A = h_3 + R\sin(\omega t + \omega t_1 + \varphi_0) \end{cases} \tag{7-31}$$

式中 t_1 ——第一阶段钵苗在空中下落的时间，由于钵苗与栽植器壁面碰撞时间较短，因此忽略钵苗与栽植器壁面的碰撞时间，时间 t 从钵苗碰撞结束那一时刻即钵苗开始在栽植器内做斜抛运动的时刻开始计时。

由式（7-31）可知，钵苗在栽植器内做斜抛运动过程中钵苗质心在惯性坐标系 XOY 中竖直方向的瞬时速度 $v_{O_B Y}$ 为

$$v_{O_B Y} = \dot y_{O_B} = \dot h_3 + R\omega\cos(\omega t + \omega t_1 + \varphi_0) \tag{7-32}$$

设钵苗在栽植器内开始做斜抛运动时其质心在坐标系 $X'AY'$ 中的初始坐标值为 (s_{10}, h_{30})，则有：

$$\begin{cases} s_{10} = l_2 - (H - h_2 - R\sin(\omega t_1 + \varphi_0) - l_1) \cdot \tan\beta + \dfrac{n}{2} \\ h_{30} = H - h_2 - R\sin(\omega t_1 + \varphi_0) + \dfrac{h_1 \cdot (3m^2 + 2m \cdot n + n^2)}{4 \cdot (m^2 + m \cdot n + n^2)} \end{cases} \tag{7-33}$$

式中 l_1、l_2 ——图 7-7 所示位置间的距离。根据对栽植机构的设计结果 $l_1 = 22\text{mm}$、$l_2 = 26\text{mm}$。

由于钵苗在栽植器内做斜抛运动，其在水平方向受力为零，即 $\ddot x_{O_B} = 0$，则有：

$$\ddot s_1 = - R\omega^2 \cos(\omega t + \omega t_1 + \varphi_0) \tag{7-34}$$

对式（7-34）进行积分可得出钵苗质心在 $X'AY'$ 内的水平方向的位移与速度为

$$\begin{cases} s_1 = R\cos(\omega t + \omega t_1 + \varphi_0) + v'_{1x} t + s_{10} - R\cos(\omega t_1 + \varphi_0) \\ \dot s_1 = - R\omega\sin(\omega t + \omega t_1 + \varphi_0) + v'_{1x} \end{cases} \tag{7-35}$$

由式（7-30）、式（7-32）、式（7-34）及式（7-35）可得出钵苗质心在 $X'AY'$ 内的竖直方向的位移、速度及加速度为

$$\begin{cases} h_3 = \dfrac{R\sin(\omega t + \omega t_1 + \varphi_0)}{2} - \dfrac{3\omega v'_{1x} - 2g}{2\omega^2} \\[4mm] \quad + \dfrac{k \cdot (R\cos(\omega t + \omega t_1 + \varphi_0) + v'_{1x}t + s_{10} - R\cos(\omega t_1 + \varphi_0))^2}{4} \\[4mm] \dot{h}_3 = \dfrac{-3R\omega\cos(\omega t + \omega t_1 + \varphi_0) - \omega v'_{1x}t - \omega s_{10} + R\omega\cos(\omega t_1 + \varphi_0)}{2} \\[4mm] \ddot{h}_3 = \dfrac{3R\omega^2\sin(\omega t + \omega t_1 + \varphi_0) - \omega v'_{1x}}{2} \end{cases} \tag{7-36}$$

7.3.4　钵苗与栽植器鸭嘴壁面碰撞过程

钵苗在栽植器内做斜抛运动结束时与栽植器鸭嘴壁面产生碰撞，且钵苗与鸭嘴栽植器的碰撞位置为钵苗的下边沿，设钵苗与栽植器壁面的碰撞点为 P_2，建立惯性坐标系 XO_BY，其坐标原点为钵苗质心的位置 O_B，建立相对坐标系 $X'O_BY'$，其坐标原点与惯性坐标系坐标原点重合，横坐标与鸭嘴壁面相垂直。碰撞点 P_2 与钵苗质心的连线与相对坐标系横坐标之间的夹角为 α_1，鸭嘴壁面与水平面间的夹角为 β_1（根据对栽植器的结构设计 $\beta_1 = 78°$），钵苗与栽植器壁面碰撞前的那一时刻钵苗质心在竖直方向上的速度分量为 v_{2y}，方向为竖直向下，在水平方向上的速度分量为 v_{2x}，方向为水平向左，碰撞结束时钵苗质心的速度为 v'_2，其在相对坐标系横坐标上的分量为 v'_{2x}，在相对坐标系纵坐标上的分量为 $v'_{2y'}$，钵苗与鸭嘴壁面碰撞后的角速度为 ω_2，$v_{P_{2x}}$、$v_{P_{2y}}$ 分别为栽植器在钵苗与鸭嘴壁面碰撞点 P_2 处惯性坐标系内横、纵坐标方向上的速度分量，对钵苗与鸭嘴壁面碰撞过程的运动分析简图如图 7-8 所示。

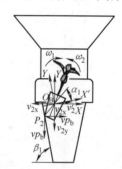

图 7-8　钵苗与鸭嘴壁面碰撞过程运动分析

由钵苗与鸭嘴壁面碰撞过程运动分析简图上的几何关系可得出碰撞点 P_2 与钵苗质心的连线与相对坐标轴横坐标之间的夹角 α_1 为

$$\alpha_1 = \beta_1 - \omega_1 t_2 - \arctan\frac{n}{2h_{1d}} \tag{7-37}$$

式中　t_2——钵苗在栽植器内做斜抛运动所用的时间。

碰撞点 P_2 与钵苗质心 O_B 之间连线的距离 $r_{O_BP_2}$ 为

$$r_{O_BP_2} = r_{O_BP_1} = \sqrt{h_{1d}^2 + n^2/4} \tag{7-38}$$

钵苗在与鸭嘴壁面碰撞的过程中做平面运动，根据冲量定理及冲量矩定理，对钵苗的碰撞过程建立运动方程：

$$\begin{cases} m_B v'_{2x'} - m_B v_{2x'} = \sum I_{1x'} \\[2mm] m_B v'_{2y'} - m_B v_{2y'} = \sum I_{1y'} \\[2mm] J\omega_2 - J\omega_1 = \sum M_{o_B}(I^{(e)}) \end{cases} \tag{7-39}$$

式中　$v_{2x'}$、$v_{2y'}$——钵苗做斜抛运动结束时在相对坐标系横、纵坐标方向上的速度分量，

$$v_{2x'} = v_{2y}\cos\beta_1 + v_{2x}\sin\beta_1 \ ,\ v_{2y'} = v_{2x}\cos\beta_1 - v_{2y}\sin\beta_1 \ ;$$

　　　　$I_{1x'}$、$I_{1y'}$——钵苗在相对坐标系横、纵坐标方向上的冲量的分量。

　　由于钵苗的碰撞时间极短，忽略碰撞过程中摩擦力对其的影响，则有 $\sum I_{1y'} = 0$，此时：

$$v'_{2y'} = v_{2y'} = v_{2x}\cos\beta_1 - v_{2y}\sin\beta_1 \tag{7-40}$$

　　以钵苗质心 O_B 点为基点，$v'_{P_2O_B}$ 为碰撞结束后钵苗与鸭嘴壁面的碰撞点 P_2 相对钵苗质心的相对速度，v'_2 为碰撞结束后钵苗质心的速度，则碰撞后钵苗在碰撞点 P_2 处的速度 v'_{P_2} 为

$$v'_{P_2} = v'_2 + v'_{P_2O_B} \tag{7-41}$$

　　将式（7-41）沿相对坐标系横坐标方向投影可得：

$$v'_{P_{2x'}} = v'_{2x'} + \omega_2 r_{O_BP_2}\sin\alpha_1 \tag{7-42}$$

　　根据7.1.5 小节对钵苗在鸭嘴栽植器内运动过程高速摄像试验结果可知，钵苗在与鸭嘴壁面碰撞后钵苗与栽植器间的相对速度相差很小，钵苗回弹的程度很小，即钵苗与栽植器碰撞后在极短的时间内与栽植器接触，并开始绕与栽植器的接触点进行旋转直至与栽植器壁面贴合，因此对该过程进行简化，忽略钵苗碰撞后的回弹，则由此可知：

$$v'_{P_{2x'}} = -v_{P_{2x}}\sin\beta_1 + v_{P_{2y}}\cos\beta_1 \tag{7-43}$$

　　由式（7-38）、式（7-39）、式（7-42）和式（7-43）可得：

$$J\omega_2 - J\omega_1 = m_B r_{O_BP_1}\sin\alpha_1 \cdot (v_{2x}\sin\beta_1 + v_{2y}\cos\beta_1) +$$

$$m_B r_{O_BP_1}\sin\alpha_1 \cdot (R\omega\cos(\omega t_1 + \omega t_2 + \varphi_0 + \beta_1) - \omega_2 r_{O_BP_1}\sin\alpha_1) \tag{7-44}$$

　　因此，由式（7-39）~式（7-44）可知钵苗与鸭嘴壁面碰撞结束后的速度、角速度为

$$\begin{cases} v'_{2x'} = -v_{P_{2x}}\sin\beta_1 + v_{P_{2y}}\cos\beta_1 - \omega_2 r_{O_BP_1}\sin\alpha_1 \\[2mm] v'_{2y'} = v_{2x}\cos\beta_1 - v_{2y}\sin\beta_1 \\[2mm] \omega_2 = \dfrac{m_B r_{O_BP_1}\sin\alpha_1 \cdot R\omega \cdot \cos(\omega t_1 + \omega t_2 + \varphi_0 + \beta_1)}{J + m_B r^2_{O_BP_1}\sin^2\alpha_1} + \\[4mm] \qquad \dfrac{m_B r_{O_BP_1}\sin\alpha_1 \cdot (v_{2x}\sin\beta_1 + v_{2y}\cos\beta_1) + J\omega_1}{J + m_B r^2_{O_BP_1}\sin^2\alpha_1} \end{cases} \tag{7-45}$$

7.3.5　钵苗在栽植器鸭嘴内的平面运动过程

　　钵苗与鸭嘴壁面碰撞完成后一边绕与鸭嘴壁面的碰撞点旋转，一边沿鸭嘴壁面下滑，其在整个运动过程中做平面运动，其受力分析简图如图7-9所示。

　　由图7-9 对在鸭嘴内做平面运动过程的钵苗进行的受力分析，及牛顿定律和动量矩定理，建立钵苗在鸭嘴内的运动微分方程，其方程为

$$\begin{cases} m_B \ddot{x}' = F_N - m_B g\cos\beta_1 \\ m_B \ddot{y}' = F_f - m_B g\sin\beta_1 \\ J\ddot{\theta}_{O_B} = F_N r_{O_B P_1}\sin\theta_{O_B} - F_f r_{O_B P_1}\cos\theta_{O_B} \\ F_f = \mu F_N \end{cases} \quad (7\text{-}46)$$

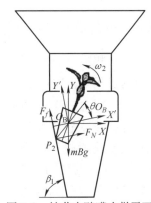

式中　$\ddot{x}'$、$\ddot{y}'$——钵苗质心的加速度在相对坐标系 X'、Y' 轴上的分量；

$\quad\quad F_N$——钵苗受到的法向约束力；

$\quad\quad F_f$——钵苗与栽植器壁面间的摩擦力；

$\quad\quad \ddot{\theta}_{O_B}$——钵苗转动的角加速度；

$\quad\quad \theta_{O_B}$——钵苗碰撞点与钵苗质心间的连线与相对

$\quad\quad\quad$坐标系 X' 轴之间的夹角；

$\quad\quad \mu$——钵苗与栽植器壁面间的摩擦系数。

图 7-9　钵苗在鸭嘴内做平面
运动过程受力分析

钵苗在该阶段的运动过程中，钵苗一边下滑，一边绕 P_2 转动，由此选钵苗质心 O_B 为基点，对 P_2 点采用加速度合成定理为

$$\overline{a}_{P_2} = \overline{a}_{O_B} + \overline{a}^{\tau}_{P_2 O_B} + \overline{a}^{n}_{P_2 O_B} \quad (7\text{-}47)$$

式中　$\overline{a}_{P_2}$——钵苗在接触点 P_2 处的加速度；

$\quad\quad \overline{a}_{O_B}$——钵苗质心 O_B 的加速度；

$\quad\quad \overline{a}^{\tau}_{P_2 O_B}$——接触点 P_2 相对钵苗质心 O_B 的切向加速度；

$\quad\quad \overline{a}^{n}_{P_2 O_B}$——接触点 P_2 相对钵苗质心 O_B 的法向加速度。

将式（7-47）在相对坐标系 $X'O_B Y'$ 横坐标上进行投影可得：

$$\overline{a}_{P_2 x'} = \ddot{x}' - r_{P_2 O_B}\ddot{\theta}_{O_B}\sin\theta_{O_B} - r_{P_2 O_B}\dot{\theta}^2_{O_B}\cos\theta_{O_B} \quad (7\text{-}48)$$

根据钵苗在鸭嘴内的运动分析可知，钵苗与鸭嘴壁面的接触点 P_2 在相对坐标系 $X'O_B Y'$ 横坐标上的加速度 $\overline{a}_{P_2 x'} = 0$，则有：

$$\ddot{x}' - r_{P_2 O_B}\ddot{\theta}_{O_B}\sin\theta_{O_B} - r_{P_2 O_B}\dot{\theta}^2_{O_B}\cos\theta_{O_B} = 0 \quad (7\text{-}49)$$

因此，由式（7-46）和式（7-49）得：

$$(2 \cdot J + m_B r^2_{P_2 O_B}\cos(2 \cdot \theta_{O_B}) + \mu m_B r^2_{P_2 O_B}\sin(2 \cdot \theta_{O_B}) - m_B r^2_{P_2 O_B})\ddot{\theta}_{O_B} - 2m_B g r_{P_2 O_B}\cos\beta_1 \cdot$$
$$(\sin\theta_{O_B} - \mu\cos\theta_{O_B}) + m_B r^2_{P_2 O_B} \cdot (\mu\cos(2 \cdot \theta_{O_B}) + \mu - \sin(2 \cdot \theta_{O_B}))\dot{\theta}^2_{O_B} = 0 \quad (7\text{-}50)$$

式（7-50）为一微分方程，该微分方程的初始条件为 $\theta_{O_B 0} = \omega_1 t_2$（$t_2$ 为钵苗在栽植器内做斜抛运动过程的时间，由于碰撞时间较短，因此忽略钵苗与鸭嘴壁面碰撞所用的时间），$\dot{\theta}_{O_B 0} = \omega_2$。采用改进的欧拉方法对该微分方程进行求解，求得钵苗在鸭嘴内做平面运动过程中每一时刻的角度、角速度及角加速度。

将求得的结果代入式（7-46）得出钵苗在该运动过程中的 $\ddot{x}'$、$\ddot{y}'$、F_N 及 F_f。

7.3.6 钵苗沿栽植器鸭嘴壁面下滑过程

钵苗在鸭嘴内平面运动过程结束时开始沿鸭嘴壁面下滑。在对钵苗沿鸭嘴壁面下滑运动分析的过程中将钵苗作为一个质点进行研究，并为了简化钵苗运动分析过程忽略在运动过程中空气阻力对钵苗的影响。

同样，对钵苗沿鸭嘴壁面的运动过程运用相对运动力学进行动力学分析。钵苗沿鸭嘴壁面下滑时的受力分析情况如图 7-10 所示，将钵苗与栽植机构作为一个质点系来进行动力学分析，其中该质点系由载体行星轮系和被载体钵苗组成，其中载体行星轮系以匀角速度 ω 绕旋转中心 O 进行旋转。

以行星轮系的旋转中心 O 为坐标原点建立惯性坐标系 XOY，坐标系 $X'AY'$ 固联于行星轴轴心，设鸭嘴部分上口面与钵苗质心在 Y' 轴方向上的距离为 s_2，令该系统的广义坐标 $q = s_2$。

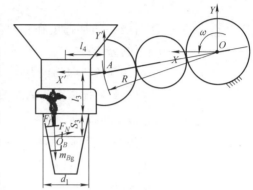

图 7-10　钵苗沿鸭嘴壁面下滑
过程受力分析

由图 7-10 中钵苗沿鸭嘴壁面下滑过程的受力分析图可知，钵苗质心在坐标系 $X'AY'$ 内的坐标值为

$$
\begin{cases}
x'_{O_B} = \dfrac{d_1}{2} - \dfrac{\sqrt{(h_1 - h_{1d})^2 + \dfrac{m^2}{4}}\sin\left(\arctan\dfrac{2h_1}{m-n} - \arctan\dfrac{2(h_1 - h_{1d})}{m}\right)}{\sin\beta_1} - s_2\cot\beta_1 + l_4 \\
y'_{O_B} = -s_2 - l_3
\end{cases}
$$

$$(7\text{-}51)$$

其中，令 $A = \dfrac{d_1}{2} - \dfrac{\sqrt{(h_1 - h_{1d})^2 + \dfrac{m^2}{4}}\sin\left(\arctan\dfrac{2h_1}{m-n} - \arctan\dfrac{m}{2(h_1 - h_{1d})}\right)}{\sin\beta_1} + l_4$。

式中　d_1——鸭嘴部分上口直径，$d_1 = 78.5\ \text{mm}$；

　　　l_3——行星轴轴心与鸭嘴部分上口面在 Y' 轴方向上的距离，$l_3 = 69.5\ \text{mm}$；

　　　l_4——行星轴轴心与栽植器轴线在 X' 轴方向上的距离，$l_4 = 68.5\ \text{mm}$。

由钵苗相对运动力学拉格朗日方程可得出，钵苗沿鸭嘴壁面下滑过程的相对运动动能为：

$$T_r = \frac{m_B \dot{s}_2^2}{2\sin^2\beta_1} \tag{7-52}$$

广义力：

$$Q = F_N\cos\beta_1 + F_f\sin\beta_1 - m_B g \tag{7-53}$$

$$
\begin{aligned}
\Pi^A &= \sum_{i=1}^{N} m_i(\omega v_{Ax}y'_i - \omega v_{Ay}x'_i) \\
&= -m_B R\omega^2(s_2 + l_3)\sin(\omega t + \varphi_0) - m_B R\omega^2(A - s_2\cot\beta_1)\cos(\omega t + \varphi_0)
\end{aligned}
$$

$$(7\text{-}54)$$

$$\Pi^{\omega} = -\frac{1}{2}\sum_{i=1}^{N} m_i\omega^2(x_i'^2 + y_i'^2)$$

$$= -\frac{m_B\omega^2}{2\sin^2\beta_1}s_2^2 - (l_3 - A\cot\beta_1)m_B\omega^2 s_2 - \frac{(l_3^2 + A^2)m_B\omega^2}{2} \qquad (7\text{-}55)$$

$$Q_k^{\dot{\omega}} = -\sum_{i=1}^{N}(\dot{\omega} \times m_i r_i') \cdot \frac{\partial r_i'}{\partial q_k} = 0 \qquad (7\text{-}56)$$

$$\Gamma_k = -2\omega\sum_{i=1}^{N} m_i(\overset{*}{x_i'}\frac{\partial y'}{\partial q_k} - \overset{*}{y_i'}\frac{\partial x'}{\partial q_k}) = 0 \qquad (7\text{-}57)$$

由式（7-23）、式（7-52）~式（7-57）可得：

$$\frac{m_B \ddot{s}_2}{\sin^2\beta_1} = \frac{m_B\omega^2}{\sin^2\beta_1}s_2 - m_B g + F_N\cos\beta_1 + F_f\sin\beta_1 + m_B R\omega^2\sin(\omega t + \varphi_0)$$

$$- m_B R\omega^2\cot\beta_1\cos(\omega t + \varphi_0) + (l_3 - A\cot\beta_1)m_B\omega^2 \qquad (7\text{-}58)$$

式（7-58）为一微分方程，同样对该微分方程进行求解，求得钵苗沿鸭嘴壁面下滑过程中钵苗质心在坐标系 $X'AY'$ 内的位移、速度和加速度（s_2、$\dot{s}_2$、$\ddot{s}_2$）。

7.4　鸭嘴-钵苗互作过程运动分析

根据所建立的钵苗在鸭嘴栽植器内的运动过程动力学模型，编写钵苗运动过程辅助分析界面，通过所编写的钵苗在鸭嘴栽植器内运动过程分析界面，以移栽时的最佳参数组合为苗龄为 40 天、基质成分为 L_4、钵苗土钵含水率为 55% 下的辣椒钵苗为分析时的栽植对象，对钵苗在栽植器内的运动过程进行分析。

7.4.1　钵苗运动过程辅助分析界面

根据钵苗在鸭嘴栽植器内的动力学模型，编写钵苗运动过程辅助分析界面，以能够快速地对钵苗在鸭嘴栽植内的运动过程进行分析。

7.4.2　最佳参数组合下的辣椒钵苗运动过程分析结果

通过编写的钵苗在鸭嘴栽植器内运动过程辅助分析界面（图 7-11）对钵苗各运动阶段分别进行分析，并将钵苗理论分析结果与钵苗下落过程高速摄像试验结果进行对比，发现钵苗的理论运动参数与试验参数基本一致，间接地证明了钵苗在鸭嘴栽植器内运动过程理论模型建立的正确性。同时从该辅助分析界面可知，改变钵苗开始下落时栽植器的位置及钵苗开始下落时相对栽植器旋转中心的位置，及改变栽植器部分结构参数，能够改变钵苗运动到鸭嘴栽植器底部时栽植器相对栽植点的位置。

7.4.3　钵苗运动过程分析

1. 钵苗下落过程时间

根据钵苗在鸭嘴栽植器内的运动过程动力学模型可知，钵苗从开始下落到落至栽植器底部时所运动的时间 t 主要包括以下四个时间段，即：

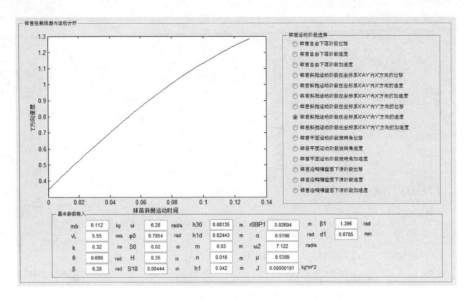

图 7-11　钵苗运动过程辅助分析界面

（1）钵苗在空中自由下落阶段所用的时间 t_1

由式（7-9）和式（7-11）可得：

$$\frac{- R \cdot \cos(\omega t_1 + \varphi_0) + l_{AB}\cos\theta - s_0 + n/2}{H - 1000 \cdot \left(\sqrt{\frac{g}{k}} \cdot t_1 + \frac{1}{k} \cdot \ln(1 + e^{-2\sqrt{kg}\cdot t_1}) - \frac{\ln 2}{k}\right) - R \cdot \sin(\omega t_1 + \varphi_0) - l_{AB}\sin\theta} = \tan\beta$$

(7-59)

则可计算出钵苗在空中自由下落过程中所用时间 t_1。

（2）钵苗在栽植器做斜抛运动所用的时间 t_2

通过钵苗的高速摄像试验结果可以发现，钵苗斜抛运动结束时钵苗底部与鸭嘴壁面相接触，通过对钵苗及栽植器接触点间的几何关系可以得出钵苗斜抛运动过程的时间 t_2，因此，由式（7-35）和式（7-36）可得：

$$\tan\left(\frac{\pi}{2} - \beta_1 \cdot \pi/180\right) \cdot \left(h_3 - l_3 + r_{O_B P_1}\sin\left(\frac{\pi}{2} - \omega_1 t_2 - \arctan\left(\frac{n}{2h_{1d}}\right)\right)\right)$$
$$= d_1 - (s_0 + v'_{1x} \cdot t_2 + R \cdot \cos(\omega t_2 + \omega t_1 + \varphi_0 \cdot \pi/180) - l_2)$$
$$- r_{O_B P_1}\cos\left(\frac{\pi}{2} - \omega_1 t_2 - \arctan\left(\frac{n}{2h_{1d}}\right)\right)$$

(7-60)

则可计算出钵苗在栽植器内做斜抛运动所用的时间 t_2。

（3）钵苗在栽植器鸭嘴内的平面运动过程所用的时间 t_3

在该过程中，钵苗绕与栽植器的接触点旋转，最终与栽植器壁面相贴合，因此钵苗旋转过程中钵苗碰撞点与钵苗质心间的连线与相对坐标系 X' 轴之间的夹角 θ_{O_B} 的最大值 $\theta_{O_B\max}$ 为

$$\theta_{O_B\max} = \frac{\pi}{2} - \arctan\frac{m-n}{2h_1} - \arctan\frac{n}{2h_{1d}} = \theta_{O_B}(t_3)$$

(7-61)

由此，通过钵苗平面运动过程微分方程所得出的钵苗平面运动过程角度方程得出钵苗平面运动过程所用时间 t_3。

　　（4）钵苗沿栽植器鸭嘴壁面下滑所用的时间 t_4

　　对钵苗沿栽植器鸭嘴壁面下滑微分方程进行求解，求得钵苗沿鸭嘴壁面下滑过程中钵苗质心在坐标系 $X'AY'$ 内的位移 s_2，则钵苗运动至栽植器底部时则有：

$$s_2(t_4) = H_z \tag{7-62}$$

式中　H_z——鸭嘴部分上口面与鸭嘴底部在 Y' 轴方向上的距离。

　　可求得钵苗从平面运动过程结束到下滑至鸭嘴底部时所用的时间 t_4。

　　通过对钵苗及栽植机构的运动过程分析可知，当钵苗从开始下落至落至栽植器底部时所用的时间 t 小于栽植器从钵苗开始下落至运动至最低点时的时间 t' 时钵苗能够顺利落入到沟穴内，完成移栽作业，否则，钵苗则会出现倒伏甚至漏栽的现象。

　　由于钵苗与栽植器壁面的碰撞时间极短，因此忽略钵苗碰撞过程中所用的时间，则钵苗从开始下落至落至栽植器底部时所用的时间 t 为

$$t = t_1 + t_2 + t_3 + t_4 \tag{7-63}$$

　　令栽植器从钵苗开始下落至运动至最低点时的时间为 t'，则：

$$t' = \frac{\frac{3}{2}\pi - \varphi_0 \cdot \frac{\pi}{180}}{\omega} \tag{7-64}$$

2. 钵苗下落过程的优化

　　通过对各下落阶段中钵苗下落时间进行分析发现，当改变钵苗的下落时间钵苗落入栽植器的位置也会相应发生变化，并且当钵苗的下落时间小于栽植器从钵苗开始下落至运动至栽植点时的时间时，钵苗能够顺利完成钵苗的移栽作业，并且此时两者的时间差越大越有利于钵苗的移栽作业，进而可以实现对钵苗下落过程的优化。

　　则经过对钵苗运动过程理论模型及钵苗下落时间的分析可得出，影响钵苗下落过程的时间的主要因素有：

　　1）钵苗开始下落时的初始位置（s_0，H）。

　　2）钵苗开始下落时栽植器的相位角 φ_0。

　　3）鸭嘴栽植器上苗杯壁面与竖直面间的夹角 β。

　　4）栽植器鸭嘴部分倾角 β_1。

　　5）鸭嘴部分高度 H_z。

　　6）栽植器竖段的高度 l_1、l_3。

　　其中，其他参数不变的条件下改变鸭嘴部分的高度能够减小钵苗下落过程的时间，但是为了保证钵苗栽植深度的情况下减小鸭嘴部分的高度势必要增加栽植器竖直段的高度，进而增加钵苗在栽植器内的下落时间，此时钵苗的下落时间并未得到减少，而且，对于四栽植器行星轮系栽植机构，要考虑到栽植器间相互干涉，对栽植器的高度进行改进时，改进的幅度并不大，因此在对栽植器进行优化的过程中不对鸭嘴高度和栽植器竖直段的高度进行改进。

结合钵苗下落过程动力学模型及钵苗运动过程辅助分析界面对钵苗运动过程进行分析可知,栽植机构在不同转速条件下钵苗开始下落时栽植机构与 X 轴负方向间的角度 φ_0 的最佳值分别为:栽植机构的转速在 40r/min 时,取 $\varphi_0 = 25°$;栽植机构的转速在 60r/min 时,取 $\varphi_0 = 40°$;栽植机构的转速在 80r/min 时,取 $\varphi_0 = 55°$。

由于在不同转速条件下钵苗的初始下落位置是固定不变的,则需对不同转速条件下的钵苗运动位置进行分析,然后综合分析结果,选出一最佳钵苗下落位置,使钵苗在不同的转速条件下都能够顺利落入到栽植器底部,并使钵苗的下落时间都尽可能短。则通过对四个阶段的时间进行分析可知,三种转速下钵苗的最佳下落位置为(40 , 350) mm。

鸭嘴栽植器上苗杯壁面与竖直面间的夹角 β,根据栽植器间的相对位置及钵苗自由下落过程中钵苗相对栽植器的位置,其中 β 不能过大,过大栽植器间会产生干涉,过小会使钵苗不能顺利落入栽植器内,因此通过对钵苗运动过程分析,其他结构参数不变时,$\beta = 40°$ 时钵苗在栽植器内的时间相对较小,因此取 $\beta = 40°$。

栽植器鸭嘴部分倾角 β_1 主要影响钵苗斜抛运动、钵苗平面运动及钵苗下滑运动时间,β_1 的值越大,钵苗运动过程的时间越小,但是当 β_1 值过大时会导致钵苗在下滑过程中钵苗翻转,加大钵苗的倒伏。因此,结合两个因素经对钵苗下落过程时间分析取 $\beta_1 = 82°$。

则改进之后钵苗初始下落位置、栽植器初始相位角及栽植器的相关参数为

1)钵苗开始下落时的初始位置(40,350) mm。

2)栽植机构的转速在 40r/min 时,取 $\varphi_0 = 25°$;栽植机构的转速在 60r/min 时,取 $\varphi_0 = 40°$;栽植机构的转速在 80r/min 时,取 $\varphi_0 = 55°$。

3)鸭嘴栽植器上苗杯壁面与竖直面间的夹角 $\beta = 40°$。

4)栽植器鸭嘴部分倾角 $\beta_1 = 82°$。

对于原栽植器,当栽植机构的转速在 80r/min 时,栽植器运动至最低点(即栽植点)时,钵苗还未落入栽植器底部,通过对钵苗的运动过程的分析,对改进后的钵苗下落过程进行分析得出钵苗下落时间 $t = 0.4129s \leqslant t' = 0.5104s$,此时在栽植器运动至栽植器底部时,钵苗能够顺利落入到栽植器底部。

7.5　最佳栽植机构下钵苗下落试验

根据对栽植机构互作过程中栽植器结构及钵苗初始下落位置优化的结果,来对栽植器进行加工制造,并对改进后的栽植机构进行高速摄像试验,以对改进后的栽植机构进行评价。

7.5.1　试验材料及设备

选用钵苗在栽植器内运动过程高速摄像试验中所选用的相同参数组合下的辣椒钵苗为试验对象来对改进后的栽植机构进行钵苗下落过程试验。

栽植器改进后的行星轮系栽植装置试验台如图 7-12 所示。

7.5.2　试验方法

采用步进电动机作为投苗机构的动力源，并对该步进电动机采用接近开关来进行起动，调整接近开关的安装位置，能够调节钵苗开始下落时改进后栽植器行星轴轴心与栽植器旋转中心与水平面的夹角。

对电动机的转速进行调节使栽植机构最终运转转速达到 80r/min，将接近开关置于改进后栽植器行星轴轴心与栽植器旋转中心与水平面的夹角为 25° 的位置处，起动栽植机构电动机，对钵苗开始下落至离开栽植器的过程进行拍摄记录。

根据所记录的钵苗在有机玻璃式鸭嘴栽植器内的运动过程，后期采用 PCC 软件来对钵苗从开始下落到离开栽植器的时间进行分析，并将得到的时间与栽植机构从钵苗开始下落到

图 7-12　改进后栽植装置 – 高速摄像试验系统

运动至最低点时的时间进行对比，若钵苗下落的时间小于栽植机构从钵苗开始下落到运动至最低点时的时间，则能够验证栽植机构改进设计的可行性。

7.5.3　试验结果分析

栽植机构转速为 80r/min 时，钵苗开始下落及钵苗移栽栽植器内的高速摄像图如图 7-13 所示，其中图中钵苗采用白色方点及细实线框标示出。

通过高速摄像试验可以发现，栽植机构转速为 80r/min 时，栽植器未运动至最低点时，钵苗已经离开了栽植器，说明改进后的栽植器，能够使钵苗顺利完成移栽，使栽植器运动至栽植器最低点时钵苗就已经落入到了栽植器的底部。

其中，采用高速摄像后处理软件 PCC 来对钵苗从开始下落至离开栽植器的时间进行获取，得出在最佳初始落苗位置、栽植器初始相位

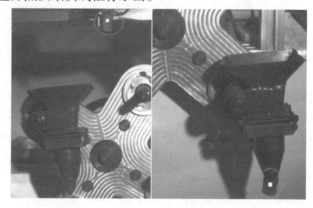

图 7-13　钵苗下落过程高速摄像结果

角及栽植器优化后的结构参数下的钵苗下落时间 $t_0 = 0.4375\text{s}$，与理论分析结果 $t = 0.4129\text{s}$，两者相差 $\Delta t = 0.0246\text{s}$。其中，时间的误差主要来源于忽略钵苗碰撞过程的时间及忽略钵苗斜抛运动过程中钵苗阻力对钵苗旋转角速度的影响。

对钵苗的初始运动位置及栽植器的改进措施，使栽植器转速低于 80r/min 时钵苗均能

顺利完成移栽，但是，在栽植机构转速增大时，钵苗在沿栽植器壁面下滑的过程中，钵苗相对栽植器向上运动，此时，对栽植器的改进措施无法使钵苗顺利落入栽植器底部，必须对钵苗施加额外的作用力，加速钵苗下滑，才能使钵苗顺利落入到栽植器底部。

参 考 文 献

［1］顾世康，封俊，曾爱军，等．导苗管式栽植机的改进设计与试验［J］．农业工程学报，1998，14（3）：123-128.

［2］胡鸿烈，顾世康，曾爱军，等．导苗管式栽植器的设计与试验［J］．农业工程学报，1995，11（2）：59-64.

［3］查跃华．两种型式油菜移栽机的研制及应用效果分析［J］．中国农机化，2003（3）：28-29.

［4］王文明，窦卫国，王春光，等．2ZT-2型甜菜移栽机栽植系统的参数分析［J］．农业机械学报，2009，40（1）：69-73.

［5］封俊，秦贵，宋卫堂，等．移栽机的吊杯运动分析与设计准则［J］．农业机械学报，2002，33（5）：48-50.

［6］张祖立，王君玲，张为政，等．悬杯式蔬菜移栽机的运动分析与性能试验［J］．农业工程学报，2011，27（11）：21-25.

［7］刘磊，陈永成，毕新胜，等．吊篮式移栽机栽植器运动参数的研究［J］．石河子大学学报：自然科学版，2008，26（4）：504-506.

［8］耿端阳，董锋，汪遵元．2ZG-2型钵苗移栽机栽直率研究［J］．现化化农业，1999（8）：28-29.

［9］Prasanna Kumar G V, Raheman H. Development of a walk-behind type hand tractor powered vegetable transplanter for paper pot seedlings［J］. Biosystems Engineering, 2011（110）：189-197.

［10］陈建能，王伯鸿，任根勇，等．蔬菜移栽机放苗机构运动学模型建立与参数分析［J］．农业机械学报，2010，41（12）：48-53.

［11］陈建能，王伯鸿，张翔，等．多杆式零速度钵苗移栽机植苗机构运动学模型与参数分析［J］．农业工程学报，2011，27（9）：7-12.

［12］王薇，姜燕飞，卢宏宇．蔬菜移栽机导苗管的机构设计［J］．农村牧区机械化，2008（2）：27-28.

［13］陈建能，黄前泽，王英，等．钵苗移栽机椭圆齿轮行星系植苗机构运动学建模与分析［J］．农业工程学报，2012，28（5）：6-12.

［14］陈达，周丽萍，杨学军，等．移栽机自动分钵式栽植器机构分析与运动仿真．农业机械学报，2011，42（8）：54-57，69. DOI：10.3969/j. issn. 1000-1298.2011.08.011.

［15］王英，陈建能，赵雄，等．非圆齿轮行星轮系传动的栽植机构参数优化与试验［J］．农业机械学报，2015，46（09）：85-93.

［16］张国凤，赵匀，陈建能．水稻钵苗在空中和导苗管上的运动特性分析［J］．浙江大学学报（工学版），2009，（03）：529-534.

［17］赵匀．农业机械分析与综合［M］．北京：机械工业出版社，2008：98-108.

［18］陈建能，夏旭东，王英，等．钵苗在鸭嘴式栽植机构中的运动微分方程及应用试验［J］．农业工程学报，2015，（3）：31-39. DOI：10.3969/j. issn. 1002-6819.2015.03.005.

［19］梅凤翔，刘桂林．分析力学基础［M］．西安：西安交通大学出版社，1987：219-225.

［20］周福君，杜佳兴，那明君，等．玉米纸筒钵苗移栽机的研制与试验［J］．东北农业大学学报，2014，（3）：110-116. DOI：10.3969/j. issn. 1005-9369.2014.03.019.

第 8 章　总结与展望

8.1　全书总结

本书的理论研究成果是在"十三五"国家重点研发计划子课题"栽插机械手抓取与钵苗运动特性的检测方法研究（2016YFD0700103 - 02）"的支持下获得的。在查阅了大量的国内外自动取苗技术研究成果的基础上，针对我国蔬菜移栽机自动化水平较低的情况，本书以节省人工、降低劳动强度、提高效率为研究目标，以研发自动蔬菜钵苗移栽装置为研究核心，通过理论分析和试验研究相结合的方法，以现代工厂化育苗技术为出发点，从蔬菜基质苗的钵体力学特性入手，进行了一系列试验研究。

本书通过对蔬菜穴盘苗的抗压特性、物理力学特性及蔬菜钵苗与栽植嘴壁面摩擦系数试验研究，获得了穴盘取苗力的影响因素和较佳的取苗作业条件；采用运动学和动力学优化分析、结构设计计算、虚拟模型装配及三维仿真验证等方法对自动移栽输送机构和取苗机构进行设计研究，完整呈现了蔬菜移栽机钵苗输送机构和取苗机构设计全过程；栽植机构作为将钵苗植入田间的最终工作部件，其性能的好坏对钵苗的栽植质量起到了至关重要的作用，因此本书对移栽机的栽植机构进行分析，采用运动学和动力学优化分析、凸轮机构仿真优化、移栽机构单因素运动分析和正交分析的方法对栽植机构关键部件参数进行优化设计，达到了较好的栽植效果；最后基于高速摄影栽植过程中钵苗下落试验，将钵苗在栽植器内的运动过程分为 6 个运动阶段，并对各阶段鸭嘴 - 钵苗互作过程作动力学和运动学分析，最终试验验证栽植机构作业性能可靠。全书理论分析和试验研究的结论如下：

1）对蔬菜穴盘苗物理力学特性和苗钵拉拔力特性，进行了试验研究和理论分析。基于大量试验数据，研究得到不同基质成分的穴盘苗、不同含水率下，苗钵抗压性能、蠕变特性和拉拔力的变化规律。研究结果表明：

① 不同基质的穴盘苗，含水率对苗钵抗压力能力均有影响（随含水率的增加，最大抗压力先增大后减小），但基质 FNZ 的穴盘苗最大抗压力随含水率变化较小；同一含水率下，基质 FNZ 的穴盘苗苗钵抗压力能力较大，最大抗压力基质 FNZ > 基质 F > 基质 FNS；为番茄育苗时，基质成分配比的选择和含水率的控制提供试验依据。

② 当基质 FNZ 的穴盘苗，含水率 55%，压缩至 13.45mm 时，获得苗钵的最大抗压力 4.70N，因此，在设计取苗执行机构时，夹苗力不能超过此值，以免损伤钵体。

③ 三种不同基质的穴盘苗苗钵，在 5N 加载压力下 2s 内的平均蠕变量较为近似且均非常小，含水率 55% 时的值分别是：基质 F 为 0.03mm，基质 FNS 为 0.037mm，基质为 0.021mm；这对快速夹取穴盘苗苗钵的夹紧松弛特性影响微弱，因此，取苗执行机构的设计可以不考虑苗钵夹紧后蠕变问题。

④ 同一含水率下，基质 FNZ 的穴盘苗苗钵与穴盘之间的黏附力相对较小，所需最大拉拔力基质 FNZ <基质 F <基质 FNS；不同基质的穴盘苗，含水率对最大拉拔力均影响较大（随含水率的增加，先增大后减小），可综合考虑育苗所采用的基质及含水率。

⑤ 当基质 FNZ 的穴盘苗，含水率 65% 时，取苗所需最大拉拔力最小为 1.83N。取苗执行机构够设计时，取苗拉拔力需大于此值。

⑥ 基质 FNZ（泥炭和珍珠岩的体积比 = 2:1，压实填充满穴盘，播种后采用蛭石覆盖）的穴盘苗在苗钵含水率 55% 时，钵体抗压能力较强（4.70N），抗压力随位移的变化曲线也较为理想（拟合出了位移—抗压力曲线方程）。采用机械式入钵取苗，需在保证苗钵具有较好抗压能力的情况下，拉拔力相对较小（需超过 2.67N），以避免夹取穴盘苗的过程中损伤苗钵。

2）设计了蔬菜穴盘钵苗自动输送机构的三维模型，分别对送盘机构、取苗机构、送苗机构及投苗机构进行了具体的设计与计算。完成了送盘机构的同步带传动的设计与计算、确定了送盘的最快的线速度大约在 30mm/s 左右；完成了穴盘定位辅助机构的结构设计，保证了送盘的准确性。针对本文试制的蔬菜穴盘钵苗自动输送机械装置的样机，选用了日本松下公司生产的松下 FP – XC40T 型可编程控制器与北京和利时电机技术有限公司生产的 HT7700T 型 7in 液晶显示屏组建的 PLC 控制系统，并编制了系统控制程序，将软件系统中的主要功能参数通过与 HT7700T 型液晶显示屏匹配的 HT7000 编辑软件设计的人机交互画面显示在 HT7700T 上，通过修改这些功能参数，进行系统调试或改变系统运行状态，完成所需要的控制。

3）在对取苗工作原理分析的基础上，对取苗机构核心部件——取苗机械手进行了一系列理论分析和试验研究。针对机械手式取苗机构，进行了运动学和动力学建模，分析了主要运动参数变化对机构运动和动力学特性的影响规律，优选出了一组最佳的运动参数组合，使机构不仅具有符合穴盘取苗和投苗要求的运动轨迹，同时具备较佳的动力学性能，即对机架振动较小。在此基础上结合第 3 章的穴盘苗抗压和拉拔力试验研究结果，对设计的取苗机构取苗执行部件（取苗爪、拨叉和凸轮）进行了理论分析和设计计算，确定了结构参数尺寸及位置关系。完成了对称齿轮–连杆式自动取苗机构的三维建模，通过虚拟装配进一步优化了机构的部分参数，同时对机构进行了干涉检验和运动过程中的接触识别检验，验证了机构的运转稳定性。通过对取苗机构模型的运动仿真分析，验证了理论分析与设计的合理性，证明了机构满足自动取苗的要求，能够较好地实现作业功能；同时得出，在每分钟取、喂 90 株苗的情况下，机构能够实现较为平稳可靠的运转，栽植效率较人工移栽有大幅度提高。

4）针对顶杆式取苗机构，利用有限元分析软件 ANSYS Workbench，模拟柔性苗爪的工况，对其进行了有限元分析，得出了在苗爪上端强制位移为 2mm、3mm 和 4mm 时，苗爪在基质苗抗压力的作用下各点的位移和 von – mises 应力云图，进一步证明了柔性苗爪的可行性。通过试验验证了柔性取苗机械手的可行性，并得出了苗爪开合凸轮宽度和基质含水率对基质损失量和基质块变形量的变化规律，为下一步的取苗机构的设计提供了理论依据。利用有限元分析软件 ANSYS Workbench，模拟柔性苗爪的工况，对其进行了有限元分析，得出了在苗爪上端强制位移为 2mm、3mm 和 4mm 时，苗爪在基质苗抗压力的作用下各点的位移和 von－mises 应力云图，进一步证明了柔性苗爪的可行性。

5）对钵苗运动过程的 6 个运动阶段分别建立了钵苗运动过程动力学方程，编写了钵苗运动过程辅助分析界面，得到了钵苗在栽植器内运动时的相关运动曲线及与栽植器相互作用时的作用力，证实了钵苗在栽植器内动力学模型建立的正确性，对栽植机构做了一些基本的改进，改进后栽植机构在 80r/min 时钵苗在栽植机构运动至最低点时已位于栽植器底部。

本书对移栽作业对象辣椒钵苗进行了物理机械特性方面的研究，并采用有机玻璃制栽植鸭嘴来对移栽作业过程中钵苗的运动过程进行高速摄像试验，并根据高速摄像试验结果来建立钵苗动力学模型，以找出高速作业条件下钵苗倒伏、漏栽及损伤的根本原因，为以后对栽植机构的进一步改进设计及自动移栽机的设计研究提供了一些理论基础。

8.2　后续研究展望

蔬菜穴盘钵苗自动化高速移栽是蔬菜移栽发展的必然趋势，根据我国目前的蔬菜生产与蔬菜移栽机的发展现状，当务之急是研制蔬菜钵苗自动高速移栽机的成熟产品，来满足蔬菜移栽机市场的需求。就目前看来，未来自动高速移栽机的发展主要有两个大的方向，一是通过指针夹取的方式取出钵苗，然后投入到栽植器中；另一种是通过顶杆顶出式取苗，将钵苗输送到栽植器中。两种方式各有优缺点，夹取式容易伤苗，伤根，对钵苗基质要求较高，否则不容易将钵苗从穴钵中取出。顶杆顶出式不伤苗，也不伤根，但钵苗输送复杂，钵苗在输送过程中，钵苗有不完全被定位的时候，这样就存在不确定因素，影响钵苗的输送。而夹苗式在钵苗被夹持整个过程中，处于完全定位状态，送苗到栽植器中可靠。将上述移栽机发展的两种主要方向结合起来，集其各自的优点，采用钵苗后面用顶杆顶出，前面用指针夹持的方法，因为有顶杆顶出的作用，可以不用将夹持指针插入穴钵的基质中来取苗，这样就减少了对钵苗根系的伤害，对钵苗基质要求也不高，夹持的指针只是起到夹住钵苗的作用，采用这种方式，取苗相对容易，钵苗不受伤害，钵苗在整个输送过程中，始终被指针夹持着，处于完全定位状态，钵苗输送简单、可靠。

在课题试验研究中发现，当自动取苗机构运转过快（＞120r/min）时，机构振动加大，相应的供苗机构移动频率增大，机构运行有一定冲击，影响蔬菜穴盘苗的取苗、投苗效果。因此，建议开展取苗、供苗机构高速作业时机构振动和运转稳定性优化分析研究。

本书针对钵苗本身的物理机械特性以及钵苗在行星轮系栽植机构内的运动过程进行了试验研究，得出了适宜移栽钵苗的最佳参数组合，并建立了钵苗在移栽作业过程中运动的动力学方程，得出了钵苗与鸭嘴栽植器的相互作用的一些特性，揭示了钵苗移栽作业时的栽植机理，然而依旧有些不足之处，需要进一步进行研究。例如：理论分析钵苗下落过程时间与试验过程中的钵苗下落时间有一定的误差，在接下来的研究中可以对钵苗时间误差源进行进一步分析，以更加准确地计算钵苗下落过程时间。

本课题的试验研究均是在室内试验台上模拟自然光情况下进行的，今后建议更改机构动力系统，进行整机田间试验。